高等学校应用型特色规划教材
全国电子信息类和财经类优秀教材

# Office 高级应用

刘相滨　刘艳松　主　编

唐文胜　蔡美玲　卢友敏　阙清贤　副主编

成　运　主　审

U0217989

电子工业出版社·

**Publishing House of Electronics Industry**

北京·BEIJING

## 内 容 简 介

本书根据教育部高等学校大学计算机课程教学指导委员会关于大学计算机基础课程教学基本要求，结合新形势下培养创新创业型人才的需要及教学实践的具体情况而编写。主要内容包括Word 2010、Excel 2010、PowerPoint 2010 的高级应用技术。

本书以培养计算思维能力为导向，采用案例驱动的方式组织内容，注重实用性。Word 部分以毕业论文、公文及邀请函的编排为例，介绍 Word 高级编排技术；Excel 部分以一个小型进销存管理系统模型的构建为实例，介绍了数据的准备、数据的计算、数据的查看、数据的汇总与分析、数据的保护与输出等高级数据处理技术；PowerPoint 部分以毕业论文答辩演示文稿的制作为案例，介绍 PPT 演示文稿的高级设计技巧。

全书内容丰富，结构清晰，叙述深入浅出，语言通俗易懂，适合于高等院校非计算机专业本、专科学生使用，也可作为普通读者提高办公自动化应用能力的教程。为方便学习，本书还配有教学课件、家庭作业、案例及素材等资源，广大读者可登录华信教育资源网（www.hxedu.com.cn）注册免费下载。

**图书在版编目（CIP）数据**

Office高级应用 / 刘相滨，刘艳松主编. — 北京：电子工业出版社，2016.2

ISBN 978-7-121-27692-7

Ⅰ.①O…　Ⅱ.①刘…　②刘…　Ⅲ.①办公自动化 – 应用软件 – 高等学校 – 教材　Ⅳ.①TP317.1

中国版本图书馆CIP数据核字（2015）第284177号

策划编辑：戴晨辰
责任编辑：戴晨辰
印　　刷：三河市双峰印刷装订有限公司
装　　订：三河市双峰印刷装订有限公司
出版发行：电子工业出版社
　　　　　北京市海淀区万寿路173信箱　　邮编：100036
开　　本：787×1092　1/16　　印张：16.25　　字数：395.5千字
版　　次：2016年2月第1版
印　　次：2024年8月第22次印刷
定　　价：44.80元

凡所购买电子工业出版社图书有缺损问题，请向购买书店调换。若书店售缺，请与本社发行部联系，联系及邮购电话：（010）88254888，88258888。

质量投诉请发邮件至zlts@phei.com.cn，盗版侵权举报请发邮件至dbqq@phei.com.cn。

本书咨询联系方式：dcc@phei.com.cn，192910558（QQ群）。

# 编委会名单
## Editorial Committee List

前言 Preface

　　随着办公自动化应用的不断推进，高校创新创业教育改革的逐步深化，作为目前主流的办公自动化软件之一，Microsoft Office 2010 具有广泛的用户群。对于大学生来说，具备熟练且较高的 Office 应用技能，可在今后的求职、创业、工作和生活中略胜一筹。

　　本书根据教育部高等学校大学计算机课程教学指导委员会关于大学计算机基础课程教学基本要求，结合新形势下培养创新创业型人才的需要及教学实践的具体情况编写而成。主要内容包括 Word 2010、Excel 2010、PowerPoint 2010 的高级应用技术。

　　其中，Word 部分以毕业论文、公文及邀请函的编排为例，按文档的实际编排流程循序渐进地介绍了相关的高级编排技术，如文档编排的基础知识和一般原则、版面的布局及精确控制、样式的使用、题注与交叉引用、文档审阅等，比较系统地介绍了长文档与短文档、固定版式与自由版式文档的编排。

　　Excel 部分以一个小型进销存管理系统模型的构建为实例，从数据的准备、数据的计算、数据的查看、数据的汇总与分析，直到最后数据的保护与输出，按照数据处理与分析的流程详细地介绍了系统的构建思路与实现方法，以及所使用的高级处理技术，如序列数据的创建与输入、外部数据的导入、查找与引用函数的使用、数组公式的概念及应用、数据的高级筛选、合并计算、数据透视表与透视图等。

　　PowerPoint 部分以毕业论文答辩演示文稿的制作为案例，详细地介绍了 PPT 演示文稿的高级设计技巧，包括设计的一般原则、设计思路、主题应用、美化与修饰、放映效果设计等。

　　本书以培养计算思维能力为导向，以应用、实用、高级为主旨，采用案例驱动的方式组织内容。

　　在内容上，每一部分精选应用性强、实用性强、和大学生联系较为紧密的案例，如毕业论文、公文、邀请函、电商进销存管理系统、毕业论文答辩等，容易被大学生所理解和接受。

　　在结构上，逻辑性强，以各个案例的实际处理进程为主线逐步展开，循序渐进，顺理成章，巧妙地将各个知识点串联起来。

在叙述上，采用启发式，提出问题、分析问题、解决问题，深入浅出，通俗易懂，娓娓道来，提高阅读的趣味性，避免说教式介绍知识点。

在知识层次上，主次有别，常规知识点一笔带过，主要介绍较为高级的但又常用的应用技术。偏的、与主题关系不大的但又可以作为补充阅读的知识点则以小技巧、知识链接等方式给出，从而体现高级应用内容。

所有这些特点，使得本书既不同于一般的专门进行知识点罗列式讲解的教程，也不同于一般的专门介绍案例的操作式教程。本书旨在培养大学生应用计算机思考、分析、解决问题的能力，融知识、思维与操作于一体，体现了"计算思维"的理念，适合于高等院校非计算机专业本、专科学生使用，也可作为普通读者提高办公自动化应用能力的教程。

本书还被评为"全国电子信息类和财经类优秀教材"，"中国工信出版传媒集团编校质量一等奖"。

本书的配套教学资源可以通过华信教育资源网 http://www.hxedu.com.cn 注册免费下载；书中包含二维码应用，部分资源可通过扫描书中的二维码直接获取。

本书由刘相滨、刘艳松任主编，唐文胜、蔡美玲、卢友敏和阙清贤任副主编。第 1 篇由刘艳松、卢友敏编写，第 2 篇由蔡美玲、丁亚军编写，第 3 篇由刘相滨、阙清贤、唐文胜编写。全书由刘相滨教授统稿、成运教授主审。

从本书的选题到内容规划，中南大学刘卫国教授给予了热情的关注并提出了很多宝贵的建议。在本书的编写过程中，编者的同事给予了许多帮助和支持，特别是黄建平教授和黄金贵教授，在此表示诚挚的谢意。此外，本书的编写还参考了大量文献资料和许多网站的资料，在此一并表示衷心的感谢。

由于时间仓促以及水平有限，书中错误和不当之处在所难免，恳请读者批评指正。

编　者

# 第1篇 Word 2010 文档编排

# 第 2 篇　Excel 2010 数据处理与分析

# 第 3 篇　PowerPoint 2010 演示文稿设计

# 第1篇

## Word 2010 文档编排

  Word 2010 提供了非常方便和强大的编辑排版功能，不但可以帮助我们制作出各类精美的文档，还可以提高工作效率，是日常办公的好帮手。

  本篇以毕业论文、公文、邀请函的编辑排版为例，按文档的实际编排流程，循序渐进地介绍相关高级应用技巧。通过本篇的学习，可以掌握固定版式长文档、固定版式短文档、统一版式（自由版式）批量文档的编排技术。

# 第 1 章　Word 2010 应用简介

　　小王同学马上就要大学毕业了，他在大学完成的最后一项"作业"就是撰写毕业论文。小王是个优秀的学生，提前就完成了毕业论文的撰写，并且已经录入到 Word 文档中，论文的组织也相当优秀，条理清晰，堪称一篇好论文。小王原先也做过一些 Word 文档的编辑排版工作，觉得很简单，因此没有放在心上，按照自己的思路把毕业论文排好版就忙着和朋友、老乡聚会去了，只等着毕业答辩。可在论文提交的前几天，细心的小王还是坚持做了最后一次检查，对照学校毕业论文的格式要求进行核对。经过仔细阅读，小王这才知道学校对毕业论文的格式是有严格要求的，自己的排版基本不符合要求。时间已经很紧了，可不能耽误毕业。虽然可以交给打印社进行编排，但是一向要强的小王知道 Word 2010 具有非常方便和强大的编辑排版功能，相信凭借自己的努力，一定能够在规定时间内把自己的论文编排好。

## 1.1　Word 2010 的功能与优势

　　为了使用户能够更加容易地按照日常事务处理的流程和方式操作软件功能，Microsoft 公司推出的 Office 2010 应用程序提供了一套以工作成果为导向的用户界面，让用户可以用最高效的方式完成日常工作。全新的用户界面覆盖 Office 2010 的所有组件，包括 Word 2010、Excel 2010、PowerPoint 2010 等。

　　Word 2010 是一款能够很好满足文字编辑排版要求的办公软件，是目前最通用的办公软件之一。它提供了功能全面的文本和图形编辑工具，能对文字、图形、表格等进行编辑和排版，同时采用以结果为导向的全新用户界面，以此来帮助用户创建、共享更具专业水准的文档。全新的工具可以节省大量格式化文档所耗费的时间，真正发挥办公软件对提升工作效率的作用。目前，书籍、名片、杂志、报纸的设计排版工作很多都是通过 Word 实现的。Word 2010 包含如下功能和优势。

　　（1）功能区与选项卡简化了使用方式

　　Word 2010 简化了使用功能的方式。新增的 Microsoft Office Backstage 视图替换了传统的文件菜单，只需单击几次鼠标，即可保存、共享、打印和发布文档。传统的菜单和工具栏已被功能区所代替。功能区是一种全新的设计，它以选项卡的方式对命令进行分组和显示，使选项卡中命令的组合方式更加直观，大大提升了应用程序的可操作性。例如，在 Word 2010 功能区中有"开始"、"插入"、"页面布局"、"引用"、"邮件"和"审阅"等编辑文档的选项卡，如图 1-1 所示。这些选项卡可以引导用户开展各种工作，简化应用程序中多种功能的使用方式。

图 1-1　Word 2010 的功能区

（2）智能上下文选项卡

有些选项卡只有在选定特定对象之后才会在功能区中显示出来。例如，用于编辑表格的命令只有当用户选择该表格或光标定位在单元格时才会显示出来，如图 1-2 所示。上下文选项卡仅在需要时显示，从而使用户能够更加轻松地根据正在进行的操作来获得和使用所需要的命令。这种设计不仅智能、灵活，同时也保证了用户界面的整洁性。

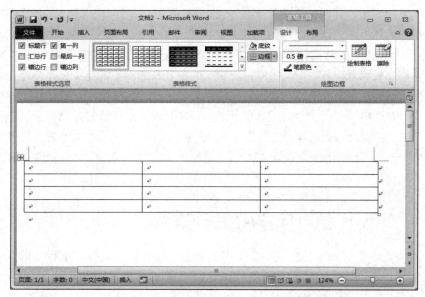

图 1-2　上下文选项卡仅在需要时显示出来

（3）快速搜索和导航功能

在 Word 2010 中，可以更加迅速、轻松地查找所需的信息，包括文本、图片、表格等对象。利用"开始"选项卡中的"查找"功能，可以在单个窗格中查看搜索结果的摘要，并单击以访问任何单独的结果。导航窗格会提供文档的直观大纲，以便用户对所需内容进行快速浏览、排序和查找，如图 1-3 所示。

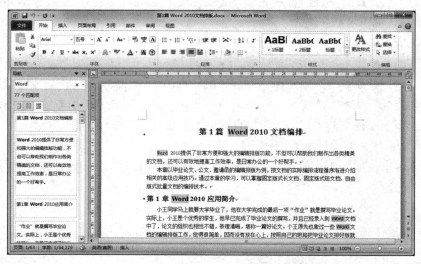

图 1-3　搜索和导航界面

（4）向文本添加视觉效果

利用 Word 2010，可将很多用于图像的效果同时用于文本和形状中。在"开始"选项卡的"字体"功能组中，利用"文本效果"功能，可将诸如轮廓、阴影、映像、发光等格式效果轻松应用到文档文本中，如图 1-4 所示。

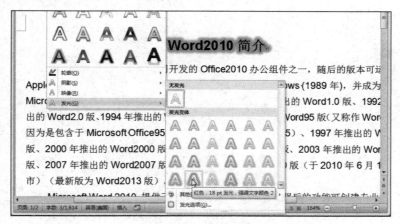

图 1-4　文本的图像效果

（5）将文本转化为 SmartArt 图形

Word 2010 提供了 SmartArt 图形功能，使用"插入"选项卡的"插图"功能组中的"SmartArt 图形"功能，可将文本转换为突出的视觉图形，以图形列表、流程图或其他图形直观地进行信息交流，如图 1-5 所示。

图 1-5　SmartArt 图形

（6）更强的视觉效果

利用 Word 2010 中新增的图片编辑工具，无须其他照片编辑软件，即可对图片进行插入、剪裁和添加图片特效等操作。在"图片工具"中的"格式"上下文选项卡中，包含图片的颜色饱和度、色调、亮度、对比度及背景等修改功能，能够轻松将文档中的图片转化为如图 1-6 所示的艺术效果。

图 1-6　图片艺术效果

（7）跨越沟通障碍

使用 Word 2010 可以轻松跨越不同语言进行沟通交流。通过"审阅"选项卡中的"翻译"功能可以进行单词、词组或文档的翻译，如图 1-7 所示。在该选项卡中，还可利用"语言"功能进行针对屏幕提示、帮助内容和显示内容的语言设置，甚至可以将完整的文档发送到网站进行并行翻译。

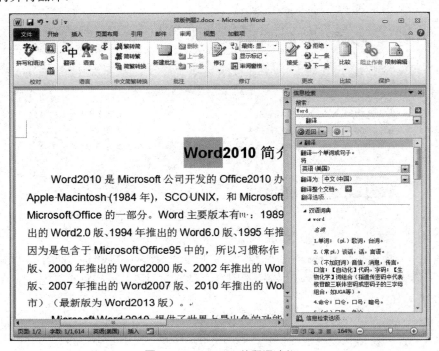

图 1-7　Word 2010 的翻译功能

## 1.2 Word 2010 编排基础

在日常生活和工作中，我们经常需要对会议通知、介绍信、邀请函、招标书、合同、项目企划书和市场分析报告等文档进行印制工作，首先都需要对文档内容进行编辑和排版操作。所谓排版，就是在有限的版面空间里，将版面构成要素（文字、图形、图片、表格、线条和色块等）根据特定内容的需要进行组合排列，把构思与形式直观地展现在版面上，使之符合人们的审美要求。通过 Word 2010 提供的强大的图文处理功能，就可以满足制作需要，高效地制作出优秀的作品。

通常情况下，可以从不同的角度对文档进行分类。根据文档的长短可分为长文档和短文档两种类型，当然，这两者并没有严格的区分。长文档一般指页数较多的文档，从前往后的排版布局顺序通常为：封面、序（或摘要）、标题目录（图表目录）、正文、附录、索引、参考文献等，如书稿、毕业论文；而短文档的内容相对较少且单一，从排版布局上没有明确分为长文档所具有的几个部分，如通知、广告等。

根据文档操作要求的不同可分为固定版式文档、自由版式文档和统一版式文档等。

（1）固定版式文档

固定版式文档是指对文档的排版布局有格式限制和约束，包括对文档标题、正文、页眉页脚等有标准的格式要求，如公文（图 1-8）、法律文件、毕业论文等。

图 1-8　公文示例

（2）自由版式文档

自由版式文档是指文档的排版布局不受任何格式限制和约束，或受有限的格式限制和约束，如通知、宣传单、板报（图 1-9）等。可以根据个人的喜好、审美，将各种对象在页面上自由地编排。

图 1-9　电子板报

（3）统一版式文档

统一版式文档是指文档的内容框架固定、排版布局完全相同的排版方式，如通过邮件合并功能批量生成的信函（图 1-10）、电子邮件、信封、标签等，此操作可以有效地提高日常工作的效率。

图 1-10 批量生成邀请函

那么，如何才能快速、方便地制作出满意的、符合要求的文档呢？我们应根据文档的类型采取不同的策略，应用不同的技巧。

固定版式文档的编排需要根据文档的类型和具体格式要求进行相应的编排操作，基本没有自由设计发挥的空间，如公文、毕业论文等，此类文档对各级文字的字体、字号、字形，以及每页行数、每行字数等都有严格的要求。

自由版式文档的编排则需要根据内容主题先确定基调。例如严肃型主题的文档的排版形式不宜过于花哨，而趣味性、娱乐性强的文档，如与儿童主题相关的文档，其版面则可以设计得活泼可爱。如何将这种类型的文档设计得更加吸引人，除了具备一定的编排技巧外，还需要较好的审美和创新能力，才能使版面设计新颖，颜色搭配协调。

统一版式文档的编排是在基本版面设计的基础上（其主体内容可以为自由版式，也可以为固定版式，但通常为自由版式），按照邮件合并的具体操作流程进行设计，即可高效、批量地生成文档。

本篇后续内容就以毕业论文、公文及邀请函的编排为例，分别介绍固定版式长文档、固定版式短文档、统一版式（自由版式）批量文档编排的相关操作和技巧。

# 第 2 章  毕业论文编排

## 2.1 引言

毕业论文是典型的固定版式长文档编排应用实例。小王所在学校的"毕业论文（设计）的编辑规范"简要描述如下。

① 一律使用 A4 纸打印，对称页边距，页面按上边距 2.5 厘米、下边距 2 厘米、内侧边距 2.5 厘米、外侧边距 2 厘米，左侧预留 1 厘米装订线。

② 版心：39 行 ×40 字。

③ 封面、目录、摘要、论文的每一章、附录、参考文献、致谢等均要另起一页。

④ 标题样式如下。

一级标题（第 1 章，第 2 章，…，第 $n$ 章）：小二号、黑体、不加粗；段前 1.5 行、段后 1 行，行距最小值 12 磅，居中。

二级标题（1.1，1.2，…，$n.1$，$n.2$）：小三号、黑体、不加粗；段前 1 行、段后 0.5 行，行距固定值 15 磅。

三级标题（1.1.1，1.1.2，…，$n.1.1$，$n.1.2$）：小四号，宋体；段前 12 磅、段后 6 磅，行距最小值 12 磅。

除上述三个级别标题外，所有正文（不含图表及题注）：首行缩进 2 字符、1.25 倍行距、段后 6 磅、两端对齐。

⑤ 论文中用到的表格及图片，分别在表格上方和图片下方添加形如"表 1-1"、"表 2-1"、"图 1-1"、"图 2-1"的题注，其中连字符"-"前面的数字代表章号、"-"后面的数字代表图表的序号，各章节图和表分别连续编号，同时，所有表格必须为三线表。

⑥ 页号设置要求：摘要与论文正文的页码分别独立编排，摘要页页码使用大写罗马数字（Ⅰ，Ⅱ，Ⅲ，…），居中显示；自正文开始至文末，页码使用阿拉伯数字（1，2，3，…），且各章节间连续编码。奇数页页码显示在页脚右侧，偶数页页码显示在页脚左侧。

⑦ 在"摘要"页之前插入目录。

⑧ 其他格式如下。

摘要：四号宋体，居中；内容为小四号宋体。

目录：四号宋体，居中；内容为五号宋体，右对齐。

表题、图题：小五号黑体，居中。

参考文献：小五号楷体，左对齐。

……

面对如此多的设置，小王不知道从何下手，让他头疼的地方有很多，都是以前没有遇到过的，例如：（1）标题样式的设置。整篇文档从一级到三级标题多达几十处，难道需要一个个地设置吗？（2）图（表）的序号设置。如果录入时已按顺序编好了，可随着论文的修改进行调整，一旦需要在中间插入或者删除某个图（表），则会导致整个序号的混乱，后续的序号要一个一个地修改，一不小心还会有遗漏，那么应该如何避免？（3）目录的插入，是否需要手工一行一行地录入？（4）论文的封面、摘要、目录、正文等各个部分都要放在一个文档中，有的部分不需要页码，而有的部分需要单独编排页码，应该如何设置？（5）有的部分不需要页眉，而有的部分则需要页眉，且奇数页和偶数页的页眉内容不一样，又该如何处理……由于疑问太多，小王只好请教计算机的刘老师帮忙了。

通过交流，刘老师了解到小王已经掌握了 Word 2010 的基本操作，如字体、段落格式设置，页面的设置，图片、表格的插入与编辑等。如果编排一个通知或广告，应是毫无问题的，但如果文档内容过多，要求严格，小王就捉襟见肘了，还需要提升对全盘的布局规划能力及特殊问题的处理能力。因此，刘老师决定针对其弱点进行指导。

刘老师告诉小王，由于长文档的编排工作量较大，涉及的要素很多，所以版面的布局和内容的规范显得尤为重要，如果处理策略不当，不仅效率低下，且易导致返工，甚至会出现乱版现象。而只要掌握正确的方法，就会达到事半功倍的效果。为此，以毕业论文的编排为例，刘老师给出了如下长文档编排的一般步骤，其中，步骤⑤与⑥可以调换。

① 版面布局与规划。

② 分节与分页。

③ 页面设置。

④ 样式设置。

⑤ 页眉页脚设置。

⑥ 题注与交叉引用等设置。

⑦ 目录与索引创建。

⑧ 文档审阅。

⑨ 打印预览与输出。

## 2.2 版面布局与规划

首先需要仔细分析文档的内容，确定其构成及各部分版面要求。对于毕业论文而言，其一般结构如图 2-1 所示。每一部分在版面布局上可能都有一些特殊要求，如页码的要求：封面、诚信声明不编排页码；目录用罗马数字单独编排页码；正文与附录用阿拉伯数字连续编排页码等。在动手编排前，必须了解这些要求，进行统筹规划。

封面
毕业论文（设计）诚信声明
目录
插图索引（必要时）
附表索引（必要时）
中文摘要（含中文关键词）
英文摘要（含英文关键词）
**主体（含引言或绪论、结论）**
参考文献
附录（必要时）
致谢

图 2-1　毕业论文一般结构

# 2.3 分节与分页

## 2.3.1 分节

"节"是文档的一部分，是一段连续的文档块。所谓分节，可理解为将 Word 文档分为几个子部分，对每节可单独设置有关页面的格式，如纸张大小、纸张方向、边距、页面边框、垂直对齐方式、页眉页脚、分栏、页码编排、行号等。同节的页面拥有相同的格式，而不同的节可以不相同，互不影响。如果没有分节，则整个 Word 文档默认为只有一个节，所有页面都属于这个节。因此，要想对文档的不同部分设置不同的页面格式，必须进行分节。

在完成文档版面的布局与规划之后，紧接着的工作就是使用分节符对各部分内容进行分隔，即分节。节的结束标记为分节符，如同段落标记保存段落格式信息一样，分节符保存节的格式信息，如果删除了某个分节符，则它前面的文字会合并到后面的节中，并且采用后者的格式设置。

要将文档分隔为两部分，只需在分隔处插入分节符即可。插入分节符的操作步骤如下：将光标定位在需要分节的位置，如"封面"末尾与"诚信声明"开头之间，单击"页面布局"选项卡"页面设置"功能组的"分隔符"按钮，弹出如图 2-2 所示的下拉选项，单击"分节符"区域的"下一页"按钮，则在插入点位置插入一个分节符，将"封面"与"诚信声明"分隔开，使两部分分处不同的节，并且"诚信声明"是从下一页开始。

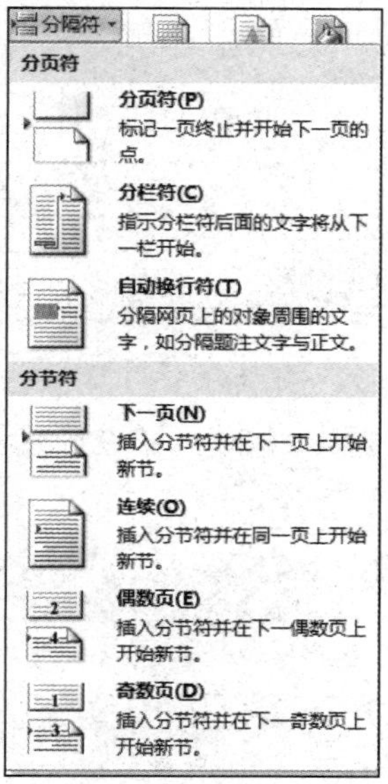

Word 2010 的分节符共有 4 种，功能各不相同，分别如表 2-1 所示。

图 2-2　分隔符选项

表 2-1　分节符类型及其功能

| 分节符类型 | 功　　能 |
| --- | --- |
| 下一页 | 插入一个分节符并分页，新节从下一页开始 |
| 连续 | 插入一个分节符，新节从当前插入位置开始 |
| 偶数页 | 插入一个分节符，新节从下一个偶数页开始 |
| 奇数页 | 插入一个分节符，新节从下一个奇数页开始 |

## 2.3.2 分页

另外一种分隔符是分页符。分页符处于上一页结束与下一页开始的位置。分页符分为 2 种：软回车符和硬回车符。通常，Word 是按照页面的设置自动对文档进行分页的，称为软分页符；

有时，我们需要在某个位置强制进行分页，可手动插入一个分页符，称为硬分页符。

插入硬分页符的方法与插入分节符类似，在如图 2-2 所示的下拉选项中，选择"分页符"区域中的"分页符"命令即可。也可以通过【Ctrl+Enter】组合键实现快速手动分页。

Word 不仅允许用户手动对文档进行分页，还允许用户调整自动分页的有关属性。例如，用户可以利用分页选项避免文档中出现"孤行"，避免在段落内部、表格行中或段落之间进行分页等。也就是说，Word 在根据页面设置对文档进行自动分页的同时，还可以针对换页的段落设置对文档进行自动分页，具体操作步骤如下。

① 选定需调整分页状态的段落。

② 单击"开始"选项卡"段落"功能组右下角的对话框启动器按钮（），打开"段落"对话框，选择"换行和分页"选项卡，可以设置各种分页控制，如图 2-3 所示。不同的选项对分页起到的控制作用也各不相同，如表 2-2 所示。

图 2-3　"换行和分页"选项卡

表 2-2　"换行和分页"选项卡中的选项说明

| 选　　项 | 说　　明 |
| --- | --- |
| 孤行控制 | 防止该段的第一行出现在页尾，或最后一行出现在页首，否则该段整体移到下一页 |
| 与下段同页 | 用于控制该段需与下段同页。例如，表格标题应设置此项 |
| 段中不分页 | 防止该段从中间分页，否则该段整体移到下一页 |
| 段前分页 | 用于控制该段必须重新开始一页 |

【注意】

除"连续"类型外，分节符也具有分页的功能。分页符是将前后的内容隔开到不同的页面，前后不管多少页可能还是属于同一节，而分节符是将不同的内容分隔到不同的节。一页可以包含多节，一节也可以包含多页。

根据毕业论文的规范要求，一般每一部分都要分隔开来，即每一部分之间都要插入一个"下一页"分节符，既分节又分页。而正文的每章之间都要插入一个硬分页符（正文的每一章要求从新的一页开始，有的学校还要求必须从奇数页开始）。操作完成后，得到了既分节又分页的效果，在页面视图方式下，且"显示/隐藏编辑标记"（在"开始"选项卡"段落"功能组下）为"显示"时，文档中的分节符、分页符都会显示出来，如图 2-4 所示。

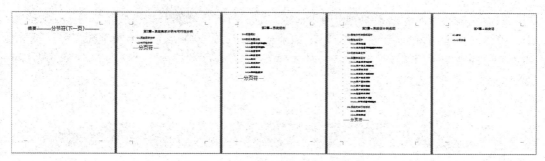

图 2-4　插入分页和分节符后的效果

# 2.4 页面设置

　　页面的设置非常重要，Word 本身采用"所见即所得"的编辑排版工作方式。通常情况，文档最终都需要以纸质的形式呈现，所以在进行具体的编排前必须先对纸型、页边距、装订线、是否横排等选项进行设置，更细致的设置还包括每页容纳的行数等。如果在编排之前没有定好页面设置，而是在编排之后再进行页面的设置或改变页面设置，则很可能会引起版面错乱，导致前功尽弃。

　　对于页面设置中的一些常规设置，小王已经相对熟悉了，但毕业论文的编排涉及一些之前没有接触过的高级设置，如针对"节"的设置，装订线的设置等。为此，刘老师专门就一些页面的高级设置进行介绍。通过单击"页面布局"选项卡"页面设置"功能组右下角的对话框启动器按钮，将弹出"页面设置"对话框，如图 2-5 所示，在该对话框中，可以进行页面的各种设置。

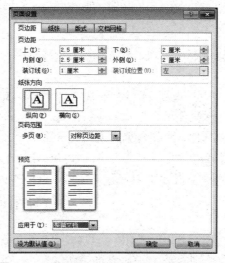

图 2-5　"页面设置"对话框"页边距"选项卡

## 2.4.1 应用于

　　完成页面的相关设置后，在该对话框的任一选项卡的下面，均有一个"应用于"下拉列表框，可指定当前的设置如何应用于文档。默认情况下，如果文档没有分节，则为应用于"整篇文档"，否则应用于"本节"，如果选定了文字，则为应用于"所选文字"。下拉列表框中的几个常用选项及其含义如表 2-3 所示。但要注意，这几个选项并非总出现，而是根据实际情况有选择地出现。

表 2-3　"应用于"中的选项说明

| 选　　项 | 说　　明 |
| --- | --- |
| 整篇文档 | 应用于整篇文档 |
| 本节 | 仅应用于当前节。文档已分节 |
| 所选文字 | 仅应用于当前所选定的文字。将自动在所选文字的前端和末端分别插入一个"下一页"分节符，使当前所选文字单独编排在一页中 |
| 插入点之后 | 在当前插入点位置插入一个"下一页"分节符，使其后的文字从下一页开始，并且其后到下一节开始之间的文字使用当前页面设置 |

## 2.4.2　页边距

在 Word 文档编排中，经常要进行页边距的设置。在毕业论文中，有时还需进行装订线及多页的设置。

### 1. 装订线设置

如图 2-5 所示，装订线的设置包括"装订线宽度"和"装订线位置"。"装订线宽度"是指为了装订纸质文档而在页面中预留出的空白，不包括页边距。因此，页面中相应边预留出的空白空间宽度为装订线宽度与该边的页边距之和。如果不需装订线，则"装订线宽度"为 0。"装订线位置"只有"左"和"上"两种，即只能在页面左边或上面进行装订。

例如，本实例中毕业论文要求左侧预留 1 厘米装订线，则其设置效果如图 2-5 所示。

### 2. 多页设置

在"页码范围"的"多页"设置中，Word 2010 为编排中有可能出现的不同情况提供了普通、对称页边距等 5 种多页面设置方式，便于论文、书籍、杂志、试卷等文件的编排。对"普通"方式不再介绍，其他 4 种设置方式说明如下。

- 对称页边距。选择对称页边距时，左、右页边距标记会修改为"内侧"、"外侧"边距，同时"预览"框中会显示双页，且设定第 1 页从右页开始。主要用于论文、书籍、杂志等文件的双面打印，并且左、右页边距可不相等或设置装订线，目的是为了对称页面。
- 拼页。拼页是指将 2 张小幅面的编排内容拼在 1 张大幅面纸张上，适用于按照小幅面内容编排，大幅面纸张打印的情况，如打印试卷。在编排 A3 试卷时，选择拼页，可将 1 张 A3 纸分为 2 张 A4 纸，在 A4 纸上完成编排，但打印时仍使用 A3 纸。
- 书籍折页。书籍折页是将纸张一分为二，中间是折叠线，打印效果为：正面的左边为第 2 页，右边为第 3 页；反面的左边为第 4 页，右边为第 1 页。从左向右对折后，页码顺序正好为 1、2、3、4，与请柬等开合式文档相似。

- 反向书籍折页。反向书籍折页与书籍折页相似，不同的是折页方向相反。古装书籍一般采用反向书籍折页。

根据要求，如果毕业论文需要装订线或左、右页边距不相等，并且需要双面打印时，需将相应内容设置为"对称页边距"，本实例中，按毕业论文要求设置如图 2-5 所示。

**【小技巧 —— 纸张方向】**

在"页边距"选项卡中，有时候纸张方向也是需要考虑的，例如当前的表格宽度超过目前纸型的宽度，则必须选择纸张方向为横向，否则超出纸张的表格部分将不能打印出来。

## 2.4.3 版心

版心是印刷行业使用的名称。在 Word 中，版心是页面中主要内容所在的区域，直观地说，版心就是页面视图中表示页面的四个直角中间的区域。版心设置也是通过"页面设置"对话框进行的，在"文档网格"选项卡中即可进行版心内容的版面设置。

"文字排列"可以选择水平和垂直 2 种方向之一，默认为水平方向排列。在"网格"区域可设置每行能容纳的字符数和每页能容纳的行数，其各选项说明如下。

- 无网格：采用默认的字符网格，包括每行字符数、字符跨度、每页行数和行跨度等。
- 只指定行网格：采用默认的每行字符数和字符跨度，允许设定每页行数（1 ～ 48）或行跨度，改变其中之一，则另一个数值将会随之改变。
- 指定行和字符网格：允许设定每行字符数、字符跨度、每页行数和行跨度等。改变了字符数（或行数），跨度会随之改变，反之亦然。
- 文字对齐字符网格：可以设定每行字符数和每页行数，但不允许更改字符跨度和行跨度。

本实例中，按毕业论文要求设置为 39 行 ×40 字，如图 2-6 所示。

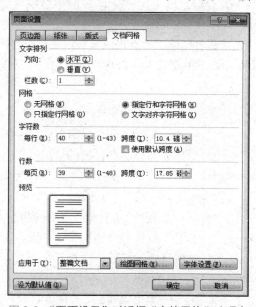

图 2-6 "页面设置"对话框"文档网格"选项卡

### 2.4.4 绘图网格

当文档中的图形对象较多时，为使文档的版面布局更加美观大方、整洁合理，常常需要对文档中的图形进行细致编排，修改其位置和尺寸。但随着页面的调整，或增减文档的内容，或修改某个对象的位置和尺寸，会发现其他对象的位置和尺寸可能也会跟着发生变化，并且有时变化不受控制，很难调整到理想的状态。Word 中的"绘图网格"功能可以帮助我们处理这个问题。

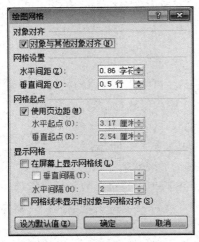

图 2-7　"绘图网格"对话框

使用绘图网格能够更精确地定位一个图形对象，对于图形对象的位置和尺寸设置有非常重要的辅助作用。如图 2-6 所示，单击"绘图网格"按钮，即可打开如图 2-7 所示的"绘图网格"对话框。

1. 对象对齐

当复选框"对象与其他对象对齐"被选中时，拖动对象会使对象与其他对象的垂直和水平边缘的网络线对齐。

2. 网格设置

设置网格的水平和垂直间距。

3. 网格起点

勾选"使用页边距"复选框，则使用左、上页边距作为网格的起点，也可以另外设置起点。

4. 显示网格

勾选"在屏幕上显示网格线"复选框，则会在屏幕上显示网格线，并且可设置网格线的"水平间隔"和"垂直间隔"。也可以单击 Word 功能区的"视图"选项卡，然后勾选"显示"功能组中的"网格线"复选框，则将在屏幕上显示网格线。

5. 网格线未显示时对象与网格对齐

如果屏幕上显示网格线，或者勾选了"网格线未显示时对象与网格对齐"复选框，则拖动对象时对象会自动吸附到最近的网格线上，否则，对象不会自动吸附到最近的网格线上。

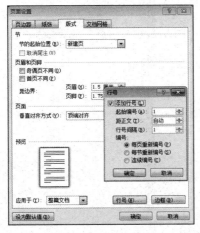

图 2-8　"行号"设置

### 2.4.5 行号

实际工作中，有时会遇到需要在某些特殊文档中标记某内容所在行数的情况，即为文档加上行号，如英文阅读材料、法律文书、名人手稿等。显然，手工添加是不现实的，Word 提供了自动添加行号的功能。

在"页面设置"对话框的"版式"选项卡中，单击"行号"按钮，弹出如图 2-8 所示对话框，根据要求选择相应选项，即能为文档添加行号。添加行号后的效果如图 2-9 所示。

单击 Word 功能区"页面布局"选项卡"页面设置"功能组的"行号"按钮，从弹出的下拉列表中选择相应项，也可快速为文档添加行号。

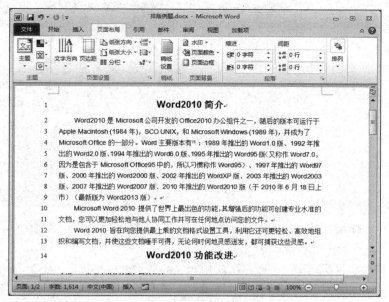

图 2-9 添加行号后效果

# 2.5 样式设置

毕业论文的正文分为很多章节，段落多且标题多，各级标题的格式要求不同，而同一级别的标题或正文段落则要求统一的格式。对于图、表、公式等，也要求统一的格式。而它们所处的位置一般不是连续的，因此，整个文档的编排存在着大量过程和方法相同的重复操作。如果用手工的方式逐个去设置，或用"格式刷"一个个地去刷，都非常烦琐、费时费力，一旦设置错了，或需要修改，还需要重新进行设置，并且容易遗漏。Word 的样式功能可以很好地解决这个问题，提高我们的编排效率。

## 2.5.1 样式

那么，什么是样式呢？简单地说，样式就是格式的集合，集字体格式、段落格式、编号和项目符号格式于一体。使用样式编排文档，可使文档的格式随样式同步自动更新，快速高效。此外，样式还可以用来生成文档目录。

通常情况下，我们只需使用 Word 提供的预设样式就可以了，Word 提供了较为丰富的样式集。如果预设的样式不能满足要求，可以新建样式，或在现有样式的基础上略加修改，存为新样式或直接保存。每个样式都有一个唯一的样式名称。新建的样式是随文档一起保存的。当某个预设样式被修改且没有更改样式名称，则该样式也是随文档一起保存的。当从另一个文档中复制具有非预设样式的文本到本文档中，或使用格式刷从另一个文档中复制一个非预设样式到本文档中时，则本文档自动新建该样式。

分析毕业论文的编排要求，规定需要设置的样式要求如表 2-4 所示。

表 2-4　样式设置分析

| 标 题 形 式 | 样 式 名 称 | 字 体 设 置 | 段 落 设 置 |
|---|---|---|---|
| 第 1 章，第 2 章，…，第 $n$ 章 | 一级标题 | 小二号、黑体、不加粗 | 段前 1.5 行、段后 1 行，行距最小值 12 磅，居中 |
| 1.1，1.2，…，$n$.1，$n$.2 | 二级标题 | 小三号、黑体、不加粗 | 段前 1 行、段后 0.5 行，行距固定值 15 磅 |
| 1.1.1，1.1.2，…，$n$.1.1，$n$.1.2 | 三级标题 | 小四号、宋体 | 段前 12 磅、段后 6 磅，行距最小值 12 磅 |
| 正文 | 正文 | | 首行缩进 2 字符、1.25 倍行距、段后 6 磅、两端对齐 |

　　分析之后，根据需要修改预设样式或新建样式，然后就可以录入文档了。当然，也可在某个样式第一次使用的时候创建。

　　录入文档时，尽量对每一个元素都应用相应的样式进行格式化，不要等到录入完成后再进行样式的应用。如果某文档事先已经录入完毕，后进行编排，则应使用格式刷来应用样式。

## 2.5.2　多级列表

　　标题的录入是有技巧的，除了样式的应用外，类似 1.1，1.2，1.1.1，1.1.2 等标题形式，还需要在标题前附上章节等编号，如果不用多级列表而采用手工输入的话，不但工作量大，而且在修改时增减或调整内容会变得非常麻烦，往往改动一个序号，后面的都要重新调整，效率非常低，又容易出错。若章节号是使用多级符号自动生成的，则后期论文的修改就会十分方便了。

　　首先，我们来看一下大纲级别与样式的关系。在 Word 文档中，一种样式对应着一种大纲级别。默认的"标题 1"样式对应的大纲级别是 1 级，"标题 2"是 2 级，以此类推，Word 共支持 9 个大纲级别的设置。这种排列有从属关系，也就是说，大纲级别为 2 级的段落从属于 1 级，3 级的段落从属于 2 级，…，9 级的段落从属于 8 级。当然，还可以通过新建样式，然后在段落中选择它的大纲级别。标题样式通常用于各级标题段落，与其他样式最为不同的是标题样式具有级别。这样，就能够通过级别的区分得到文档的结构图、大纲和目录。

### 1．多级列表定义

　　若要在标题的前面自动生成章节号，则需要对标题进行多级列表设置。文档中各级标题录入完成后（如图 2-10 所示），在"开始"选项卡的"段落"功能组中单击"多级列表"按钮，在弹出的下拉菜单中选择"定义新的多级列表"选项，如图 2-11 所示，打开"定义新多级列表"对话框，并单击"更多"按钮，则打开对话框如图 2-12 所示。

　　在该对话框中能对各级列表的各个属性进行设置，首先对以下 3 个比较重要的参数进行理解。

　　① 级别：选定列表级别，默认为 1。选定后则对该级别的列表进行修改或定义。

图 2-10　文档各级标题的一部分

图 2-11　多级列表下拉菜单

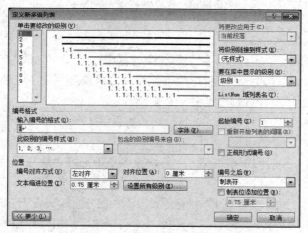

图 2-12　定义新多级列表

② 将级别链接到样式：在该对话框中不但要对当前列表进行编号方式的设置，还需要将该级别列表的标题的样式链接到某个具体的标题样式，则该列表（包括编号与标题的文本及所在的段落）按照该标题样式的字体格式及段落格式进行设置。如果对标题样式有具体要求，需要先定义好该标题样式。在本例中，可依据论文中要求的标题样式，分别将各级列表格式链接到不同的标题样式。

③ 正规形式编号：将编号强制设为"1，1.1，1.1.1，…"的格式。

理解了上述内容之后，再来动手进行多级列表设置，首先设置大纲级别为 1 级的标题编号样式，方法如下。

① 在"定义新多级列表"对话框左侧的级别列表框中选择"1"。

② 在对话框右侧"将级别链接到样式"下拉选项中选择"标题 1"，"要在库中显示的级别"下拉选项中选择"级别 1"。

③ 将光标定位至"输入编号的格式"文本框中，为了在章标题前显示"第＊章"的编号形式，则需要在符号"1"前后分别输入"第"和"章"字样。

此时，大纲级别为1级的标题编号样式已经设置完成，接下来用类似的方法设置2级标题编号样式。

① 在"定义新多级列表"对话框左侧的级别列表框中选择"2"。

② 在对话框右侧"将级别链接到样式"下拉选项中选择"标题2"。

③ 此时，在"输入编号的格式"文本框中自动出现"1.1"字样，如果符合设置要求，则可结束设置。如果不小心删除了，不能自己手工输入，则必须按④⑤⑥的描述顺序来设置。如果需要更改章节的分隔符，可直接修改。

④ 设置大纲级别的从属关系。因为大纲级别2级的段落从属于1级，所以，选择"包含的级别编号来自"下拉列表中的"级别1"，此时"输入编号的格式"文本框中自动生成代表1级标题的编号"1"。

⑤ 将光标置于"1"右侧，输入适当分隔符（一般为点号）。

⑥ 单击"此级别的编号样式"区域的下拉按钮，选择需要的样式"1，2，3，…"，此时，系统会在输入的分隔符右侧自动添加表示2级标题编号的数字"1"。

这样，"标题2"编号样式已经设置好，用类似的方法设置"标题3"编号样式，单击"确定"按钮完成设置。

### 2. 样式修改

到目前为止，虽然已经设置好了1，2，3级标题编号样式，但还没有将其应用于具体标题。考虑到默认的标题样式与论文要求的字体和段落格式还存在一定差距，所以，我们需要先进行标题样式的修改，然后再应用，方法如下。

① 单击功能区"开始"选项卡的"样式"功能组的对话框启动器按钮，弹出如图2-13所示的"样式"列表。

② 单击"标题1"右侧下拉按钮，在其快捷菜单中选择"修改"命令，弹出"修改样式"对话框。

需要说明的是，如果"标题1"、"标题2"、"标题3"样式没有出现在"样式"列表中，则单击图2-13中"样式"列表右下角的"选项"命令按钮，在弹出的对话框中选择显示样式为"所有样式"，如图2-14所示。

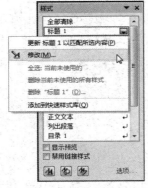

图 2-13　选择"修改"命令

图 2-14　选择"所有样式"

③ 在"名称"文本框中修改标题样式名称为"一级标题",单击"修改样式"对话框左下角的"格式"按钮,选择"字体"选项,在弹出的"字体"对话框中进行如图 2-15 所示设置,单击"确定"按钮,回到"修改样式"对话框。

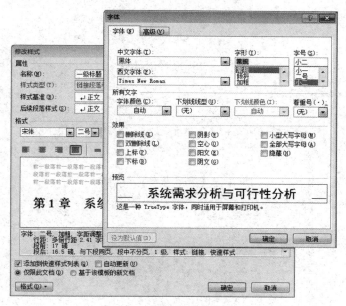

图 2-15 修改样式字体设置

④ 采用同样的方法,单击左下角的"格式"按钮,选择"段落"选项,在弹出的"段落"对话框中进行如图 2-16 所示设置,单击"确定"按钮,回到"修改样式"对话框。

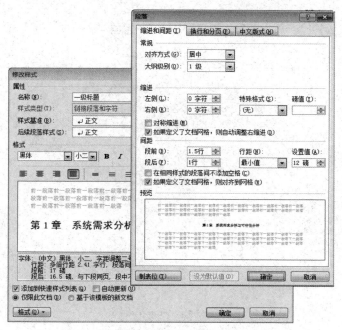

图 2-16 修改样式段落设置

⑤ 样式修改好后,勾选"自动更新"复选框,单击"确定"按钮,则文档会用更改

后的样式自动更新所有应用该样式定义的文本，同时生成一个新的样式，如果修改样式是为了以后使用，则可以不选"自动更新"。

　　设置参数值如图 2-17 所示，操作完成后，"样式"列表中原来的"标题 1"样式修改为"标题 1，一级标题"样式。

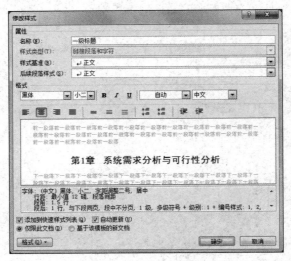

图 2-17　修改样式

用类似的方法修改"标题 2"、"标题 3"和正文的样式，样式修改完成后即可应用样式。

3．样式应用

首先应用"一级标题"样式。

① 按住【Ctrl】键的同时，分别选择一级标题所在段落，则选中所有一级标题所在段落。

② 松开【Ctrl】键，单击"样式"列表中的"标题 1，一级标题"样式，则所有一级标题行自动添加"第＊章"字样的编号，如图 2-18 所示。

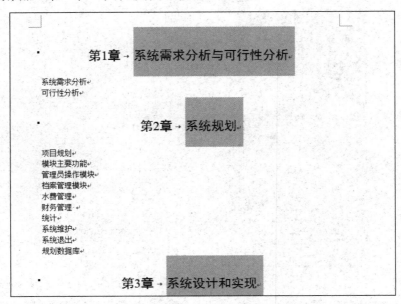

图 2-18　一级标题应用样式后的效果

通过类似的方法分别应用"标题2，二级标题"样式和"标题3，三级标题"样式，操作完成后，系统自动添加如图 2-19 所示的标题编号。

正文段落、图标题、表标题等样式的定义与应用也与此类似。

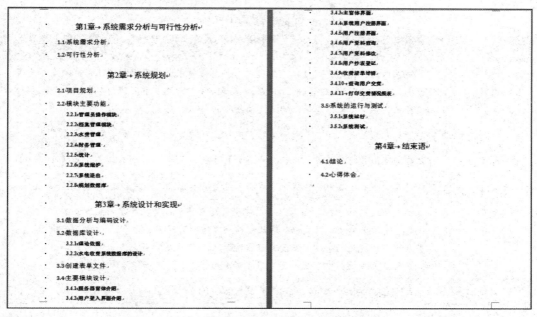

图 2-19　各级标题应用样式后的效果

【小技巧 —— 通过快捷键应用样式】

在完成样式定义后，还可以通过快捷键来应用样式。

在"修改样式"对话框中，单击"格式"按钮，选择"快捷键"命令，打开"自定义键盘"对话框，此时在键盘上按下希望设置的快捷键，例如【Ctrl+1】，在"请按新快捷键"区域则会显示组合后的快捷键【Ctrl+1】。注意不要在其中输入快捷键，而应该按下快捷键。单击"指定"按钮，快捷键即可生效。用同样的方法可为其他样式指定快捷键。

在应用的过程中，选定对象之后，直接按快捷键即可将该样式应用到选择的文本。

### 4. 文档查看

应用样式之后，文档的编排效果如何呢？为了方便地查看文档的整体结构及阅读文档内容，Word 提供了多种视图用于文档的查看。所谓视图，就是文档的不同显示方式，不同的视图就如从不同的角度看同样一件物品，它不会改变页面格式，只会改变文档内容的呈现方式。可以通过功能区"视图"选项卡中的"文档视图"功能组来切换文档视图。Word 2010 提供了 5 种视图及导航窗格，其作用与特点如表 2-5 所示。

在此，重点介绍大纲视图及导航窗格的使用。

勾选功能区"视图"选项卡"显示"功能组中的"导航窗格"复选框，则将在工作区的左侧显示导航窗格。导航窗格可以在页面视图、Web 版式视图、大纲视图、草稿视图下工作。以大纲视图为例，进入大纲视图方式，则文档显示效果如图 2-20 所示。功能区增加显示"大纲"选项卡，在该选项卡中，可以很方便地进行标题级别快速调整，同时在导航窗格和窗口的编辑区域都可以非常清晰地呈献文档各级标题间的关系。在标题前还有用于折叠和展开下级内容的按钮，同时在导航窗格中单击标题文本还可以快速地跳转到该章节的内容，操作起来十分方便。

表 2-5 文档查看方式的作用与特点

| 文档查看方式 | 作用与特点 |
| --- | --- |
| 页面视图 | 系统默认的视图方式，适用于概览文档的总体效果。在页面视图下，可以显示出页面大小、布局，可以进行各种对象的插入与编辑，编辑页眉和页脚，查看、调整页边距，处理分栏及图形对象，其显示的是文档打印的实际效果 |
| 草稿视图 | 仅显示标题和正文，不显示页面边距、分栏、页眉页脚和图片等元素 |
| Web 版式视图 | 模拟在网页浏览时的效果，显示为非实际打印的形式 |
| 阅读版式 | 隐藏了窗口中的工具栏，根据分辨率自动调整文本大小，最适合阅读长文档 |
| 大纲视图 | 能够查看文档的结构，还可以通过拖动标题来移动、复制和重新组织文本，特别适合编辑含有大量章节的长文档，能让文档层次结构清晰明了，并可根据需要进行调整。在查看时可以通过折叠文档来隐藏正文内容而只看主要标题，或者展开文档以查看所有的正文。大纲视图中不显示页边距、页眉和页脚、图片和背景等元素 |
| 导航窗格 | 用来显示文档标题的大纲，能进行文档内容的快速跳转 |

图 2-20 在大纲视图中显示效果

在大纲视图中编辑文档，除了具有上述便利外，移动章节文本也非常方便。例如，当文档中有大块区域的内容需要调整位置时，通常的做法是剪切后再粘贴，或用鼠标直接拖动移动，但当区域移动距离较远时，找到目标位置并不容易，此时利用导航窗格，则可以方便地拖放。

# 2.6 页眉页脚设置

页眉和页脚通常用于显示文档的附加信息，如时间、日期、页码、单位名称、徽标、章标题等。其中，页眉在页面的顶部，页脚在页面的底部。

在毕业论文中，一般规定不同内容的页面采用不同的页眉页脚方式。例如，封面、诚信声明不要页眉页脚，其他内容的奇数页页眉为"*士学位论文"，标明学位级别，偶数页页眉为论文题目，页脚为页码。要实现不同的页面采用不同的页眉页脚，首先需要对文档进行分节，然后再根据需要进行首页不同、奇偶页不同、链接到前一条页眉等设置。

在前面已经介绍了如何分节，下面分别介绍首页不同、奇偶页不同及链接到前一条页眉等设置。

## 1. 首页不同

"首页不同"是指在当前节中，首页的页眉页脚和其他页不同。通常情况下，首页为封面，是不设置页眉页脚的。需要注意，每一节都可以设置首页不同。毕业论文中，封面、诚信声明不要页眉页脚，可以将这两页作为一节，不设置页眉页脚，也可以分别作为一节，不设置页眉页脚，或设置首页不同。要设置首页不同，具体操作如下。

① 双击页眉或页脚区域，此时在功能区中自动出现"页眉和页脚工具"中的"设计"上下文选项卡，如图 2-21 所示。

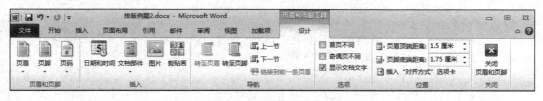

图 2-21　页眉和页脚工具

② 在"选项"功能组中选中"首页不同"复选框，这样首页就可以单独设置页眉页脚了。

## 2. 奇偶页不同

"奇偶页不同"是指在当前节中，奇数页和偶数页的页眉页脚不同。默认情况下，同一节中所有页面的页眉页脚都是相同的（首页不同除外），不论是奇数页还是偶数页，修改任意一页的页眉页脚，其他页面都跟着变化。在图 2-21 中勾选"奇偶页不同"后，则可以分别设置奇数页和偶数页的页眉页脚，它们不会联动，但所有奇数页是相同的、所有偶数页也是相同的（首页不同除外）。

## 3. 链接到前一条页眉

当文档中存在多个节时，默认情况下，当前节的页眉页脚和上一节的是相同的，此时，图 2-21 中"导航"功能组的"链接到前一条页眉"按钮是可用的，且为高显。若需要为不同的节设置不同的页眉页脚，则需取消"链接到前一条页眉"按钮的选定，变为普通显示，但仍然是可用的。需要注意的是，页眉或页脚的"链接到前一条页眉"需要分别设置，当设置了"奇偶页不同"时，奇数页和偶数页的"链接到前一条页眉"也需要分别设置。

4．应用实例

下面介绍几种具体的应用。

（1）插入不同编号格式的页码

在长文档中，为了能使读者快速定位所要查找的页面，一般在文中插入页码。插入页码也是页眉页脚中最为常用的操作。

在插入页码时，首先将在不同的节插入符合要求的页码，然后在节内进行对齐方式的调整。

Word 中提供了多种页码的编号格式，如罗马数字格式、阿拉伯数字格式等。论文中要求摘要页页码使用大写罗马数字（Ⅰ，Ⅱ，Ⅲ，…），而正文使用阿拉伯数字的页码格式。根据分节与分页的不同特点，在不同页面插入不同编号格式的页码是以分节为前提的。具体操作如下。

① 进入"摘要"所在页，在"页眉和页脚"功能组中，单击"页码"按钮。

② 在下拉列表中选择"页面底端"选项中的"普通数字 1"格式。

图 2-22　"页码格式"
对话框

③ 在"设计"上下文选项卡中，单击"页眉和页脚"功能组中的"页码"按钮，在弹出的下拉列表中选择"设置页码格式"命令，弹出"页码格式"对话框，如图 2-22 所示，选择"编号格式"下拉选项中的罗马数字形式，在"页码编号"选项区域调整"起始页码"为Ⅰ。

在设置不同格式的页码时，首先要避免节与节之间页码格式相互影响，否则不同的节将仍然采用同样的页眉页脚形式。所以在插入页码前，应先断开正文与摘要两节之间的链接，即取消"链接到前一条页眉"设置，再插入页码，这样才能轻松实现不同节中设置不同页码格式和删除某些页码的操作。

采用类似方法对正文进行页码的插入与设置。插入页码后效果如图 2-23 所示。此时，正文的第 1 页显示页码为"2"，显然正文部分编号应该从"1"开始，所以需要在正文页码设置的"页码格式"对话框中将起始页码设置为"1"。

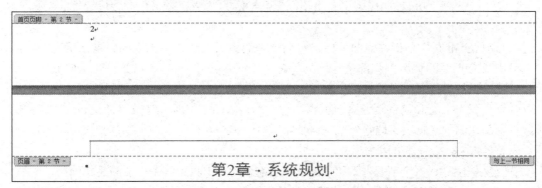

图 2-23　正文部分插入页码后效果

（2）为奇偶页设置不同的页码对齐方式

页码插入完成后，正文中所有页码都是左对齐方式显示，而论文编排格式要求奇数页页码右对齐，偶数页页码左对齐，为了实现正文奇偶页页码排放位置的区别，就必须设置"奇偶页不同"。

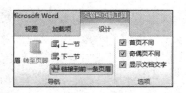

① 在"页眉和页脚工具"中的"设计"上下文选项卡中，选中"选项"功能组中的"奇偶页不同"选项，如图 2-24 所示。

此时在页眉的左上角和页脚左下角会显示奇偶页和所在节的提示文字，如图 2-25 所示。

图 2-24　设置奇偶页不同

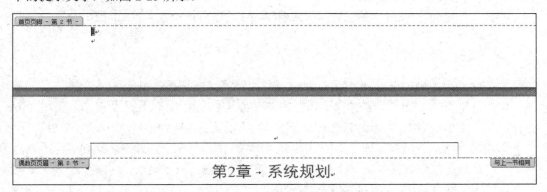

图 2-25　奇偶页和所在节的提示

② 在正文部分的某个页面的奇数页中，将所在页的页码设置为"右对齐"显示，选择某个偶数页面，将所在页的页码设置为"左对齐"显示，这样所有奇数页页码将位于页面的右端，偶数页页码将位于页面的左端。

**【小技巧 —— 页眉页脚】**

（1）页眉页脚区的快速切换

在"页眉和页脚工具"中的"设计"上下文选项卡中提供了"导航"功能组，单击"转至页眉"按钮或"转至页脚"按钮可以在页眉区域和页脚区域之间切换。如果选中了"奇偶页不同"复选框，当单击"上一节"按钮或"下一节"按钮时，可以在奇数页和偶数页之间切换。

（2）页眉页脚的删除

在整个文档中删除所有页眉或页脚的操作步骤如下。

① 单击文档中的任何位置，进入"插入"选项卡。

② 在"页眉和页脚"功能组中，单击"页眉"按钮。

③ 在弹出的下拉列表中执行"删除页眉"命令即可将文档中的所有页眉删除。

类似地，在"插入"选项卡的"页眉和页脚"功能组中，单击"页脚"按钮，在弹出的下拉列表中执行"删除页脚"命令即可将文档中的所有页脚删除。

# 2.7 题注与交叉引用设置

在撰写长文档的时候最害怕遇到的问题是什么？假设写了一篇近百页的文档，其中包含的插图、表格多达几十个，在撰写时，分别将其对应标记了"图 1"、"图 2"、"表 1"、"表 2"样式的标号。但老师看过文档内容后，建议在其中添加一张插图。那么本张图后面的所有插图的标号将顺延，这需要我们手工依次修改吗？

另一种情况，假设在撰写一篇文章，其中包含很多表格。如果希望在文章末尾为所有表格创建一个索引，以便读者根据索引页码定位到相应的表格，你会怎么做？直接手工创建索引吗？那如果文章后期还要编辑，页码发生了变动，怎么办？

同时，如果需要在文章的正文中进行引用，例如"如果想了解有关×××的详细信息，请参考本文第 *n* 页 *x.x.x* 节的相关内容"，这时又将如何操作？手工创建索引？那么如果以后页数发生了变化，或者章节的编号名称发生变化，也只能通过手动进行更新吗？

答案是否定的，Word 中的题注与交叉引用功能可以方便地解决以上问题。

### 2.7.1 题注

在长文档中，为了增强文档的可读性，往往需要为插图编号，即针对图片、表格、公式一类的对象，为其建立带有编号的说明段落，称为"题注"。例如，文档中每张图片下方标注的"图 1"、"图 2"等文字就称为题注，通俗说就是插图的编号。

使用题注功能不但能保证长文档中图片、表格或图表等项目按顺序自动编号，还能为后期文档的维护提供方便。例如在移动、插入或删除带题注的项目时，只需要一次性更新所有题注编号即可，从而能大幅提高工作效率。

一般情况下，在表格的上方插入题注，图片等其他对象的题注则在对象的下方插入。

下面以毕业论文"2.3 规划数据库"节中表格的题注添加为例，介绍在文档中定义并插入题注的操作方法。

① 在文档中选择要添加题注的位置，将光标置于表标题"用户基本信息表（YH）"的左侧。

② 在"引用"选项卡上单击"题注"功能组中的"插入题注"按钮，打开"题注"对话框。在该对话框中，可以根据添加题注对象的不同，在"标签"的下拉列表中选择不同的标签类型，如图 2-26 所示。

③ 在默认的标签形式中，如果没有我们需要的形式，则可以进行自定义设置。单击"新建标签"按钮，弹出"新建标签"对话框，输入新的标签，此例中为"表 2-"，表示第 2 章的表格，如图 2-27 所示。单击"确定"按钮，则新的标签样式将出现在"标签"下拉列表中，同时还可以为该标签设置位置与标号类型及编号方法。

图 2-26　插入题注

图 2-27　新建标签

④ 设置完成后单击"确定"按钮，题注就自动生成了，如图 2-28 所示。在添加本章中其他表的题注时，只需在"标签"的下拉列表中选择"表 2-"标签类型，系统将自动生成"表 2-2"、"表 2-3"等内容。

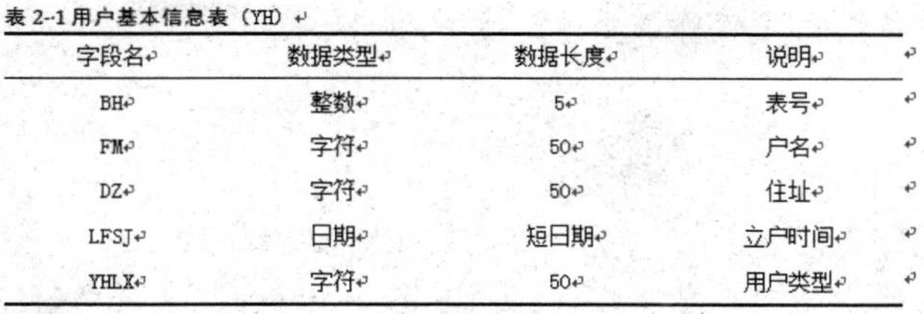

表 2-1 用户基本信息表（YH）

| 字段名 | 数据类型 | 数据长度 | 说明 |
| --- | --- | --- | --- |
| BH | 整数 | 5 | 表号 |
| FM | 字符 | 50 | 户名 |
| DZ | 字符 | 50 | 住址 |
| LFSJ | 日期 | 短日期 | 立户时间 |
| YHLX | 字符 | 50 | 用户类型 |

图 2-28　添加题注后效果

## 2.7.2 交叉引用

交叉引用是对 Word 文档中其他位置内容的引用，用于说明当前的内容。引用说明文字与被引用的图片、表格等对象的相关内容（如题注）是相互对应的，并且能够随相应图、表等对象在删除、插入操作后相关内容（如题注编号）的变化而变化，一次性更新，而不必手工一个个地进行修改。

例如对"表 2-1 用户基本信息表（YH）"的交叉引用方法如下。

① 确定引用点，将光标置于引用点处。

② 在"引用"选项卡上，单击"题注"功能组中的"交叉引用"按钮。

③ Word 可以对编号项、标题、书签、脚注、尾注、表格、公式和图表等对象的相关内容进行引用。在打开的"交叉引用"对话框中，选择引用类型"表 2-"，在"引用哪一个题注"选项区域中选择目标对象，如"表 2-1 用户基本信息表（YH）"。同时，在"引用内容"的下拉选项中选择合适的引用内容形式，如建立一个返回"只有标签和编号"的引用，如图 2-29 所示。最后依次单击"插入"、"关闭"按钮即可建立引用。

图 2-29　设置交叉引用

④ 此时，指定的引用内容将自动插入到当前光标处，按住【Ctrl】键的同时单击该引用，即可跳转到目标引用位置，如图 2-30 所示。这样，不但可以避免因图片、表格等对象的删除或插入操作带来序号变化而一一手动修改的麻烦，而且还为内容的快速浏览、跳转提供了方便。

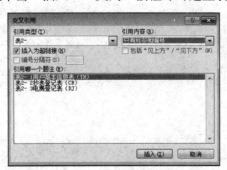

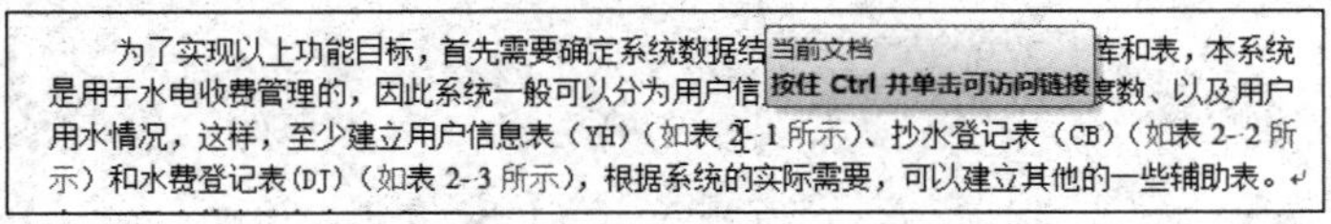

为了实现以上功能目标，首先需要确定系统数据结 当前文档 库和表，本系统是用于水电收费管理的，因此系统一般可以分为用户信 按住 Ctrl 并单击可访问链接 数、以及用户用水情况，这样，至少建立用户信息表（YH）（如表 2-1 所示）、抄表登记表（CB）（如表 2-2 所示）和水费登记表（DJ）（如表 2-3 所示），根据系统的实际需要，可以建立其他的一些辅助表。

图 2-30　建立交叉引用后效果

当需要对文档中图片、表格等对象进行插入或删除操作时，题注中的序号并不会自动进行重新编号，而需要先选定整个文档（可按组合键【Ctrl+A】），然后再按【F9】快捷键进行域的更新操作，则题注部分将会重新按顺序编号，同时，引用的内容也会随着相应对象编号的变化而变化。

### 2.7.3　注释

在完成题注的插入和引用操作后，如果论文中还存在需要注释的词语，这时就需要添加注释来予以说明了。注释是指对有关字、词、句进行补充说明，提供有一定重要性、但写入正文将有损文本条理性和逻辑性的解释性信息。如字词音义、人物事迹、典故出处等都属于注释的对象。注释有多种形式，当列于正文当页之下时，称为脚注；当列于文章之后时，则称为尾注。一般用脚注对文档内容进行注释说明，而用尾注说明引用的文献，其均由注释引用标记和与其对应的注释文本两部分组成。例如在论文的摘要页中需要对"C/S 结构"内容做一个注释，我们就可以采用插入脚注的方式实现，方法如下。

① 选择需要添加脚注的对象"C/S 结构"，或者将光标置于"C/S 结构"文本的右侧位置。

② 在"引用"选项卡上，单击"脚注"功能组中的"插入脚注"按钮，此时将在该页面的底端增加脚注区域。

③ 输入注释内容。当插入脚注或尾注后，不必向下滚动到页面底部或文档结尾处进行查看，只需将鼠标指针停留在文档中的脚注或尾注引用标记上，注释文本就会出现在屏幕提示中，如图 2-31 所示。

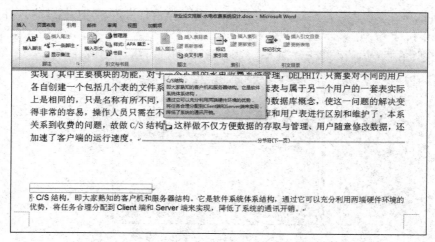

图 2-31　插入脚注后效果

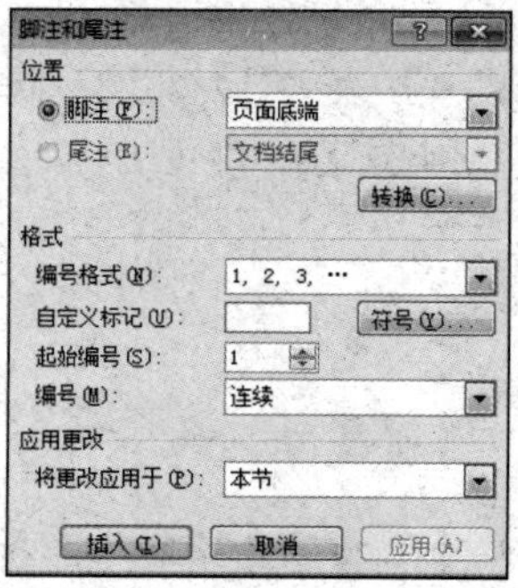

当然，有时需要对脚注的样式进行定义，这时可单击"脚注"功能组中的对话框启动器按钮，打开如图 2-32 所示的"脚注和尾注"对话框，就可以重新设置脚注的位置、格式及应用范围。

插入尾注的方法与插入脚注类似。删除脚注与尾注的方法很简单，只需删除引用标记即可。

图 2-32　设置脚注和尾注

# 2.8 目录与索引

目录通常是长文档中不可缺少的一项内容，它列出了文档中的各级标题及其所在的页码，方便读者快速查找所需内容。但如果使用手工的方式编制目录，不但费时费力，还会因为后期内容或者格式的调整，使得目录与正文出现偏差，需要重新进行更正，不但非常麻烦，而且容易遗漏出错。

其实，如果我们对各级标题进行了大纲级别的设置，且文档中的插图、表格均采用了题注与交叉引用设置，则可以很方便地使用 Word 的目录自动生成功能，快捷地生成目录与索引，而且可以实现一次性更新。

Word 的目录自动生成功能包括插入自动目录和自定义样式目录 2 种。

## 2.8.1 插入自动目录

根据毕业论文要求，目录与索引编排在诚信声明和摘要之间。首先在诚信声明和摘要之间插入新的一页并分节，使其成为单独的一节，再利用 Word 提供的内置"目录库"功能插入目录，操作方法如下。

① 将光标定位到刚插入的新页的页首，即目录放置位置。

② 打开"引用"选项卡，在"目录"功能组中单击"目录"按钮，打开如图 2-33 所示的下拉列表，此时，展示了 Word 内置"目录库"的编排方式和显示效果。

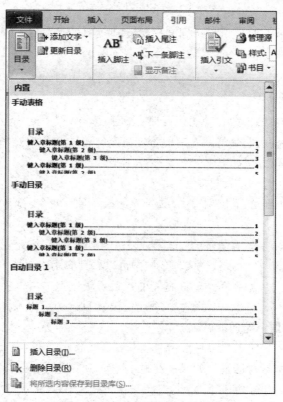

图 2-33 "目录库"中的目录样式

③ 选择"自动目录 1"的目录样式，目录就自动生成了，如图 2-34 所示。

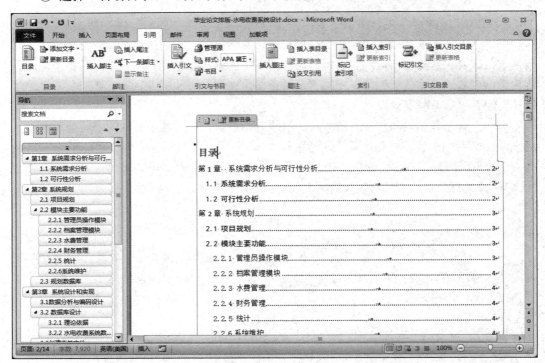

图 2-34　插入自动目录后效果

按住【Ctrl】键的同时单击目录项即可跟踪到与该目录项相关的内容，即直接将显示页面切换到该位置。

## 2.8.2　自定义样式目录

采用插入自动目录的方式，使操作变得十分快捷，一键完成。但 Word 内置"目录库"中的自动目录只有几种固定的样式，有时不能满足自己的实际需要，所以需要使用自定义样式目录功能，其操作方法如下。

① 将光标定位在目录放置位置。

② 在如图 2-33 所示的下拉列表中，选择"插入目录"命令，打开如图 2-35 所示的"目录"对话框。

③ 在"目录"对话框的"目录"选项卡中单击"选项"按钮，打开"目录选项"对话框，如图 2-36 所示。在"有效样式"区域中可以看到应用于文档中的有效样式（能够用于产生目录的样式），只需在样式名称右侧的"目录级别"文本框中输入对应的目录级别（1～9 中的一个数字），并勾选该样式，表示需要在目录中列出该样式的标题，若要删除对应的目录级别，则取消勾选即可。

④ 单击"确定"按钮，关闭"目录选项"对话框。

⑤ 返回到"目录"对话框，如果需要显示标题所在页面的页码，则选中"显示页码"复选框。单击"确定"按钮完成所有设置。

在如图 2-35 所示的"目录"对话框中还可以根据需要设置目录的"格式"、"显示级别"等。

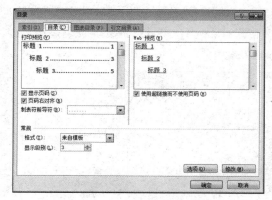 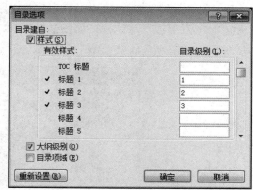

图 2-35 "目录"对话框　　　　　　图 2-36 "目录选项"对话框

## 2.8.3 更新目录

如果在文档后期的编辑排版过程中发生了内容的调整，如标题的更改、内容的次序调换、页的增减等，从而影响了目录内容的正确性，此时，只需对目录进行更新就可以使目录与文档保持一致。

更新目录操作可以通过在"引用"选项卡上的"目录"功能组中，单击"更新目录"按钮完成。

若插入的是自动目录，则当插入点位于自动目录内时，会在"引用"选项卡的"目录"功能组中显示"更新目录"按钮，单击该按钮，打开"更新目录"对话框中，如图 2-37所示，选中"只更新页码"或者"更新整个目录"单选按钮，最后单击"确定"按钮即可按照指定要求更新目录。

图 2-37 更新文档目录

若插入的是自定义样式目录，则当插入点位于目录内时，右击鼠标，在弹出的快捷菜单中选择"更新域"命令，则会弹出如图 2-37 所示的"更新目录"对话框，选择需要的更新方法进行更新即可。

## 2.8.4 标记并创建索引

Word 不但提供了目录功能以方便文档的预览和快速定位，同时还提供了方便用户查阅信息的索引功能。使用索引功能可以把文档中的主要概念或各种题名摘录下来并标明出处、页码，然后按照一定的次序分条排列，以供用户查阅，从而方便阅读。要创建索引，需要先通过文档中主索引项的名称和交叉引用来标记索引项，然后再生成索引。

### 1. 标记索引项

在对文档进行索引之前，首先需要标记出组成文档索引的全部索引项，如单词、短语和符号等。索引项是用于标记索引中特定文字的域代码"XE（索引项）"。

刘老师以毕业论文中的"水电收费系统"和"数据库"词组为索引项，向小王详细介绍了索引项的标记及索引的生成，操作方法如下。

①　选中文档中任意位置的一个"水电收费系统"词组。

②　在 Word 功能区中的"引用"选项卡上，单击"索引"功能组中的"标记索引项"按钮，打开"标记索引项"对话框，如图 2-38 所示。在该对话框中，单击"标记全部"按钮，这样文中所有的"水电收费系统"字符都会被标记为索引项。

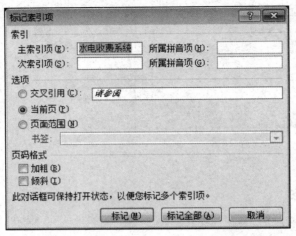

图 2-38　"标记索引项"对话框

③　采用同样的方法，标记"数据库"为索引项。

此时，Word 会自动把很多默认隐藏的格式标记显示出来，如果需要取消显示，则在编辑完索引之后，在"开始"选项卡的"段落"功能组中，单击"显示 / 隐藏编辑标记"按钮（ ）即可。

2. 生成索引

在索引项标记完成后就可以生成索引目录了，具体方法如下。

①　在"引用"选项卡中，单击"索引"功能组中的"插入索引"按钮，打开"索引"对话框，如图 2-39 所示。

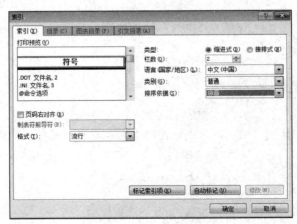

图 2-39　"索引"对话框

②　在该对话框中根据自己的喜好或者论文的格式要求设置索引的格式。在"类型"中有 2 种索引类型可供选择，分别是"缩进式"和"接排式"。如果采用"缩进式"方式，

则次索引项将相对于主索引项缩进；如果采用"接排式"方式，则主索引项与次索引项将排在一行中。在"栏数"文本框中指定栏数以编排索引。在"语言"下拉列表框中可以选择索引使用的语言，Word 会据此选择排序的规则。如果选择的是"中文（中国）"，则可以在"排序依据"下拉列表框中选择按拼音或笔画顺序排序。

③ 设置完成后，单击"确定"按钮，创建的索引就会出现在文档中，如图 2-40 所示。

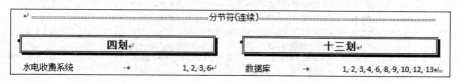

图 2-40　创建索引

# 2.9　文档审阅

至此，小王的论文编排已经基本完成，格式规范，可以请导师修改了。默认情况下，Word 是不会留下修改痕迹的。这样，导师到底修改了什么地方，怎么改的，我们也很难一一分辨出来，也就无法知道为什么要进行修改，为什么要这样修改，给学生学习论文编排和对论文的进一步修改、完善带来不便。这里，Word 的"审阅"功能想我们所想，可以为文档的修订、批注、比较提供方便。

## 2.9.1　修订

在 Word 中，"修订"是一种状态。进入修订状态后，文档将保留并标记此后对文档所做的修改，如删除、插入等，同时提供对这些修改进行接受或拒绝的选择，以便进行审阅。而退出修订状态后，文档将不再保留也不标记此后对文档所做的这些修改，当然也不再提供对修改进行接受或拒绝的选择，但是，原先已保留的修改仍然有效。

在"审阅"选项卡中单击"修订"功能组的"修订"按钮，就可开启文档的修订状态，如图 2-41 所示，如果原先已开启，单击后则更改为关闭修订状态。

图 2-41　开启文档修订状态

在修订状态下，不同的修改操作结果一般以不同的形式和颜色来标记，其中修订的内容一般会在页面右侧的空白处显示出来，如图 2-42 所示。

Word 2010 的修订功能十分强大，如果多个用户同时参与了同一文档的修订，文档将通过不同的颜色来区分不同用户的修订内容，并且会在相应修订标记上显示该修订用户的名称，从而很好地避免了由于多人参与文档修订而造成的混乱局面。

此外，Word 2010 还允许用户对修订内容的样式进行自定义设置，具体的操作步骤如下。

【摘要】: 社会主义市场经济的建立，人们越来越认识到市场的竞争，归根到底是商品的竞争，而商品的竞争，归根到底是技术的竞争、人才的竞争。特别是当今世界已进入高科技时代，信息技术的发展，计算机应用几乎应用于所有领域，在水电收费系统中要创一流水平，体现一流质量，实现节约，效益高的现代化管理势在必行。本系统设计采用 pascal 为设计基本语言、delphi 为设计软件、access 用作数据库来实现水电费收费的功能。由于原始的收费系统为手工操作，不能及时有效的反映收缴的情况，而且不能跨地区收费，以及不能集中的管理给管理人员带来不必要的麻烦。另外，以往用户交费必须到指定的地点进行，因此该系统的设计为用户带来了很大的便利，可以就近交费，也使用户及管理者节约了很多时间。数据的统一集中也给小区的物业管理部门的管理分析以及领导者的决策带来了很大帮助。该系统将复杂的水电收缴管理进行归纳、分析、总结，再转化成计算机工作程，采用面对对象的编程思想，从具体的管理及业务角度出发，进行编程和设计，实现用电发关申请、业务收费、电费计算、电费收费和用水查询的计算机网络化、信息化。为提高工作效率和管理质量，提供优质服务奠定基础。该系统采用客户/服务器 (C/S) 体系结构，是目前计算机网络系统最先进的体系，其特点是把整个系统分成前台 (客户机) 和后台 (主机) 两个部分。前台客户机也就是操作员直接操作的微机；后台是中心机房管理的主机。系统将所有帐务信息全部集中，而应用分布在各水费收费点的业务处理微机。这种前后台合理的分工，使在前、后台的通讯线路上传输的数据减到最小限度，不但提高了系统的运行速度，而且充分的发挥了前后台两方的资源效力。本系统针对水电收费的具体特点制作，具有操作简便，界面友好，运行稳定等优点。系统开发者在全面、具体了解水电收费流程后按模块化设计思想实现其功能。

【关键词】: Delphi7.0，水电收费系统，数据库设计

格式式的: 字体颜色: 红色

格式式的: 行距: 多倍行距 1.25 字行

格式式的: 字体, 加框, 字体颜色: 红色

格式式的: 字体颜色: 红色

图 2-42　修订当前文档

① 单击如图 2-41 所示的"修订"功能组中"修订"按钮下方的三角形，在弹出的下拉选项中，选择"修订选项"命令，弹出"修订选项"对话框，如图 2-43 所示。

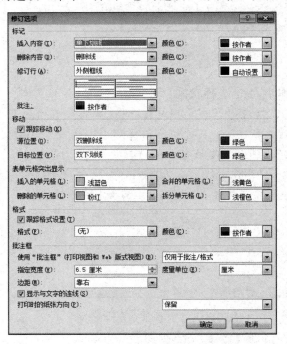

图 2-43　"修订选项"对话框

② 用户在"标记"、"移动"、"表单元格突出显示"、"格式"、"批注框"5 个功能组中，可以根据自己的浏览习惯和具体需求设置修订内容的显示情况。

文档修订后，作者还需要对文档的修订状况进行最终审阅，按照如下步骤可以有选择性地接受或拒绝修订的内容。

① 在"审阅"选项卡的"更改"功能组中，单击"上一条"（"下一条"）按钮，即可定位到文档中的上一条（下一条）修订内容。

② 对于修订内容可以单击"更改"功能组中的"接受"或"拒绝"按钮，来选择接受或拒绝当前修订对文档的更改。不论是接受还是拒绝，该修订处理后将不再保留。

③ 重复步骤①～②，直到处理完文档中所有的修订。

如果要接受或拒绝对当前文档做出的所有修订，可以在"更改"功能组中选择相应按钮下拉选项中的"接受对文档的所有修订"或"拒绝对文档的所有修订"命令，如图 2-44 所示。

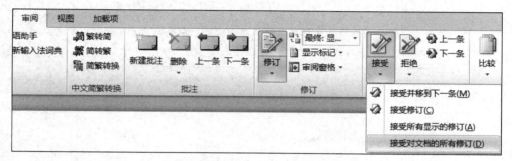

图 2-44　接受对文档的所有修订

## 2.9.2　批注

修订是对文档内容直接进行修改，但老师在修改论文时，有时不想或不便对文档做具体修改，只想给出修改意见，做一些批示，或需要对文档内容的变更状况做一个解释，又或者希望询问一些问题等，这时就可以在文档相应的位置插入"批注"信息。

"批注"与"修订"的不同之处在于，"批注"并不在原文的基础上进行修改，而是在文档页面的空白处生成有颜色的方框，并在其中添加注释信息。

如果需要添加批注信息，则只需选定拟批示的对象，然后在"审阅"选项卡的"批注"功能组中，单击"批注"按钮，在文本框中直接输入批注信息即可，如图 2-45 所示。批注信息会自动添加显示做出该批示的用户名称。

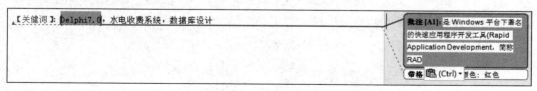

图 2-45　添加批注

若希望删除批注信息，则可以右键单击所要删除的批注，在快捷菜单中执行"删除批注"命令。如果要删除文档中的所有批注，可单击任意批注后，在"审阅"选项卡的"批注"功能组中，选择"删除"下拉选项中的"删除文档中的所有批注"命令，如图 2-46 所示。

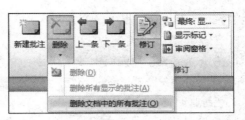

图 2-46　删除文档中的所有批注

【小技巧 —— 查看指定审阅者的修订信息】

　　如果文档被多人修订，但想单独查看其中某人的修订信息，则可以在"审阅"选项卡中单击"修订"选项按钮后，选择"显示标记"中的"审阅者"命令，在显示的列表中选择人员名单，如图 2-47 所示，此时将只显示所选用户的修订状况。

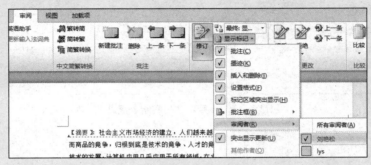

图 2-47　审阅者名单

### 2.9.3　比较

　　有时我们编排、修订的文档会有多个版本，时间一长，自己就容易忘记哪个版本是最后编辑的或哪个版本更好。这时，我们希望能够通过对比的方式查看编排、修订前后两个文档的变化情况。Word 2010 提供了"精确比较"功能，可以显示两个文档的差异，操作方法如下。

　　① 在"审阅"选项卡的"比较"功能组中，选择"比较"下拉选项中的"比较"命令，打开"比较文档"对话框，如图 2-48 所示。

　　② 在"原文档"区域中，可以浏览选择要进行比较的原文档，在"修订的文档"区域中，浏览选择要进行比较的、修订后的文档。

图 2-48　比较文档

　　③ 单击"确定"按钮，此时两个文档之间的不同之处将突出显示在"比较结果 3"文档中，如图 2-49 所示。在文档比较视图左侧的审阅窗格中，自动统计了原文档与修订文档之间的具体差异情况。

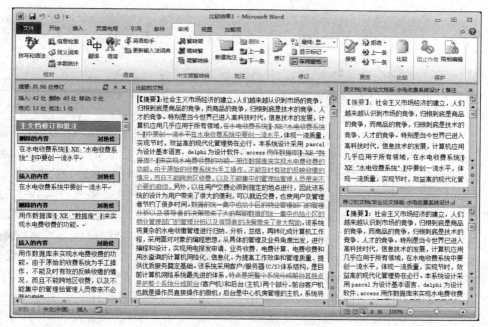

图 2-49　对比原文档与修订文档的差异

# 2.10 打印预览与输出

功夫不负有心人，小王在刘老师的一步步指导下，经过自己的刻苦努力，很快就顺利地完成了毕业论文的编辑排版，编排部分打印预览效果如图 2-50 所示。通过这次毕业论文的编辑排版，小王还学到了不少 Word 2010 的其他高级操作，受益匪浅。

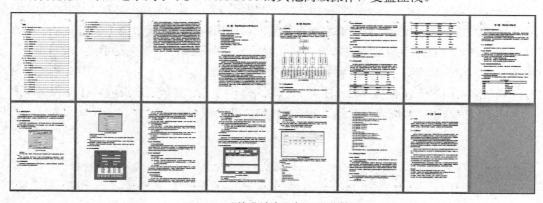

图 2-50　"毕业论文"打印预览效果

# 第3章 公文编排

## 3.1 引言

小娟是一所 985 大学中文专业的本科毕业生，几经周折，终于成功应聘到了一个理想公司的办公室文秘岗位。刚入职的小娟信心满满，想一展才能，但专业对口、应聘表现优秀的她在报到后，领导只安排她跟着打字员刘姐，做文件的录入、打印、下发等工作。通过几天的了解，刘姐只是一个普通的中专生，来到公司多年，一直就做着打字员的工作。这使得小娟的情绪一下子低落到了极点，工作的积极性也没有了。

很快，一个多月就过去了，情况仍没有改观的迹象，小娟不知不觉地萌生了去意。突然，有一天，王总的秘书小王匆匆忙忙来到小娟的办公室，需要马上打印一份公文给王总签字，随后就要带走。不巧的是，刘姐因公事外出了，小王将带着一丝求助的目光投向了小娟。

小娟毕业时，毕业论文是自己编排打印的，掌握了一些技巧，并且小娟在大学学的是中文专业，专业本身就对 Word 文档的编排和打印具有一定的训练要求，因此小娟爽快地接受了任务。

小王走后，小娟开始忙活起来。通过对公文结构的仔细分析后，小娟发现事情并没有开始想象的那么简单，一些地方反复进行编排，依然达不到效果。束手无策之下，小娟只好求助网络了。通过网上查阅，小娟才知道，公文属于固定版式的短文档，其编辑排版有严格的格式标准，不掌握编排技巧，是很难排好的。

所谓短文档，就是指文档篇幅较短，通常只有一页或几页的文档。短文档分为固定版式和自由版式两类。各类党政机关、企事业单位及各种团体组织等在日常管理、行政、公务处理时使用的具有特定效力和规范体式的公文就属于固定版式的短文档。它们的特点是：有严格的格式要求和规定，编排时必须严格遵照格式规定进行排版布局，文档中除必要的文字内容外，没有过多的其他装饰类内容元素。另一类短文档，如主题小报、电子板报、贺卡、宣传广告及海报手册等，就属于自由版式的短文档。它们的特点是：图文并茂、内容元素较多、内容版面布局自由。这类文档的编排设计，注重版面布局的多样性和整体视觉的协调性，插图和装饰元素较多，用于衬托和渲染主题。

## 3.2 公文及其结构

### 3.2.1 公文的定义

公文又称红头文件，其种类主要有决议、决定、指示、意见、通知、通报、公报、报告、请示、批复、条例、规定、函、会议纪要等。公文一般由份号、密级和保密期限、紧急程度、发文机关标志、发文字号、签发人、标题、主送机关、正文、附件说明、发文机关署名、成文日期、印章、附注、附件、抄送机关、印发机关和印发日期、页码等组成。但在实际应用当中，一份公文并不一定包含所有的内容元素。如图 3-1 所示为一份公文的示例。

图 3-1　公文示例

## 3.2.2　公文的结构

公文类固定版式短文档的排版一般包含内容与格式两方面的要求。我国在《党政机关公文格式》（GB/T 9704—2012）标准中对公文的布局排版做了详细的规定，下文简称《标准》。本节将按照《标准》的规定和要求介绍公文各关键要素的编排。

《标准》将版心内的公文格式各要素划分为版头、主体、版记三部分。页码位于版心外。其结构及各要素的简要情况如图 3-2 所示。

### 1. 版头

公文首页红色分隔线以上的部分称为版头。一般包括：份号、密级和保密期限、紧急

程度、发文机关标志、发文字号、签发人。用红色分隔线分隔版头与主体部分，红色分隔
线属于版头。

2．主体

公文首页红色分隔线（不含）以下，公文末页首条分隔线（不含）以上的部分称为主
体。一般包括：标题、主送机关、正文、附件说明、发文机关署名、成文日期、印章、附注、
附件等。

3．版记

公文末页首条分隔线以下，末条分隔线以上的部分称为版记。一般包括：抄送机关、
印发机关和印发日期等。

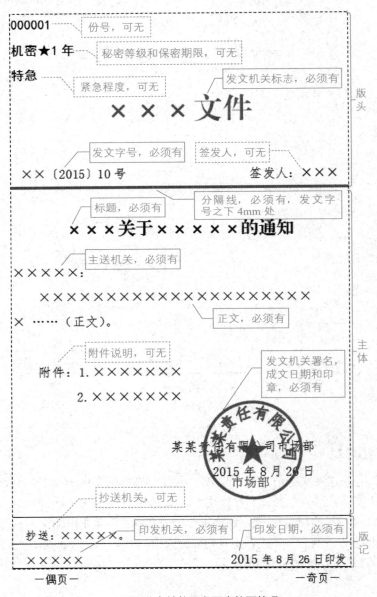

图 3-2　公文结构及各要素简要情况

**知识链接 ——《党政机关公文格式》**（GB/T 9704—2012）**标准**

《党政机关公文格式》（GB/T 9704—2012），是由国家质量监督检验检疫总局、国家标准化管理委员会发布的关于党政机关公文通用纸张、排版和印制装订要求、公文格式各要素编排规则等的国家标准，是党政机关公文规范化的重要依据，适用于各级党政机关制发的公文。其他机关和单位的公文可以参照执行。该标准于 2012 年 7 月 1 日起正式实施。

# 3.3 页面设置

短文档的编排也不例外，首要工作仍是仔细分析文档的内容，确定其构成及各要素的版面要求。所以，页面设置是编排工作的第一步。

## 3.3.1 文档计量单位换算

因公文编排必须严格遵照《标准》格式规定进行布局排版，所以精确定位公文中各元素的位置是公文类文档编排的重点。常用的精确定位方法有两种：精确计算法和参照物定位法。精确计算法是指通过格式规定的具体数字进行计算，得到某元素的绝对位置设置值；而参照物定位法是指参照某一对象的位置来完成文档中某元素位置的定位设置。

《标准》对公文用纸幅面尺寸、版面页边距、版心尺寸、页脚页码、每页的行数和字数等都有严格规定。进行公文页面设置时，需要精确定位文档中各元素的布局设置。掌握 Word 中各类计量单位的换算，是文档排版中精确定位、布局文档各元素的保障，不管格式标准怎么变换，该方法一律适用，是采用精确计算法进行定位设置的基础。

文档计量单位字号、磅与毫米的对应及推导换算关系如下：

$$1 \text{ 英寸} = 72 \text{ 磅} = 25.4 \text{ 毫米}$$

$$1 \text{ 磅} = 1/72 \text{ 英寸} \times 25.4 \text{（毫米 / 英寸）} = 0.3528 \text{ 毫米}$$

$$1 \text{ 毫米} = 1/25.4 \text{ 英寸} \times 72 \text{（磅 / 英寸）} = 2.8346 \text{ 磅}$$

字号与磅的对应关系如表 3-1 所示。

表 3-1　字号与磅的对应关系

| 字号 | 初号 | 小初 | 一号 | 小一 | 二号 | 小二 | 三号 | 小三 | 四号 | 小四 | 五号 | 小五 | 六号 | 小六 | 七号 | 八号 |
|---|---|---|---|---|---|---|---|---|---|---|---|---|---|---|---|---|
| 磅 | 42 | 36 | 26 | 24 | 22 | 18 | 16 | 15 | 14 | 12 | 10.5 | 9 | 7.5 | 6.5 | 5.5 | 5 |

## 3.3.2 页边距设置

根据《标准》规定：幅面尺寸应采用 GB/T 148 中规定的 A4 型纸，其成品幅面尺寸为 210mm×297mm；公文用纸页边与版心尺寸，天头（上白边）为 37mm±1mm，公文用纸订口（左白边）为 28mm±1mm，版心尺寸为 156mm×225mm。

计算得到页边距的设置值，计算示意图如图 3-3 所示。

右边距 = 纸张宽度 − 左边距 − 版心宽度 = 210−28−156 = 26 毫米
下边距 = 纸张高度 − 上边距 − 版心高度 = 297−37−225 = 35 毫米

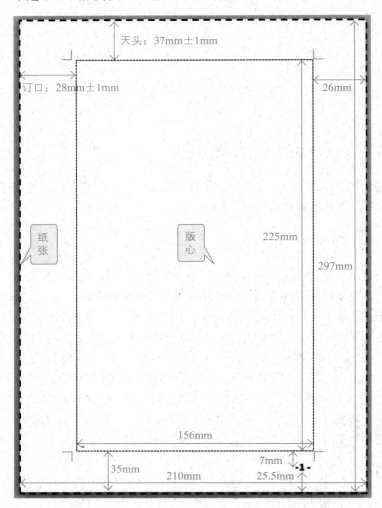

图 3-3　公文页边距及页脚边距计算示意图

### 3.3.3　页脚边距设置

同理，根据《标准》对页码的规定为：一般使用四号、半角、宋体、阿拉伯数字，编排在公文版心下边缘之下，数字左右各放一条一字线；一字线上距版心下边缘 7 mm；单页码居右空一字，双页码居左空一字。

计算得到页脚边距的设置值，计算示意图如图 3-3 所示中的页脚部分。

四号字 =14 磅 =14×0.3528 毫米≈ 4.94 毫米

页脚边距 = 下边距 −（页码一字线距版心距离）−（四号字高 /2）= 35−7−4.94/2 = 25.53 毫米

因此，页脚边距值可设置为 25.5mm。单双页码分别居右、居左，格式设置不一样，故页脚需设置奇偶页不同，具体设置如图 3-4 所示。

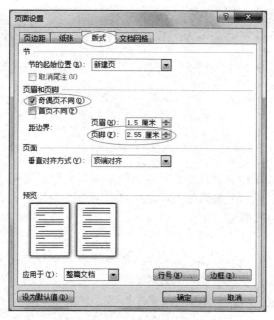

图 3-4　页眉页脚设置

## 3.3.4　正文设置

根据《标准》，对整体版面字体字号及行数、字数的规定为：如无特殊说明，公文格式各要素一般用三号仿宋体字，特定情况可以适当调整；一般每面排 22 行，每行排 28 个字，并撑满版心，特定情况可以适当调整。

需要设定页面的网格及默认字体字号，具体设置如图 3-5 所示。

图 3-5　文档网格设置

# 3.4　内容编排

设置好页面布局，相当于搭建好了框架，下一步工作就是往各个要素所在位置编排内容了。

## 3.4.1　版头编排

### 1. 份号、密级和保密期限、紧急程度

份号、密级和保密期限、紧急程度直接顶格输入，分别占据文档前三行，在页面设置的文档网格设置中，已经将文档页面的默认字体字号设置为仿宋、常规、三号，因此，这里只需设置其字体为黑体即可。

### 2. 发文机关标志

《标准》对发文机关标志的规定为：由发文机关全称或者规范化简称加"文件"二字组成，也可以使用发文机关全称或者规范化简称；发文机关标志居中排布，上边缘至版心上边缘为 35mm，推荐使用小标宋体字，颜色为红色，以醒目、美观、庄重为原则，字号大小没有限定；多单位联合行文时，如需同时标注联署发文机关名称，一般应当将主办机关名称排列在前，如有"文件"二字，应当置于发文机关名称右侧，以联署发文机关名称为准，上下居中排布。

发文机关标志处在第四行，字体设置为小标宋体字，默认情况下 Windows 系统里没有，需从网上下载安装小标宋体字体，也可以采用其他相近字体。由于发文机关标志的字号大小没有具体限定，可根据需要进行设置，所以发文机关标志的文字所占位置高度是不确定的，要精确定位发文机关标志上边缘至版心上边缘为 35mm 的布局设置，可采用参照物定位法来实现，其设置方法如下。

（1）插入参照物

通过"插入"选项卡，插入一水平直线，作为定位的参照物，设置直线的绝对垂直位置定位在距版心上边缘 35mm 处，叠放次序为"置于顶层"，版式为"浮于文字上方"。待发文机关标志定好位置后，再将参照直线删除。

直线的具体设置方法为：单击"绘图工具"选项卡中"大小"功能组的对话框启动器按钮，弹出"布局"对话框，设置其绝对位置，如图 3-6 所示。

（2）设置文本

为了便于发文机关标志能够自由移动，精确定位到对应位置，发文机关标志使用文本框的方式

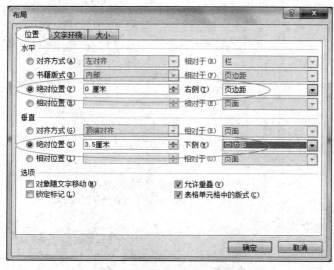

图 3-6　参照直线绝对位置设置

来添加。

插入发文机关标志文本框，进行以下设置：文本框宽度为 15.6cm，无填充，边框为"无线条"或"无轮廓"，版式为"浮于文字上方"（便于自由拖动），文字为居中、小标宋体、红色，字号大小根据需要设置。文字设置为居中才能保证文字部分不论多少字符都是居中排布。

（3）定位参照物

拖动文本框，使得发文机关标志文字的上边缘与插入的参照直线水平重合，应注意对齐的是文字的上边缘而非文本框的上边缘。

首先进行粗定位：单击"绘图工具"选项卡中"大小"功能组中的对话框启动器按钮，弹出"布局"对话框，设置文本框的初始位置，与参照直线一致，数据如图 3-6 所示。

为了精准定位，降低误差，可适当放大视图显示比例。选中文本框，再用键盘上的上下光标键移动文本框进行微调，完成对齐操作，同时完成距版心上边缘为 35mm 的设置要求。

发文机关标志的编排定位示意图如图 3-7 所示。

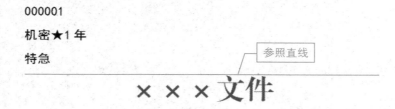

图 3-7　发文机关标志编排定位示意图

（4）联合发文

联合行文时，如需同时标注联署发文机关的名称，那么多单位发文机关标志的插入则需采用表格替代上述文本框的方式来实现。表格采用 $N$ 行 ×2 列的规格，$N$ 为单位数，各发文机关名称分别写在表格各行的第一列中，各发文机关名称文字设置为"分散对齐"，以确保各发文机关名称文字两端对齐。表格第二列合并居中，输入"文件"二字。表格线采用无框线设置，无填充，调整合适列宽，将整个表格对象设为水平居中对齐，然后采用与上述文本框的设置类似的方法进行设置，使其与参照直线对齐。其中，表格属性的设置如图 3-8 所示。

（5）删除参照直线，恢复视图显示比例。

3. 发文字号与签发人

《标准》对"发文字号"和"签发人"的规定为：发文字号编排在发文机关标志下空两行位置，居中排布；如文中还有签发人，发文字号与签发人设置在同一行中，发文字号居左空一字，签发人居右空一字，编排在发文机关标志下空两行位置。

输入发文字号与签发人，文字对齐方式设置为分散对齐，设置该段的左右缩进各为 1 字符，然后在发文字号与签发人之间键入若干空格，使它们挤向两端，这样就可以完成发文字号居左空一字、签发人居右空一字的设置，具体设置如图 3-9 所示。

图 3-8　表格属性的设置

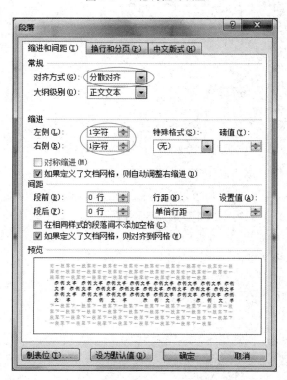

图 3-9　发文字号与签发人段落设置

**4. 版头中分隔线的定位**

《标准》对公文版头分隔线的规定为：发文字号之下 4 mm 处，居中印一条与版心等宽的红色分隔线；线的粗细根据需要进行设置。

由于对红色分隔线上方的发文机关标志字号大小没有限定，导致分隔线在文中的绝对位置也是动态的。所以精确定位分隔线的方法也采用参照物定位法来进行，其设置方法如下。

（1）插入参照物

插入一个用作参照物的文本框，将其高度设置为 4mm，宽度设置为 156mm，叠放次序为"置于顶层"，版式为"浮于文字上方"。

（2）定位参照物

适当放大视图显示比例，拖动文本框，使其边框上边缘与发文字号文字下边缘对齐。

（3）插入分隔线

沿着文本框的下边缘线，对齐插入一条直线，设置为红色，按需设置其粗细，宽度设置为 156mm，在版面上居中。

（4）删除参照文本框，恢复视图显示比例。

编排定位示意图如图 3-10 所示。

图 3-10　版头中分隔线编排定位示意图

## 3.4.2　主体编排

按照《标准》中公文主体各要素的格式要求对公文主体内容进行编排，其与普通文档的编排基本相同，因此本节不再赘述。这里主要介绍印章的制作，其制作方法如下。

1．绘制圆形印章轮廓

绘制圆形印章轮廓的操作步骤如下。

（1）插入圆形轮廓

单击"插入"选项卡"插图"功能组中的"形状"下拉按钮，选择"椭圆形"，然后在文档空白区域按住【Shift】键并拖动鼠标，画出一个正圆形。

（2）设置圆形轮廓

选中圆形轮廓，单击"绘图工具"选项卡：

单击"形状样式"功能组中"形状填充"下拉按钮，设置为"无填充颜色"；

单击"形状样式"功能组中"形状轮廓"下拉按钮，将圆形的轮廓颜色设为红色，并根据自己的需求，设定印章轮廓的粗细，本节实例中设置为 3 磅；

单击"排列"功能组中"自动换行"下拉按钮，设置为"浮于文字上方"；

在"大小"功能组里，根据自己的需求，设定印章的高度和宽度，需要注意高度和宽度应设置相同数值，才能保证圆形是正圆，本节实例中设置圆形的高宽尺寸都为 4.2cm。

2．制作弧形文字

（1）插入弧形文字

单击"插入"选项卡"文本"功能组中的"艺术字"下拉按钮，选择一种艺术字样式，插入一个艺术字对象，输入公章上的弧形文字内容。

（2）设置弧形文字格式

选中艺术字，单击"绘图工具"选项卡：

分别单击"艺术字样式"功能组中"文本填充"和"文本轮廓"下拉按钮，将填充颜色和文本轮廓均设置为红色；

多次单击"艺术字样式"功能组中"文本效果"下拉按钮，分别设置"阴影"、"映像"、"发光"、"棱台"、"三维旋转"效果都为"无"，去掉艺术字样式中自带的格式设置；

单击"艺术字样式"功能组中"文本效果"下拉按钮，设置"转换"为"跟随路径"下的"上弯弧"选项；

单击"排列"功能组中的"自动换行"下拉按钮，设置为"浮于文字上方"。

（3）调整弧形文字位置

拖动艺术字文本框到红色圆形内适当位置，对照圆圈，调整艺术字的大小和弯曲幅度，操作方法如下：

选中艺术字文本框，按住粉红色菱形控制点并拖动，可以调整文字弯曲幅度，同时文字显示的大小也得以改变，如果艺术字文字过密，则双击艺术字，在文字之间添加空格，效果会更好；

在"绘图工具"选项卡的"大小"功能组中，根据需求设定艺术字的高度和宽度，高度和宽度值要设置一样，才能保证艺术字对称正向弯曲，且曲度跟圆的曲度匹配，本节实例中设置艺术字的高宽尺寸都为 5cm；

为了便于操作，将艺术字的叠放次序设置为"置于底层"，按住【Shift】键，依次选中艺术字和圆形，单击"绘图工具"选项卡"排列"功能组中的"对齐"下拉按钮，设置它们为"左右居中"和"上下居中"，保证它们在位置上绝对居中对齐，然后在它们的上面右键单击鼠标，在弹出的快捷菜单中选择"组合"命令，将其组合为一个对象，以避免无意中改变其相对位置；

与艺术字的制作方法基本一样，再添加印章里的正五角星，并与圆形、艺术字组合；最后采用类似方法，添加印章底部文本框，并将其与圆形、艺术字、正五角星组合。至此，一个完整的印章就制作出来了。

**【知识扩展 —— 印章的其他制作方法】**

> 除了 Word 外，还有很多能够制作印章的软件，如常用的有 Photoshop、Illustrator、CorelDRAW 等，而办公之星和印章制作大师等专业软件，还能制作出防伪电子公章。

当有多个单位联合发文时，需要为每个单位制作一个印章。在制作好一个基准印章后，利用该基准印章通过复制和简单的修改操作，就可以快速制作出其他印章。

按照《标准》的要求，当有多个单位联合发文时，需要把各个单位印章排列整齐放到对应位置，操作方法如下。

① 将全部印章一一放置到对应的发文机关署名上，各印章之间需要精确对齐。左右横排的印章之间，同时选中它们，再设置为"上下居中"对齐；上下纵排的印章之间，设置为"左右居中"对齐。

② 当各印章全部排布到位后，将全部印章组合成一个整体对象，以防在其他内容的

编排、修改时无意中打乱各印章的布局。

## 3.4.3 版记编排

### 1. 版记中的分隔线

《标准》规定：版记中的分隔线与版心等宽，首条分隔线和末条分隔线用粗线（推荐高度为 0.35 mm），中间的分隔线用细线（推荐高度为 0.25 mm）；首条分隔线位于版记中第一个要素之上，末条分隔线与公文最后一面的版心下边缘重合。

### 2. 抄送机关

《标准》规定：如有抄送机关，一般用四号仿宋体字，在印发机关和印发日期之上一行、左右各空一字编排，"抄送"二字后添加全角冒号和抄送机关名称，回行时与冒号后的首字对齐，最后一个抄送机关名称后标句号；如需把主送机关移至版记，除将"抄送"二字改为"主送"外，编排方法同抄送机关；既有主送机关又有抄送机关时，应当将主送机关置于抄送机关之上一行，之间不加分隔线。

### 3. 印发机关和印发日期

《标准》规定：印发机关和印发日期一般用四号仿宋体字，编排在末条分隔线之上，印发机关左空一字，印发日期右空一字，用阿拉伯数字将年、月、日标全，年份应标全称，月、日不编虚位（即 1 不编为 01），后加"印发"二字。

### 4. 其他

《标准》规定：版记中如有其他要素，应当将其与印发机关和印发日期用一条细分隔线隔开。

由于版记部分要求放在公文末页，并且末条分隔线与公文最后一面的版心下边缘重合。因此，定位到公文最后一页进行编排，其操作方法如下。

（1）编排版记各要素文字内容

在公文末尾根据实际情况依次输入版记部分各要素的文字内容，并按要求设置其格式。在这里输入抄送机关、印发机关和印发日期，并设置格式。

（2）调整文字内容到位

在公文正文末尾与版记第一个要素之间插入若干行，并调整各空行的字号，使版记最后一个要素的文字与版心下边缘基本对齐，仅留出末条分隔线的空间。

（3）插入分隔线

在这里需插入三条分隔线，宽度均为 15.6cm（与版心等宽），分隔线的高度使用直线的粗细属性来设置，第一、三条为 0.35mm，第二条为 0.25mm。由于直线粗细的单位只有磅，因此需要进行如下换算：

$$0.35mm = 0.35 \times 2.8346\ 磅 \approx 1\ 磅$$
$$0.25mm = 0.25 \times 2.8346\ 磅 \approx 0.71\ 磅$$

以第二条分隔线设置为例：右键单击选中第二条分隔线，在弹出的快捷菜单中选择"设置形状格式"菜单项，弹出"设置形状格式"对话框，选择"线型"选项卡，设置"宽度"为 0.71 磅，如图 3-11 所示。

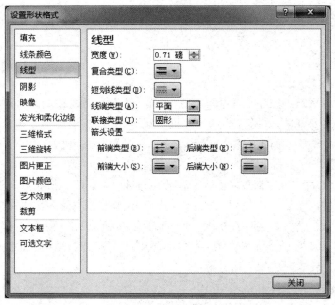

图 3-11　设置细分隔线的粗细

（4）定位分隔线

版记中分隔线的定位采用精确计算法来实现，在本节实例中，版记只有抄送和印发机关两行文字，因此计算如下。

第一条分隔线距版心底部有两行，整页共 22 行，因此它处于第 20 行的底部下边缘位置，版心高 225mm，所以第一条分隔线的垂直绝对位置为（225/22）×20 ≈ 204.5mm。

同理，第二条分隔线处于第 21 行底部下边缘，其垂直绝对位置为 214.8mm；第三条分隔线跟版心下边缘重合，垂直绝对位置为 225mm。

三条分隔线的定位设置：水平采用居中，垂直为绝对位置，如第一条分隔线的设置如图 3-12 所示。

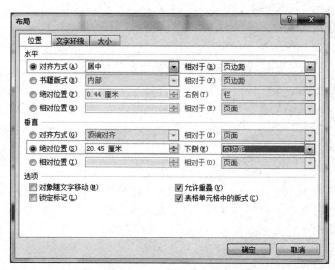

图 3-12　第一条分隔线的位置设置

# 3.5 公文模板

由于在第 2 章毕业论文编排中已经介绍了页码的编排，因此，公文中页码的编排就不赘述了。通过使用第 2 章讲解的方法，并遵照《标准》中对页码的规定即可完成页码编排。

到这里，一份公文的完整编排就已经完成了，小娟也终于松了一口气。但是，聪明的小娟一想，作为办公室文秘，以后编排公文的事情一定还有，难道每次都要这样千辛万苦地一个一个要素进行编排吗？

不要急，强大的 Word 已经帮我们想到了这个问题，只要将编排好的公文保存为 Word 模板文件就可以了。单击"文件"菜单中"另存为"按钮，打开"另存为"对话框，在"保存类型"中选择"Word 模板"即可，如图 3-13 所示。这样，以后如果要编排公文，只需打开这个公文模板，然后修改相应的内容就可以了。

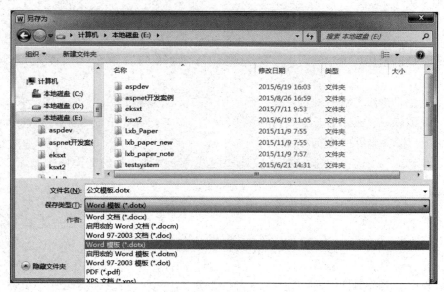

图 3-13 "另存为"模板文件

# 第 4 章　邀请函制作

## 4.1　引言

　　时间过得真快，转眼小娟已到公司上班快一年了，她由原来的浮躁、自负，逐渐变成了一个工作娴熟、踏实肯干的办公室文秘，并且十分热爱自己的工作，同时也深受领导的信任和喜爱。在公司成立周年庆典即将到来之际，王总请小娟给所有业务往来的公司的负责人发封电子邮件，邮件内容是邀请各位相关人士前来参加本公司的成立周年庆典和新产品发布活动。

　　小娟知道，这次邀请函邮件的发送与其平时给合作公司单独发的业务往来邮件不同，邀请函的制作有如下特点。

　　（1）文档数量多，大批量。给每个人发的邮件内容相当于一个文档。

　　（2）文档的主体内容相同，仅一些具体的细节数据信息有变动，例如姓名或姓氏、称呼、地址等。

　　这类文档称为统一版式文档，在实际应用当中，有很多类似的文档，如请柬、成绩通知书、录取通知书、准考证、考生座位信息标签、资产贴标、工资条等。在 Word 中，这类文档可通过邮件合并的功能来制作。

　　通过学习，小娟很快就搞清楚了应该如何处理，这类文档的编排操作分为如下 3 个步骤。

　　（1）主体文件的编排。这里为邀请函主体内容的编排。

　　（2）数据源文件的准备。这里为各公司负责人的具体信息，如姓名、性别、地址等。

　　（3）把主体文件和数据源文件进行合并，即邮件合并操作，自动生成最终的一个个文档。在此例中，最终文档即为一封封电子邮件，最后将邮件发送给相应公司的负责人。

## 4.2　主体文件的编排

　　主体文件所包含的内容是统一版式文档中都有的相同内容，如邀请函的主体、落款、日期、修饰内容等。

　　主体文件的编排过程一般就是普通 Word 短文档的编排过程，相当于自由版式文档，需要对文档中的文本内容进行字体、段落等基本设置。除此之外，根据不同需求，可能还要进行页面设置和插入各种对象等图文混排操作。例如成绩通知单的编排，由于要打印到纸张上，因此需要进行相关的页面设置，如纸张大小、页边距等；又如邀请函、请柬等，需要插入一些图形图像来装饰页面，通过插入 SmartArt 图形来描述会议、活动、工作等流程，或是插入表格来展示数据等。如图 4-1 所示即为邀请函的主体文件。

图 4-1 邀请函的主体文件

# 4.3 数据源的制作

数据源提供个人具体细节信息，如姓名、性别、身份证号码、考试成绩、通讯地址、联系方式等。在邮件合并处理后产生的批量文档中，相同内容之外的其他内容是由数据源提供的。数据源可以通过多种格式文件提供，常见的有 Word 表格文件、文本文件、Excel 表格文件、网页表格文件，还可以为一些数据库文件等，如图 4-2 所示即为几种格式的数据源文件。在数据源文件中，具体的数据信息按行列形式组织，可以是一个显性的表格，也可以不用显性的表格线组织行列，如文本文件就是采用以制表键 Tab 分隔各列、以 Enter 键分隔各行的方式。使用不同形式的数据源，在邮件合并操作中没有太大的区别。需要注意的是，数据源文件中的第 1 行必须是标题行，此外，数据源文件中只能包含行列形式的阵列内容，不能有其他内容。

（a）Word 表格格式

（b）以 Tab 键为分隔符的文本格式

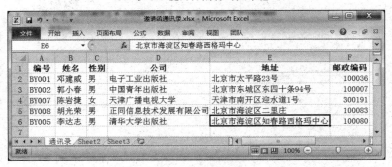

（c）Excel 表格格式

图 4-2　几种不同格式的数据源文件

# 4.4 邮件合并操作

邮件合并可以采用向导来完成，熟练之后也可以直接按顺序进行操作，下面以向导的方法来介绍具体的操作过程。

"邮件合并分步向导"能够帮助用户,特别是初学者,一步一步了解操作的过程,顺利完成批量处理任务。以邀请函的制作为例,采用"邮件合并分步向导"功能的操作步骤如下。

① 在"邮件"选项卡中,单击"开始邮件合并"功能组中的"开始邮件合并 | 邮件合并分步向导"命令按钮,打开"邮件合并"任务窗格,如图 4-3 所示。在任务窗格中,一步一步按照分步向导进行操作。

② 邮件合并第 1 步为"选择文档类型",类型包含信函、电子邮件、信封、标签、目录。这里以制作信函为例,选择"信函"选项,单击"下一步:正在启动文档"命令按钮,如图 4-3 所示。

③ 邮件合并第 2 步为"选择开始文档",如图 4-4 所示,可以选用"使用当前文档"、"从模板开始"或"从现有文档开始",本实例中选择"使用当前文档"。

这里需要说明的是,当前文档可以是一个空白文档,也可以是一个编辑好主体文件信息的文档。

④ 邮件合并第 3 步为"选择收件人",可以选用"使用现有列表"、"从 Outlook 联系人中选择"或"键入新列表"。本实例中选择"使用现有列表",使用一个事先已准备好的数据源文件,如图 4-5 所示。单击"浏览"命令,找到数据源文件,本实例将打开一个 Excel 数据源文件,如图 4-6 所示。

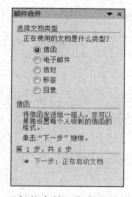

图 4-3 "邮件合并"任务窗格及第 1 步

图 4-4 "邮件合并"第 2 步

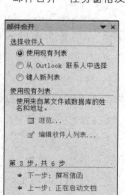

图 4-5 "邮件合并"第 3 步

图 4-6 选择 Excel 数据源

需要注意的是，当数据源是 Excel 文件时，由于一个文件中包含多个工作表，因此在指定文件后，一定要选择包含数据源信息的对应工作表，最后单击"确定"按钮。如图 4-6 所示，指定 Excel 文件后，默认的选择是 Sheet 2 工作表，而实际数据源信息是放在"通讯录"工作表中，所以需要选择"通讯录"工作表。

指定好数据源工作表后，会弹出"邮件合并收件人"对话框，用于选择哪些数据将被选中用于合并操作，如图 4-7 所示。默认情况下，文件中的所有数据都被选中，可以根据需要对数据进行选择，把不需要发送信件的人的勾选取消。例如，在发邀请函时，对一些不再有业务往来的公司负责人可以取消勾选。

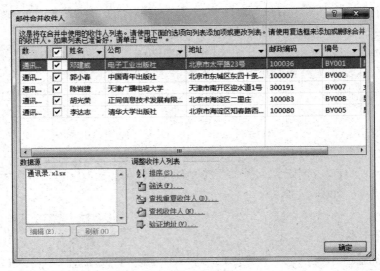

图 4-7　确定收件人

⑤ 邮件合并第 4 步为"撰写信函"。在第 2 步中，如果使用的当前文档是一个空白文档，则在这一步中需要先编辑撰写主体文件，再将光标定位到相应位置，把数据源文件中的相关数据域添加到主体文件中；如果当前文档是一个已编辑好的主体文档，则在这一步中只需将相关数据源信息插入即可。这里选择"其他项目"命令，插入合并域。

在插入合并域之前，一定要将光标定位到插入位置，然后单击"编写和插入域"功能组中的"插入合并域"按钮，打开"插入合并域"对话框，如图 4-8 所示。在对话框中，选择对应的数据项，单击"插入"按钮即可插入合并域，在光标所在位置出现插入的域标记。域标记以"《》"括起字段名（即标题名称）的形式显示出来。当有多个合并域需要插入时，这个操作需要重复多次，将数据域一一添加进来。

如果希望在姓名后出现"先生"或"女士"的称谓，则单击"编写和插入域"功能组中的"规则"按钮，选择"如果…那么…否则 (I)…"命令，通过对收件人性别的判断来完成设置，如图 4-9 所示。

⑥ 邮件合并第 5 步为"预览信函"，在这一步中可以预览合并后的效果。通过单击按钮 ◀ 和 ▶，可以预览上一个或下一个收件人的邮件。预览后如果不满意，可以通过"上一步"按钮返回再次修改；如果满意，则进入下一步。

图 4-8 插入合并域

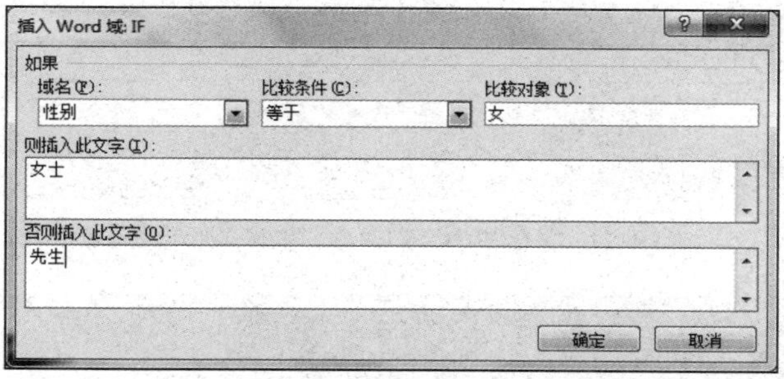

图 4-9 插入规则

⑦ 邮件合并第 6 步为"完成合并"。在这一步中,可以单击"打印"或"编辑单个信函"命令按钮,弹出"合并到新文档"对话框,如图 4-10 所示,选择需要合并的数据源范围。选择"打印"命令,则为每个收件人输出一份独立纸张的信函;选择"编辑单个信函"命令,则另外生成一个新的电子文档,其中包含指定收件人的邮件内容,且每个收件人的邮件独占一页,如图 4-11 所示。

图 4-10 "合并到新文档"对话框

图 4-11 选择"编辑单个信函"命令生成的单个合并结果文档

利用邮件合并分步向导制作出来的信函，不管内容多少，每个收件人的信件会至少独立占据一页，如果制作的主体文件内容很少，如工资条、座位或资产贴标等，则每份文档打印出来单独占用一张纸，就会造成很大的浪费。但如果把多份主体文件内容制作在同一页面上，如图 4-12 所示，默认情况下，在邮件合并后，该页上所有数据域的内容都将是数据域中的同一条记录数据，如图 4-13 所示。

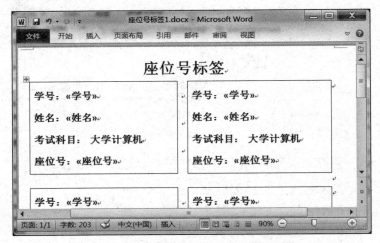

图 4-12 多份主体文件内容制作在同一页面上

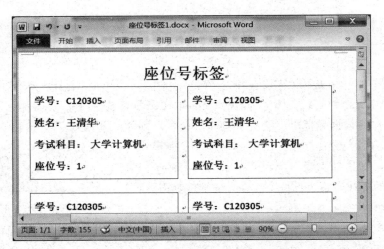

图 4-13 同一页面上是同一条记录数据

为了可以正确的把多条记录数据源对应到同一页面上，在邮件合并的第 4 步"撰写信函"中，将第一份信函相关数据域插入到主文档对应位置后，在插入第二份信函的第一项数据域前面（或第一个人的最后一项数据域后面），单击"邮件"选项卡"编写和插入域"功能组中的"规则"按钮，选择"下一条记录"命令，插入一个分隔域，实现第二份信函内容能与第一份放置在同一页面。同理，在同一页面的任何两份相邻信函之间都需要插入这个分隔域来实现同页放置，如图 4-14 所示，效果如图 4-15 所示。

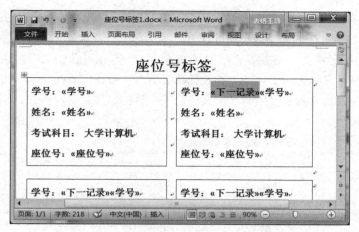

图 4-14 插入"下一条记录"分隔域

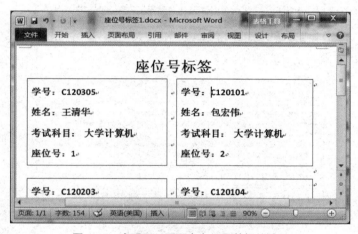

图 4-15 实现同一页面多条记录数据的分隔

# 习题 1

一、思考题

1. 如习题图 1 所示的文档包含了 4 行 4 个段落,即每行为 1 个段落,怎样让这 4 行处在同一段,即如何将这 4 个段落合并为 1 个段落,但保持 4 行不变。

> 通过本章学习,应掌握以下内容:
> ① 短文档的编辑与管理。
> ② 长文档的编辑与管理。
> ③ 使用邮件合并技术批量处理文档。

习题图 1 原文

2. 假设长文档"毕业论文 .docx"一文中,所有的正文段落都使用了"快速样式集"

中的"正文"样式。如果现在需要将所有的正文段落格式修改为实际所需的"宋体、小四、25 磅行距、首行缩进 2 字符"格式，可以使用哪些方法来快速完成修改？

3．假设在撰写论文时将参考文献摘录到了论文的末尾，在原文中的相应位置也已经对需要引用的参考文献进行了标注，如习题图 2 所示。现在需要建立正文中的标记与参考文献之间的引用关系，除了使用插入引文和创建书目的方法，是否还有其他更加快捷的方法？

運動捕獲數據的關鍵幀為運動捕獲數據的压缩存储、检索、浏览和进一步的运动编辑奠定了基础。近年来针对关键帧提取提出了许多不同的方法，主要有基于聚类的方法，曲线简化方法和帧消减算法。

基于聚类的方法[1]基于定义的帧之间的相似度能够很好地将相似的帧聚为一类，因此这类方法能够较好地表示原始运动的内容；但是基于聚类的方法忽略了运动数据之间的时序相关性，容易导致对动序列的分析失真。

曲线简化方法最先由 Lim 等[2]提出，他们将每帧运动数据看作是高维空间中的一个点，整个运动序列则是高维空间中的一条运动轨迹，然后采用曲线简化方法筛选出曲线上的一些凹凸点作为关键帧，该方法的缺点是采用简单的欧氏距离作为数据帧之间的相似度，不能真实地反映真实的差异，且用于筛选的阈值不具有直观含义，难以设置，并且算法计算量较大，很难扩展到高维。Assa 等[3]先将高维运动数据映射到低维欧氏空间，然后在低维空间用曲线简化方法提取出关键帧；但该方法比较复杂，效率不高，并且映射势必丢失部分信息，影响关键帧的表示效果。杨涛等[4]引入骨骼夹角作为运动特征，并以此确定候选关键帧，然后采用分层曲线简化算法精选候选关键帧，获得最终关键帧集合。该方法提取出边界帧，具有较好的运动概括能力，但其阈值的设置对算法的性能存在较大的影响。

**参考文献**

[1] Liu F, Zhuang Y T, Wu F, *et al*. 3D motion retrieval with motion index tree[J]. Computer Vision and Image Understanding, 2003, 92: 265-284

[2] Lim I S, Thalmann D. Key-posture extraction out of human motion data by curve simplification[C]//Proceedings of the 23rd Annual International Conference on Engineering in Medicine and Biology Society, 2001. Los Alamitos: IEEE Computer Society Press, 2001: 1167-1169

[3] Assa J, Caspi Y, Cohen-Or D. Action synopsis: pose selection and illustration[J]. Association for Computing Machinery Transactions on Graphics, 2005, 24(3): 667-676

[4] Yang Tao, Xiao Jun, Wu Fei, *et al*. Extraction of keyframe of motion capture data based on layered curve simplification[J]. Journal of Computer-Aided Design & Computer Graphics, 2006, 18(11): 1691-1697(in Chinese)

（杨涛，肖 俊，吴飞等．基于分层曲线简化的运动捕获数据关键帧提取[J].计算机辅助设计与图形学学报，2006，18(11): 1691-1697）

习题图 2　原文

4．在邮件合并中，如何有选择地选取数据源中的记录进行邮件合并？例如，并不是所有的人都提供了电子邮件，因此只能对提供了电子邮件地址的邀请者发送电子邮件，该如何选择？进一步的，邮件合并生成的新文档将所有的合并生成的记录放在同一个文档中，如果需要按记录拆分成多个文档并分别以邮件附件的形式发送，应如何操作？

5．假设你的论文在完成初稿后交给了指导老师，指导老师十分负责，很用心地帮你修改了部分内容及措辞，但他并不熟悉 Office Word 的批注功能，只在论文的相应位置写下了批语和修改意见，并没有留下任何批注符号信息。如果想快速和精确地了解哪些地方被改动了或者哪些地方存有批语和修改意见，应如何操作？

二、操作题

1．在"毕业论文编排"一章中将论文分为封面、诚信声明、中文摘要、英文摘要、目录、主体（正文）、参考文献、致谢等部分，请为论文设计页眉页脚，要求如下。

（1）页脚部分：要求封面、诚信声明不显示页码；从摘要页开始至目录，以罗马数字从 I 开始连续显示页码；正文、参考文献、致谢这三部分从阿拉伯数字 1 开始连续显示页码；全部页码页底居中显示。

（2）页眉部分：正文每一章的奇数页页眉显示论文的标题，偶数页显示该章的标题，参考文献的页眉显示"参考文献"，致谢的页眉显示"致谢"。

（3）其他要求：各部分及正文的每一章均从奇数页开始，且正文的每一章的首页不显示页眉页脚。

2．使用 Word 的题注功能可以为图、表加上自动编号的题注，这样当删除某个图或者表的时候，不用重新编辑图、表的编号。请为毕业论文中的所有图、表加上自动编号的题注，如"图 2-1"、"表 2-1"等。其中"2"是章节编号，"1"是第 2 章的第 1 张图或者第 1 个表格，要求数字"2"、数字"1"都是自动编号。

3．假设你的朋友开了一家公司，出于成本考虑，请你帮助他设计制作员工胸卡。请利用 Word 的邮件合并功能批量制作带照片的胸卡，如习题图 3 所示。

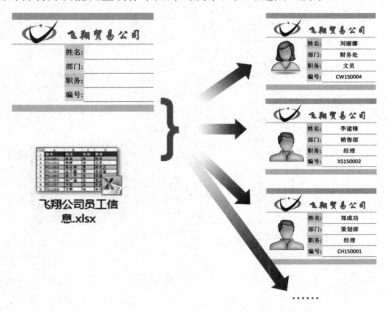

习题图 3　胸卡制作

# 第2篇

## Excel 2010
## 数据处理与分析

Excel 2010 提供了强大的数据处理与分析功能，可以帮助用户科学有效地组织和管理数据，发现模式或趋势，从而做出更明智的决策，并提高用户分析大型数据集的能力。

本篇以一个小型进销存管理系统模型的构建为实例，按照商品进销存数据的组织、管理、处理与分析，由浅入深逐步介绍数据的准备、数据的计算、数据的查看、数据的汇总与分析、数据的保护与输出等高级应用技术。

# 第 5 章　Excel 2010 应用简介

## 5.1 引言

为了响应"大众创业、万众创新"的号召，圆梦心中的创业梦想，积累更加丰富的生活和工作经验，在学校创业实践中心老师的指导和帮助下，小孟决定和同学开设一家网上商店，同时兼顾线下，销售一些与学生的学习和生活密切相关的畅销电子产品，如手机、存储卡、U 盘、移动硬盘、移动电源、智能手环等。创业之初，由于资金有限，业务也刚做起来，知道的人并不多，销售量相对较小，于是小孟的团队采用手工记录的方法进行管理，以节省成本，这样操作也基本能够应付所有往来进销存方面的账务。但随着时间的推移，靠着诚实经营和同学、朋友的宣传，店铺的知名度和美誉度越来越高，生意越来越红火，往来账务和历史数据随之急剧增加，原来的手工记录、管理和分析的方式已远远不能满足业务的需要。通过咨询创业实践中心的老师，小孟的团队得到了如下几个指导意见：一是购买一套实用的进销存软件，二是从网上下载免费或者试用版的进销存软件，三是请创业中心的其他团队量身开发一套合适的软件，四是直接使用 Excel 软件进行数据的管理和分析。考虑到成本、实用性、风险等因素，小孟团队决定还是自己使用 Excel 进行记账和数据的处理分析。

但是，小孟团队的所有同学都只会一些简单的 Excel 操作技能，对销售数据的管理和分析并不清楚。例如：如何科学、有效地组织和记录每天销售的商品情况？如何对商品销售记录进行数据分析，计算每个月的销售利润，分析什么商品销量好？什么商品最容易赚钱……为此，小孟决定邀请他的计算机老师张老师担任店铺的技术顾问，以他们店铺的销售数据为例，手把手地教他们学习 Excel 的高级应用技能，以便更好地打理店铺。

## 5.2 Excel 2010 数据处理与分析基础

通过与小孟的交流，张老师了解了店铺的基本情况。经过讨论和分析，张老师认为小孟团队的业务数据应当包含一些基本信息表（如基本资料表、商品信息表、进货清单、销售清单）和一些生成表（如上期库存表、库存清单、库存查询、库存结构分析、销售统计、销售综合分析），此外，还可以包括进货单分析表和销售单分析表，具体内容如下。

（1）基本资料表。包括若干个，用于存储一些固定信息，如商品分类、各类商品的品牌信息、销售方式（包括线上和线下）等。这些表的设置主要用于其他工作表中相关信息的参考和录入。

（2）商品信息表。用于存放店铺中销售商品的基本信息资料，包括商品编号、商品名称、商品类别、品牌、规格、进货批次数、最高进货价、最低进货价、最后进货日期、最后进货价、成本进价等。

（3）进货清单。主要记录每次店铺进货的商品相关信息，包括进货日期、进货单号、商品编号、商品名称、商品类别、品牌、规格、进货价格、数量、金额等，还可以根据需要增加经手人和供货商的相关信息。

（4）销售清单。主要记录每次销售的详细信息，包括销售日期、销售单号、商品编号、商品名称、商品类别、品牌、规格、数量、售价、金额、销售方式等，还可以根据需要增加客户的相关信息。

（5）上期库存表。用于存放本期记录之前的商品基本信息，包括商品编号、商品名称、商品类别、品牌、期末库存、成本进价、库存金额等。上期库存表主要是基于历史数据的记录，也可以用于分期记录和管理。

（6）库存清单。主要记录当前库存的存货情况，包括商品编号、商品名称、商品类别、品牌、规格、进货数量、销售数量、期末库存、成本进价、库存金额等。

（7）库存查询。主要用于销售（登记销售记录）之前库存的查询，还可用于商品推荐。在库存查询工作表中，可以根据分类、品牌、库存、部分商品名等信息单独或组合查询。

（8）库存结构分析。库存结构是指商品库存总额中各类商品所占的比例，反映库存商品结构状态和库存商品质量。库存结构分析表在库存清单基础上做统计分析，按分类分析库存品种、库存数量和库存金额。为了更好的分析库存结构，建议定期分析。

（9）销售统计。用于统计一个时间阶段内的销售情况，可以反映出各种商品的销售量、销售金额、利润等信息。销售统计表包括商品编号、商品名称、商品类别、品牌、销售数量、销售金额、成本金额、利润金额、利润率、利润排名等。

（10）销售综合分析。建立数据透视表、数据透视图、切片器、迷你图，用于对各个商品、类别、品牌进行详细的销售统计和分析。用户可以根据具体的销售方式、销售时间、品牌、类别进行动态查询，并以多样化的形式呈现数据。

（11）进货单分析。用于对进货清单中各进货单进行统计分析，包括每月进货单数量、各进货单金额、每月进货单数量和金额的分布等。

（12）销售单分析。用于对销售清单中各销售单进行统计分析，包括每月销售单数量、各销售单金额、各月销售单数量和金额的分布等。

经过交流，张老师了解到小孟及其团队的大部分成员已经初步掌握了以下基本知识和操作方法。

（1）Excel 的基本概念：如工作簿、工作表、单元格。

（2）Excel 的基本操作：如工作簿的新建、打开与保存。

（3）简单数据的输入：如数字、文字、日期、时间类型数据的输入。

（4）单元格的编辑操作：包括移动和复制单元格、插入单元格、插入行、删除行、删除列、对单元格内数据的复制和删除、清除单元格内容和格式等操作。

（5）工作表的基本格式设置：单元格中数据的格式、字体、对齐方式的设置，表格行高和列宽的设置，单元格和表格的边框和底纹的设置。

（6）工作表的管理操作：工作表的选定与切换、添加、删除、重命名、移动和复制。

此外，小孟的团队对于 Excel 公式与函数的功能及应用也有一定的了解，但并不十分熟悉和精通。利用已有的知识，小孟团队建立上面的工作簿基本没有问题，但要达到预期的效果，实现对各类数据的有效性检验，对各类进货信息和销售信息进行有效管理和分析，为店铺决策经营提供支持，还需要利用 Excel 高级功能进行相应设置，对其中的数据进行管理和分析。为此，小孟及其团队成员还需要学习以下 Excel 操作技能。

（1）数据输入

包括学习大量连续输入有规律的数据，对输入的数据进行有效性验证，导入外部数据，如文本文件中的数据和网页中的表格数据等内容。

（2）公式与函数

公式与函数为 Excel 数据处理提供了强大的计算功能。公式由操作符和运算符组成，其中操作符可以是函数、单元格（区域）引用和常量。Excel 2010 中的函数本质上是 Excel 2010 预先编写的公式，由一个具有唯一特性的函数名称和一组按特定顺序和结构组织的，称为参数的特定数值组成，可以对一个或多个值执行运算，并返回一个或多个值。Excel 2010 提供了丰富的函数功能，包括常用函数、财务函数、时间与日期函数、统计函数、查找和引用函数等。用户可以直接使用它们对某个区域内的数据进行一系列的运算，如计算最大值、计算满足特定条件的数据值之和、获取特定数据在一系列数据中的排位值、查找满足特定条件的数据在一系列数据中的位置等。

（3）数据排序

数据排序是指按一定规则对数据进行整理、排列。排序为进一步数据处理做好准备，也是进行数据分析不可缺少的组成部分。Excel 2010 提供了多种数据排序方法，如可以对进货清单按商品编号（为文本内容）排序，以便查看某一商品不同日期批次的进货价格、数量；也可以在库存清单中按库存金额和期末库存（为数字）从高到低排序，以便查看库存压力较大的商品；还可以在销售清单中按销售日期（为日期和时间）排序，以便查看某一个时间区间内的详细销售信息。此外，按自定义序列（如大、中和小）或格式（包括单元格颜色、字体颜色或图标集）进行排序亦可。对数据进行排序有助于快速、直观地显示数据，从而更好地理解数据，有助于组织并查找所需数据，最终做出更有效的决策。图 5-1 为按利润金额列中的单元格图标集排序的结果。

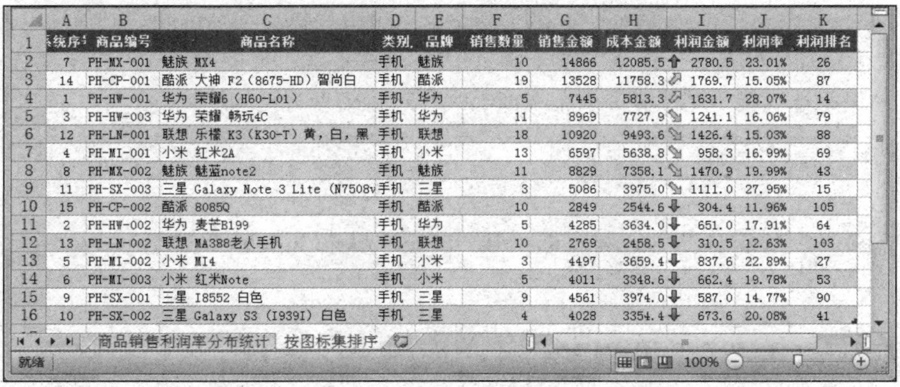

| | A | B | C | D | E | F | G | H | I | J | K |
|---|---|---|---|---|---|---|---|---|---|---|---|
| 1 | 系统序号 | 商品编号 | 商品名称 | 类别 | 品牌 | 销售数量 | 销售金额 | 成本金额 | 利润金额 | 利润率 | 利润排名 |
| 2 | 7 | PH-MX-001 | 魅族 MX4 | 手机 | 魅族 | 10 | 14866 | 12085.5 | 2780.5 | 23.01% | 26 |
| 3 | 14 | PH-CP-001 | 酷派 大神 F2（8675-HD）智尚白 | 手机 | 酷派 | 19 | 13528 | 11758.3 | 1769.7 | 15.05% | 87 |
| 4 | 1 | PH-HW-001 | 华为 荣耀6（H60-L01） | 手机 | 华为 | 5 | 7445 | 5813.3 | 1631.7 | 28.07% | 14 |
| 5 | 3 | PH-HW-003 | 华为 荣耀 畅玩4C | 手机 | 华为 | 11 | 8969 | 7727.9 | 1241.1 | 16.06% | 79 |
| 6 | 12 | PH-LN-001 | 联想 乐檬 K3（K30-T）黄，白，黑 | 手机 | 联想 | 18 | 10920 | 9493.6 | 1426.4 | 15.03% | 88 |
| 7 | 4 | PH-MI-001 | 小米 红米2A | 手机 | 小米 | 13 | 6597 | 5638.8 | 958.3 | 16.99% | 69 |
| 8 | 8 | PH-MX-002 | 魅族 魅蓝note2 | 手机 | 魅族 | 11 | 8829 | 7358.1 | 1470.9 | 19.99% | 43 |
| 9 | 11 | PH-SX-003 | 三星 Galaxy Note 3 Lite（N7508v | 手机 | 三星 | 3 | 5086 | 3975.0 | 1111.0 | 27.95% | 15 |
| 10 | 15 | PH-CP-002 | 酷派 8085Q | 手机 | 酷派 | 10 | 2849 | 2544.6 | 304.4 | 11.96% | 105 |
| 11 | 2 | PH-HW-002 | 华为 麦芒B199 | 手机 | 华为 | 5 | 4285 | 3634.0 | 651.0 | 17.91% | 64 |
| 12 | 13 | PH-LN-002 | 联想 MA388老人手机 | 手机 | 联想 | 10 | 2769 | 2458.5 | 310.5 | 12.63% | 103 |
| 13 | 5 | PH-MI-002 | 小米 MI4 | 手机 | 小米 | 3 | 4497 | 3659.4 | 837.6 | 22.89% | 27 |
| 14 | 6 | PH-MI-003 | 小米 红米Note | 手机 | 小米 | 5 | 4011 | 3348.6 | 662.4 | 19.78% | 53 |
| 15 | 9 | PH-SX-001 | 三星 I8552 白色 | 手机 | 三星 | 9 | 4561 | 3974.0 | 587.0 | 14.77% | 90 |
| 16 | 10 | PH-SX-002 | 三星 Galaxy S3（I939I）白色 | 手机 | 三星 | 4 | 4028 | 3354.4 | 673.6 | 20.08% | 41 |



图 5-1 按利润金额列的单元格图标集排序的结果

（4）条件格式

利用条件格式，可以让单元格其中的数据在满足特定条件时改变外观，比如改变颜色、边框、填充效果等，可用于突出显示所关注的单元格或单元格区域、强调异常值及直观地显示数据本身（可使用数据条、颜色刻度和图标集），便于直观地查看和分析数据、发现关键问题及识别模式和趋势。如图 5-2 所示，在库存清单中对"期末库存为 0"的单元格进行了突出显示，对"期末库存为 0，且销售数量超过 10"的商品所在行进行了行突出显示。

| | B | C | D | E | F | G | H | I | J | K |
|---|---|---|---|---|---|---|---|---|---|---|
| 1 | 商品编号 | 商品名称 | 类别 | 品牌 | 规格 | 进货数量 | 销售数量 | 期末库存 | 成本进价 | 库存金额 |
| 2 | PH-HW-001 | 华为 荣耀6 (H60-L01) | 手机 | 华为 | 16GB | 5 | 5 | 1 | 1162.7 | 1162.7 |
| 3 | PH-HW-002 | 华为 麦芒B199 | 手机 | 华为 | 16GB | 5 | 5 | 0 | 726.8 | 0.0 |
| 4 | PH-HW-003 | 华为 荣耀 畅玩4C | 手机 | 华为 | 8GB | 14 | 11 | 4 | 702.5 | 2810.1 |
| 9 | PH-MX-002 | 魅族 魅蓝note2 | 手机 | 魅族 | 16GB | 11 | 11 | 1 | 668.9 | 668.9 |
| 10 | PH-SX-001 | 三星 I8552 白色 | 手机 | 三星 | 4GB | 9 | 9 | 0 | 441.6 | 0.0 |
| 11 | PH-SX-002 | 三星 Galaxy S3 (I939I) | 手机 | 三星 | 16GB | 4 | 4 | 1 | 838.6 | 838.6 |
| 97 | PP-AG-001 | 爱国者 PA619移动电源 | 移动电源 | 爱国者 | 10400mAh | 15 | 13 | 3 | 123.7 | 371.1 |
| 98 | PP-AG-002 | 爱国者 PA-619移动电 | 移动电源 | 爱国者 | 13000mAh | 12 | 12 | 0 | 51.0 | 0.0 |
| 101 | SR-IW-001 | iwown I5智能手环（黑 | 智能手环 | 埃微 | 160.00g | 8 | 7 | 3 | 84.2 | 252.6 |
| 102 | SR-IW-002 | iwown I5plus触控式智能 | 智能手环 | 埃微 | 160.00g | 2 | 2 | 1 | 107.7 | 107.7 |
| 103 | SR-LS-001 | 乐心 Mambo 运动手环 | 智能手环 | 乐心 | 210.00g | 10 | 10 | 0 | 79.5 | 0.0 |
| 104 | SR-WK-001 | 玩咖 70 系列智能手环 | 智能手环 | 玩咖 | 130.00g | 9 | 9 | 0 | 86.8 | 0.0 |
| 105 | SR-SX-001 | SAMSUNG Activity Trac | 智能手环 | 三星 | 174.00g | 6 | 5 | 1 | 284.3 | 284.3 |
| 106 | SR-JB-001 | Javbone UP24新款智能 | 智能手环 | 卓棒 | 110.00g | 3 | 3 | 1 | 413.0 | 413.0 |
| 110 | EW-MO-001 | MO 智能体质分析仪1501 | 电子称 | MO | 2.3kg, 智能称 | 8 | 7 | 2 | 356.4 | 712.9 |
| 111 | EW-YP-001 | 有品 魔秤C1 | 电子称 | 有品 | 2.41kg, 智能称 | 5 | 5 | 0 | 82.4 | 0.0 |
| 112 | EW-LS-001 | 乐心 电子称体重秤 A3 | 电子称 | 乐心 | 2.42kg, 智能称 | 9 | 7 | 2 | 49.4 | 98.7 |
| 113 | EW-YK-001 | 云康宝 智能脂肪秤 CS20 | 电子称 | 云康宝 | 1.45kg, 智能 | 5 | 5 | 1 | 68.2 | 68.2 |
| 114 | EW-MK-001 | 麦开 智能体重计 Lemon | 电子称 | 麦开 | 1.75kg, 智能称 | 8 | 8 | 0 | 84.0 | 0.0 |
| 115 | EW-WK-001 | 玩咖 智能体脂称（黑，纬 | 电子称 | 玩咖 | 1.8kg, 智能称 | 1 | 1 | 1 | 91.7 | 91.7 |
| 116 | EW-XS-001 | 香山 圆形背光电子称体 | 电子称 | 香山 | 1.81kg, 电子秤 | 25 | 25 | 2 | 53.2 | 106.4 |
| 119 | EW-DM-001 | 德尔玛 电子人体重秤 | 电子称 | 德尔玛 | 1.52kg, 电子 | 8 | 7 | 3 | 43.4 | 130.2 |

上期库存　进货清单　销售清单　库存清单　库存查询　销售纣

就绪　　　　　　　　　　　　　　　　　　　　　　100%

图 5-2　设置格式的效果

（5）数据筛选

通过使用筛选功能，可以使得用户快速方便地从大量数据中查找到所需要的信息，筛选的结果仅显示那些满足指定条件的行，并隐藏那些不希望显示的行。例如，利用筛选，我们可以找出库存大于 0 且小于 3 的手机的库存情况，作为进货的依据；或者找出销售金额高于平均销售金额的商品，作为确定优先推广商品的依据。Excel 2010 提供了强大的筛选功能，可以筛选文本、数字、日期或时间、最大或最小值、空值，也可以按选定内容或者按单元格的颜色、字体颜色或图标集筛选。Excel 2010 提供自动筛选和高级筛选两种方法，其中高级筛选可以用于在 Excel 中设计复杂的多条件查询。如图 5-3 所示为库存查询工作表利用高级筛选功能，基于商品名称和商品类别进行组合查询的结果。

| | A | B | C | D | E | F | G | H | I | J | K | L |
|---|---|---|---|---|---|---|---|---|---|---|---|---|
| 1 | | | | | **库存查询** | | | | | | | |
| 2 | 条件区域： | | | | | | | | | | | |
| 3 | 商品编号 | 商品名称 | 商品类别 | 品牌 | 规格 | 期末库存 | 成本进价 | 库存金额 | | | 查询 | |
| 4 | | *智能* | 电子称 | | | | | | | | | |
| 5 | | | | | | | | | | | | |
| 6 | | | | | | | | | | | | |
| 7 | 查询结果： | | | | | | | | | | | |
| 8 | 商品编号 | 商品名称 | 商品类别 | 品牌 | 规格 | 期末库存 | 成本进价 | 库存金额 | | | | |
| 9 | EW-MI-001 | 小米 智能体重秤 | 电子称 | 小米 | 2.7kg, 智能和 | 2 | 97.4 | 194.8 | | | | |
| 10 | EW-MO-001 | MO 智能体质分析仪1501 | 电子称 | MO | 2.3kg, 智能科 | 2 | 356.4 | 712.9 | | | | |
| 11 | EW-YK-001 | 云康宝 智能脂肪秤 CS20 | 电子称 | 云康宝 | 1.45kg, 智能 | 1 | 68.2 | 68.2 | | | | |
| 12 | EW-MK-001 | 麦开 智能体重计 Lemon | 电子称 | 麦开 | 1.75kg, 智能 | 0 | 84.0 | 0.0 | | | | |
| 13 | EW-WK-001 | 玩咖 智能体脂称（黑，绿 | 电子称 | 玩咖 | 1.8kg, 智能科 | 1 | 91.7 | 91.7 | | | | |
| 14 | | | | | | | | | | | | |

上期库存表　进货清单　销售清单　库存清单　库存查询　库存纣

就绪　　　　　　　　　　　　　　　　　　　　　　100%

图 5-3　查询商品名称包含"智能"且商品类别为"电子称"的商品

（6）分类汇总

分类汇总是按照指定的分类字段对数据值进行分类（排序），然后对记录的指定数据项进行汇总统计，统计的数据项和汇总方式可以由用户指定。如图 5-4 所示，为了分析各类别商品的期末库存和库存金额，首先对库存分析表按"商品类别"（分类字段）排序，然后指定需要统计的数据项为"期末库存"和"库存金额"，汇总方式为"求和"，即可得到汇总结果。通过折叠或展开可以分级显示汇总项和明细数据，便于快捷地创建各类汇总报告，如建立库存结构分析图表，如图 5-5 所示。

| | | J127 | | ▼ | 𝑓ₓ | =SUBTOTAL(9,J118:J126) | | | | | |
|---|---|---|---|---|---|---|---|---|---|---|---|
| 1 2 3 | | A | B | C | D | E | F | G | H | I | J | K |
| | 1 | 商品编号 | 商品名称 | 商品类别 | 品牌 | 规格 | 进货数量 | 销售数量 | 期末库存 | 成本进价 | 库存金额 | |
| + | 25 | | | U盘 汇总 | | | | | 74 | | 46144.8 | |
| + | 49 | | | 存储卡 汇总 | | | | | 74 | | 11159.7 | |
| + | 62 | | | 电子称 汇总 | | | | | 22 | | 6345.4 | |
| + | 78 | | | 手机 汇总 | | | | | 91 | | 2377.8 | |
| + | 89 | | | 移动电源 汇总 | | | | | 57 | | 1755.9 | |
| + | 103 | | | 移动硬盘 汇总 | | | | | 39 | | 2466.8 | |
| + | 117 | | | 音箱 汇总 | | | | | 20 | | 25458.4 | |
| · | 118 | SR-MI-001 | 小米手环（黑色原封） | 智能手环 | 小米 | 140.00g | 7 | 7 | 4 | 80.1 | 99.3 | |
| · | 119 | SR-HW-001 | 华为荣耀畅玩手环AF500 | 智能手环 | 华为 | 160.00g | 4 | 4 | 4 | 109.2 | 0.0 | |
| · | 120 | SR-IW-001 | iwown 15智能手环（黑, | 智能手环 | 埃微 | 160.00g | 3 | 3 | 3 | 134.3 | 164.7 | |
| · | 121 | SR-IW-002 | iwown 15plus触控式智能 | 智能手环 | 埃微 | 160.00g | 5 | 5 | 1 | 366.8 | 218.3 | |
| · | 122 | SR-LS-001 | 乐心 Mambo 运动手环（ | 智能手环 | 乐心 | 210.00g | 5 | 5 | 3 | 211.3 | 0.0 | |
| · | 123 | SR-WK-001 | 玩咖 70 系列智能手环（ | 智能手环 | 玩咖 | 130.00g | 20 | 18 | 3 | 108.5 | 176.1 | |
| · | 124 | SR-SX-001 | SAMSUNG Activity Trac | 智能手环 | 三星 | 174.00g | 21 | 18 | 4 | 58.6 | 247.4 | |
| · | 125 | SR-JB-001 | Jawbone UP24新款智能 | 智能手环 | 卓棒 | 110.00g | 6 | 6 | 0 | 88.1 | 0.0 | |
| · | 126 | SR-JB-002 | Jawbone UP MOVE智能追 | 智能手环 | 卓棒 | 80.00g | 4 | 3 | 2 | 106.4 | 1049.5 | |
| | 127 | | | 智能手环 汇总 | | | | | 24 | | 1955.2 | |
| | 128 | | | 总计 | | | | | 401 | | 97664.1 | |

库存查询 │ 库存清单（分类汇总）│ 库存结构分析 │ 销售统计 │ 销售冠军榜

图 5-4 按"商品类别"对"期末库存"和"库存金额"进行分类汇总的结果

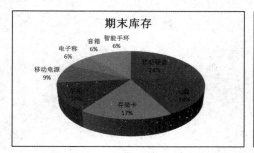
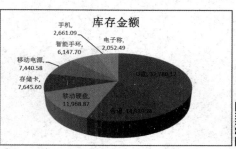

图 5-5 库存结构分析饼图（期末库存和库存金额）

（7）数据透视表（图）

数据透视表是一种可以快速汇总大量数据的交互式方法，可以对数值数据进行分类汇总和聚合，按分类和子分类对数据进行汇总，创建自定义计算和公式；也可以展开或折叠关注结果的数据级别，查看感兴趣区域汇总数据的明细；还可以根据需要对特定数据子集进行筛选、排序、分组和有条件地设置格式；并且还可以针对行或列的数据值构造新的行或列标签（或透视），以不同的角度查看源数据不同的汇总结果。数据透视图是通过图表的方式显示数据透视表。如图 5-6 所示为利用数据透视表（图）对第三季度的商品销售信息进行分析。

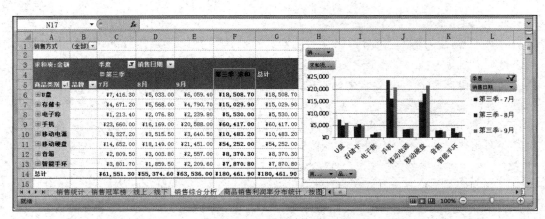

图 5-6　数据透视表（图）的使用

# 第 6 章　数据的准备

数据准备工作是将以往用手工记录和管理的进销存数据整理录入到 Excel 工作簿中，为后续进销存数据的记录、查看和查找，以及数据的汇总与分析打好基础，为进销存系统的便捷和持久使用做好准备。

录入数据的方法主要有两种：直接录入和数据导入。通过数据导入，可以获取外部数据源中的数据，如导入文本文件中的数据和网页中的表格数据等。对于某些录入或导入的数据还需要验证其"数据有效性"，以保证在使用过程中的正确性和一致性。

# 6.1　数据的录入

## 6.1.1　数据格式

在 Excel 中，可以在单元格中输入两类数据：常量和公式。常量是指没有以"="开头的单元格数据，包括数字、文字、日期、时间等。

Excel 提供了一些数据格式，包括常规、数值、分数、文本、日期、时间、会计专用、货币等，单元格的数据格式决定了数据的类型和显示方式。默认情况下，单元格的数据格式是"常规"，此时，Excel 会根据输入的数据形式，套用不同的数据格式。例如，在一个单元格内输入"2015/6/25"，Excel 将套用日期格式，作为日期数据。如果此时清除该单元格的数据格式，则其数据格式变为"常规"，单元格值显示为"42180"，变为数值数据，其值为自 1900/1/1 到 2015/6/25 逝去的天数。再次设置为日期格式，则又将显示为"2015/6/25"。可见，单元格的数据值可以随数据格式的不同而解释为不同的数据并以相应的形式显示。

【说明】

　　数据格式的设置在"开始"选项卡的"数字"功能区。在"设置单元格格式"对话框中可以进行详细设置。

## 6.1.2　自动序列填充

在表格处理过程中，经常会遇到需要输入大量的、连续性的、有规律的数据。例如，在录入商品信息时，同一品牌的同一类产品其商品编号一般是连续的，如图 6-1 所示，如果采用手工输入，则这些机械性操作既麻烦又容易出错。使用 Excel 的序列填充功能就可以极大地提高工作效率，具体操作步骤如下。

① 选中 A2 单元格。

② 在 A2 单元格中输入"SD-KS-001"。

③ 将鼠标移动到 A2 单元格的填充柄位置（单元格右下角处），鼠标变成"+"字状，

然后向下拖动填充柄，则鼠标经过的单元格就会以 A2 单元格中相似的数据填充，并连续递增。

| | A | B | C | D | E | F | G | H | I | J | K |
|---|---|---|---|---|---|---|---|---|---|---|---|
| 1 | 商品编号 | 商品名称 | 商品类别 | 品牌 | 规格 | 最高进货价 | 最低进货价 | 进货批次数 | 最后进货日期 | 最后进货价 | 成本进价 |
| 2 | SD-KS-001 | Kingston SD 16GB 30M/S | 存储卡 | 金士顿 | 16GB,30M/S | 38 | 35 | 6 | 2015/12/3 | 35 | 36.8 |
| 3 | SD-KS-002 | Kingston SD 32GB 30M/S | 存储卡 | 金士顿 | 32GB,30M/S | 63 | 58 | 6 | 2015/12/3 | 58 | 60.9 |
| 4 | SD-KS-003 | Kingston SD 64GB 30M/S | 存储卡 | 金士顿 | 64GB,30M/S | 119 | 111 | 6 | 2015/12/3 | 111 | 116.3 |
| 5 | SD-KS-004 | Kingston TF(MicroSD) 16GB 48M/S | 存储卡 | 金士顿 | 16GB,48M/S | 29 | 26 | 6 | 2015/12/4 | 26 | 27.7 |
| 6 | SD-KS-005 | Kingston TF(MicroSD) 32GB 48M/S | 存储卡 | 金士顿 | 32GB,48M/S | 56 | 52 | 6 | 2015/12/4 | 52 | 54.4 |
| 7 | SD-KS-006 | Kingston TF(MicroSD) 8GB 48M/S | 存储卡 | 金士顿 | 8GB,48M/S | 25 | 22 | 5 | 2015/12/4 | 22 | 23.8 |
| 8 | SD-SD-001 | SanDisk SD 32GB 40M/S | 存储卡 | 闪迪 | 32GB,40M/S | 81 | 78 | 5 | 2015/11/22 | 78 | 79.9 |
| 9 | SD-SD-002 | SanDisk SD 64GB 40M/S | 存储卡 | 闪迪 | 64GB,40M/S | 171 | 165 | 5 | 2015/11/22 | 165 | 168.7 |
| 10 | SD-SD-003 | SanDisk TF(MicroSDHC UHS-I) 16GB 48M/S | 存储卡 | 闪迪 | 16GB,48M/S | 37 | 34 | 7 | 2015/12/5 | 34 | 36.1 |
| 11 | SD-SD-004 | SanDisk TF(MicroSDHC UHS-I) 32GB 48M/S | 存储卡 | 闪迪 | 32GB,48M/S | 63 | 58 | 6 | 2015/12/5 | 58 | 61.5 |

基本资料表　商品信息表　上期库存表　进货清单　销售清单　库存清单　库存量

就绪　　　　　　　　　　　　　　　　　　　　　　计数: 6 ⊞ ▣ ▥ 100% ⊖ 　 ⊕

图 6-1　自动序列填充

可以用类似的方法填充进货单号和销售单号。

【小技巧】

（1）对于单元格的不同内容，如字符、数字、字符＋数字、日期等，按下【Ctrl】键同时拖动填充柄或直接拖动填充柄可分别产生复制填充或递增填充两种不同的效果，用户需根据实际情况确定是否需要按下【Ctrl】键。

（2）也可以使用鼠标右键拖动填充柄，释放鼠标右键后通过设置弹出的快捷菜单，以获得非常灵活的填充效果。

（3）此外，如果想要在数据区域中对某一列的内容进行填充，可以直接双击第一个单元格的填充柄，而不必从第一个单元格一直拖动到需要填充的最后一个单元格，这在需要填充的区域超出一个屏幕的显示范围时尤其有效。

## 6.1.3　自定义序列填充

Excel 2010 单元格的填充方便了连续、有规律的数据录入操作，然而对于一些没有规律而需要经常输入的数据，就需要自定义序列，然后进行填充。通过工作表中现有的数据项或者以临时输入的方式，可以创建自定义序列，操作步骤如下。

① 在单元格中依次输入一个序列的每个项目，如主管、综合员、组长、员工。然后选择该序列所在的单元格区域。

② 选择"文件"菜单中的"选项"命令，在弹出的"选项"对话框中选择"高级"选项卡，找到"常规"项，单击"编辑自定义列表"按钮，打开"自定义序列"对话框，如图 6-2 所示。

③ 单击右下角的"导入"按钮，则将 ① 中选定单元格区域（$A$1:$A$4）内的序列导入到了"自定义序列"中，如图 6-2 所示。

④ 单击"确定"按钮，即完成了自定义序列的创建。

在图 6-2 所示对话框中，也可以通过临时键入的方式创建自定义序列。首先选择"自定义序列"列表框中的"新序列"选项，然后在"输入序列"编辑框中，依次输入序列项目，每输入完一个项目按【Enter】键换行。整个序列输入完后，单击"添加"按钮。

在创建完自定义序列之后，用户即可使用 Excel 的自动序列填充方法进行填充，快速完成序列数据的输入。

若要删除某个序列,则在图 6-2 所示对话框中先选定要删除的序列,然后单击"删除"按钮即可。

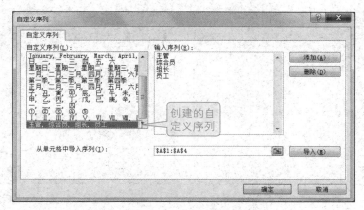

图 6-2 创建自定义序列

# 6.2 数据的有效性

## 6.2.1 设置"数据有效性"

数据的录入工作是重复、枯燥、乏味的,用户长时间在这样的情境下工作难免会出错。为了提高工作效率、减少录入错误,Excel 提供了"数据有效性"功能。我们可以通过"数据有效性"来设置单元格中允许输入的数据类型或有效数据的取值范围,针对不同规律的数据,采用不同的输入方法,设置"数据有效性"的操作如下。

① 选择要设置"数据有效性"的单元格或单元格区域。

② 选择"数据"选项卡的"数据工具"功能组的"数据有效性"命令,打开"数据有效性"对话框,如图 6-3 所示。

③ 在打开的对话框中根据需要设置"有效性条件"。默认情况下,输入单元格的有效数据为"任何值",可以在"设置"选项卡中根据需要设定输入数据的允许值(如整数、小数、日期、时间等)和取值范围(如介于、大于、小于等),如图 6-4 所示。当输入的数据在取值范围内,则接受该值,否则拒绝并弹出输入错误时的提示信息。

图 6-3 "数据有效性"对话框

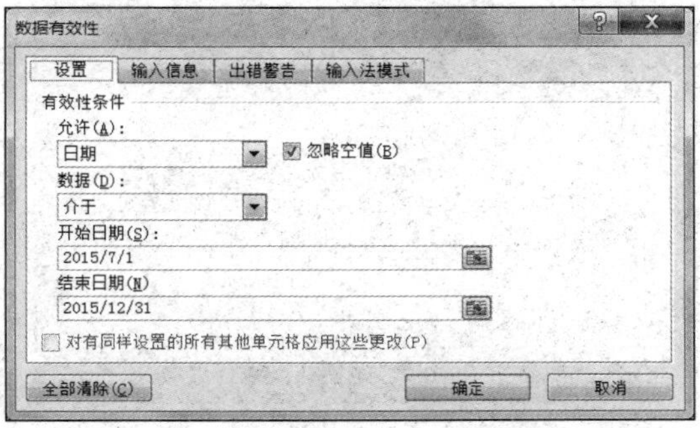

图 6-4 设置"日期"数据输入范围

④ 还可以自定义选定单元格输入信息时的提示信息和输入无效数据时显示的出错警告信息，如图 6-5 和图 6-6 所示为设置"日期介于 2015/7/1 和 2015/12/31 之间"的日期数据的输入提示信息和出错警告信息。

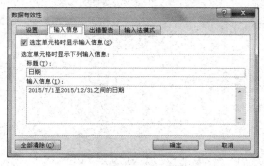

图 6-5　设置"输入信息"

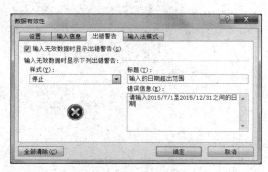

图 6-6　设置"出错警告"

## 6.2.2　序列输入

实际上，Excel 的"数据有效性"还有一个更重要的，且用户使用更加方便的限定数据输入范围的功能，即限定用户只能在事先设置好的一个可选项序列中选择其中一个选项作为输入，这样既方便又不容易出错。如商品名称、商品类别、商品品牌等，很多情况下都是一些有限序列数据，因为对于一个不是很大的店铺来说，其销售的商品种类是有限的。此时，如果直接输入，会相对费时、费力、易出错，且输入的数据可能不唯一（例如，商品类别名称为"电子称"与"电子秤"，"存储卡"与"储存卡"，"U 盘"与"优盘"等）。采用"数据有效性"的"序列"数据输入功能，则可有效地解决这一问题。

"序列"数据输入功能中的序列数据是以下拉列表框的形式给出的，用户只需从中选择一项即可。序列数据可通过直接定义或者单元格引用的方式进行创建，还可以利用 Excel 名称和表格功能创建联动、动态内容形式的下拉列表。下面以商品类别的输入为例，分别予以介绍。

### 1. 直接定义序列

直接定义序列的具体操作如下。

① 选择要输入商品分类数据的单元格或单元格区域。

② 选择"数据"选项卡的"数据工具"功能组的"数据有效性"命令，打开"数据有效性"对话框。

③ 在"允许"下拉列表框中选择"序列"选项，在"来源"框中输入商品分类的名称，各商品分类的名称之间以半角英文逗号分隔，例如输入"手机,移动硬盘,U 盘,存储卡,音箱,移动电源,智能手环,电子称"，如图 6-7 所示。

④ 单击"确定"按钮，关闭"数据有效性"对话框。

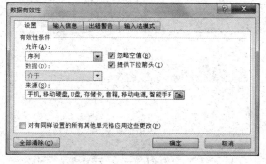

图 6-7　直接定义序列

⑤ 返回工作表，选择需要输入商品分类的单元格，在其右边会显示一个下拉箭头，单击此箭头将出现一个下拉列表，如图 6-8 所示。

| | A | B | C | D | E | F | G | H | I | J | K |
|---|---|---|---|---|---|---|---|---|---|---|---|
| 1 | 商品编号 | 商品名称 | 商品类别 | 品牌 | 规格 | 最高进货价 | 最低进货价 | 进货批次数 | 最后进货日期 | 最后进货价 | 成本进价 |
| 2 | SD-KS-001 | Kingston SD 16GB 30M/S | 存储卡 | 士顿 | 16GB,30M/S | 38 | 35 | 6 | 2015/12/3 | 35 | 36.8 |
| 3 | SD-KS-002 | Kingston SD 32GB 30M/S | 手机 | 士顿 | 32GB,30M/S | 63 | 58 | 6 | 2015/12/3 | 58 | 60.9 |
| 4 | SD-KS-003 | Kingston SD 64GB 30M/S | 移动硬盘 U盘 | 士顿 | 64GB,30M/S | 119 | 111 | 6 | 2015/12/3 | 111 | 116.3 |
| 5 | SD-KS-004 | Kingston TF(MicroSD) 16GB 48M/S | 存储卡 音箱 | 士顿 | 16GB,48M/S | 29 | 26 | 6 | 2015/12/4 | 26 | 27.7 |
| 6 | SD-KS-005 | Kingston TF(MicroSD) 32GB 48M/S | 移动电源 智能手环 | 士顿 | 32GB,48M/S | 56 | 52 | 6 | 2015/12/4 | 52 | 54.4 |
| 7 | SD-KS-006 | Kingston TF(MicroSD) 8GB 48M/S | 电子秤 | 士顿 | 8GB,48M/S | 25 | 22 | 5 | 2015/12/4 | 22 | 23.8 |
| 8 | SD-SD-001 | SanDisk SD 32GB 40M/S | 存储卡 | 闪迪 | 32GB,40M/S | 81 | 78 | 5 | 2015/11/22 | 78 | 79.9 |
| 9 | SD-SD-002 | SanDisk SD 64GB 40M/S | 存储卡 | 闪迪 | 64GB,40M/S | 171 | 165 | 5 | 2015/11/22 | 165 | 168.7 |
| 10 | SD-SD-003 | SanDisk TF(MicroSDHC UHS-I) 16GB 48M/S | 存储卡 | 闪迪 | 16GB,48M/S | 37 | 34 | 7 | 2015/12/5 | 34 | 36.1 |
| 11 | SD-SD-004 | SanDisk TF(MicroSDHC UHS-I) 32GB 48M/S | 存储卡 | 闪迪 | 32GB,48M/S | 63 | 58 | 5 | 2015/12/5 | 58 | 61.5 |

图 6-8　使用"序列"下拉列表框输入数据

### 2. 单元格引用定义序列

直接定义的方式不便于列表项内容的修改、维护和管理。一般来说，可以将固定的基本信息资料，如商品类别、商品品牌、销售方式（线上和线下）等，存放在一个单独的工作表中，如"基本资料表"，一方面便于查看，另一方面便于管理，可以直接在工作表中修改其信息和排列顺序。这样，当序列项的内容更改时，相应的下拉列表将自动更新，而不需要再次设置"数据有效性"，这使得后续的使用和维护方便快捷。

假设商品类别的序列数据已存放在"基本资料表"的 B2:B9 单元格区域中，则通过单元格引用定义序列的具体操作如下。

① 选择要输入商品分类数据的单元格或单元格区域。

② 打开"数据有效性"对话框。

③ 在"允许"下拉列表框中选择"序列"选项，在"来源"框中直接输入"=基本资料表!$B$2:$B$9"，或者单击右边带红色箭头的区域选择按钮，切换到"基本资料表"，选择 B2:B9 单元格区域，返回"数据有效性"对话框，如图 6-9 所示。

④ 单击"确定"按钮，关闭"数据有效性"对话框。

⑤ 返回工作表，选择需要输入商品分类的单元格，在其右边会显示一个下拉箭头，单击此箭头将出现一个下拉列表，效果类似图 6-8 所示。

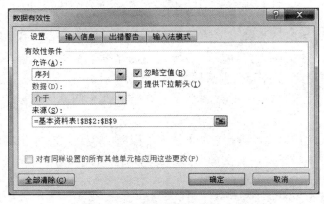

图 6-9　通过单元格引用定义序列

知识链接——单元格引用

在上述的几个实例中，我们看到类似"A2、B2:B9、$A$1:$A$4、基本信息表!$B$2:$B$9"这样的输入，它们是单元格的引用。通过单元格引用，可以使用工作表中不同部分的数据，还可以使用不同工作表甚至不同工作簿中的数据，有利于数据的组织、管理与分析。

Excel 的单元格引用主要用于公式，作为函数的参数，或直接作为操作数进行运算。根据公式所在单元格的位置发生变化时单元格引用的变化情况，可以将引用分为相对引用、绝对引用和混合引用 3 种类型。但当需要引用其他工作表或工作簿中的数据时，就要用到三维引用。

常规引用格式如表 6-1 所示。

表 6-1　常规引用格式

| 引　用 | 引用类型 | 描　述 |
| --- | --- | --- |
| A2 | 相对引用 | 单元格，列 A 和行 2 交叉处的单元格 |
| B2:B9 | 相对引用<br>区域运算 | 单元格区域，":"为区域运算符。包含以 B2 为左上角顶点、B9 为右下角顶点所组成的矩形区域内所有的单元格 |
| $C$1:$C$6 | 绝对引用 | 单元格区域，包含单元格与 C1:C6 相同，但为绝对引用 |
| 基本信息表!A$2:A$9 | 混合引用<br>三维引用 | "基本信息表"工作表中 A2 到 A9 的单元格区域，其中列为相对引用（变化），行为绝对引用（不变） |

特殊引用格式如表 6-2 所示。

表 6-2　特殊引用格式

| 引　用 | 引用类型 | 描　述 |
| --- | --- | --- |
| 1:1 | 相对引用 | 第 1 行中的全部单元格 |
| 1:5 | 相对引用 | 第 1 行到第 5 行之间的全部单元格 |
| A:A | 相对引用 | 列 A 中的全部单元格 |
| A:E | 相对引用 | 列 A 到列 E 之间的全部单元格 |

### 3. 利用名称创建联动下拉列表

类似地，下面为商品品牌定义序列，但马上发现问题来了：操作要么需要根据不同的商品类别在不同的单元格区域分别设置品牌序列，要么将所有的品牌设置到一个序列。前者需要多次重复设置数据有效性，效率低下，缺少灵活性，后者由于序列项（品牌）太多也必将导致选择输入时效率低下。要解决这个问题，需要为品牌序列创建联动下拉列表。

换言之，我们希望商品品牌列表的数据项能根据商品类别数据的选择而自动变化，仅列出与选定类别相对应的品牌。例如，如果类别选择"手机"，则在品牌列表中仅显示所有的"手机品牌"，而不显示其他的品牌。这样，数据的输入就方便多了。要实现这个功能，需要使用名称创建联动序列。

在 Excel 2010 中，名称是用来标志单元格、单元格区域、表格或常量值的单词或字符串，例如，可以使用名称"商品分类"来引用区域"基本资料表!$B$2:$B$9"，其主要目的是便于理解、记忆、书写、使用和维护。特别是在工作表中进行复杂分析时，往往需要编写许多公式。而如果善于使用名称的话，则可以极大地提高公式的可读性，从而使得用户在使用或维护该工作表的时候更加方便。

（1）定义名称

要使用名称，需要先定义名称。在 Excel 中有 3 种定义名称的方法，分别为标准定义法、批量定义法、名称框定义法，用户可以针对不同的情况使用最适合的方法。

● 名称的标准定义法

若为区域"基本资料表!$B$2:$B$9"定义一个"商品分类"的名称，具体操作如下。

① 选取"基本资料表"的"B2:B9"单元格区域。

② 选择"公式"选项卡的"定义的名称"功能组中的"定义名称"命令，打开"编辑名称"对话框，如图 6-10 所示。

③ 在名称文本框中输入需要定义的名称，如"商品分类"。

④ 在引用位置文本框中输入所引用的单元格或单元格区域，如"= 基本资料表!$B$2:$B$9"。

⑤ 设置名称的使用范围。默认情况下所定义的名称在整个工作簿中都可以使用，但也可以将其设置为某个特定的工作表。

⑥ 单击"确定"按钮，完成名称的定义。

⑦ 通过"公式"选项卡的"名称管理器"对话框可以对名称进行新建、编辑、删除等操作，如图 6-11 所示。

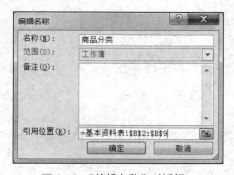

图 6-10　"编辑名称"对话框

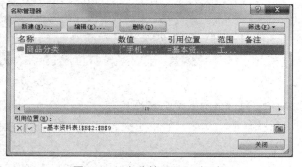

图 6-11　"名称管理器"对话框

需要注意的是，定义名称时引用位置必须使用单元格的绝对引用形式。

● 批量定义多个名称

若需要为各类商品的品牌信息定义名称，这些信息分布在"基本资料表"的"D1:K10"单元格区域，如图 6-12 所示，具体操作如下。

① 选择需要定义名称的单元格区域，如"基本资料表"的"D1:K10"单元格区域。

② 选择"公式"选项卡的"根据所选内容创建"命令，打开"以选定区域创建名称"对话框。

③ 在"以选定区域创建名称"对话框中勾选"首行"，表示以首行作为该列的名称。还可以根据实际情况选择最左列、末行或最右列作为名称，如图 6-12 所示。

图 6-12　"以选定区域创建名称"对话框

④ 单击"确定"按钮，完成批量名称的定义。

⑤ 选择"公式"选项卡的"名称管理器"命令，在"名称管理器"对话框中可以看到批量定义的多个名称，如图 6-13 所示。

图 6-13　批量定义的多个名称

- 通过名称框定义名称

选择要定义名称的单元格区域，然后在名称框中输入相应的名称，直接按回车键即可，如图 6-14 所示。

图 6-14　通过名称框定义名称

（2）定义名称联动序列

在定义好名称之后，就可以在其定义的范围内使用名称了。现在回到前面的问题上，"商品信息表"的 C2 单元格已设置为限定从"商品类别"序列中输入数据，当 C2 选择输入"商品类别"序列中的某个商品时，要求在 D2 产生相应的"商品品牌"下拉列表，以输入一个该商品类别中的品牌，具体操作如下。

① 为 C2 单元格设置"数据有效性"，创建商品分类下拉列表框，如图 6-15 所示，使用了名称"商品分类"来设置序列的来源。

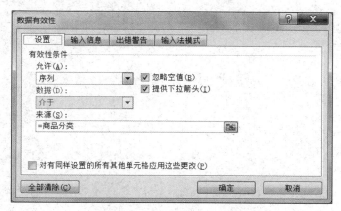

图 6-15　使用名称设置"来源"

② 选定 D2 单元格，在"数据有效性"对话框中设置有效性条件。在"允许"下拉列表框中选择"序列"选项，在"来源"框中输入公式"=INDIRECT($C$2 &"品牌")"，如图 6-16 所示，单击"确定"按钮，则 D2 就会根据 C2 内容的变化分别产生不同序列的下拉列表，如图 6-17 和图 6-18 所示。

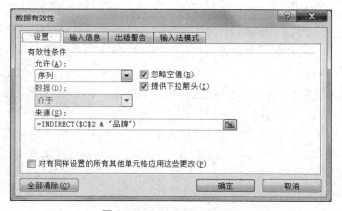

图 6-16　创建联动下拉列表

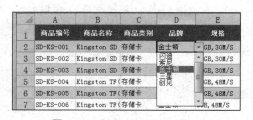

图 6-17　存储卡品牌下拉列表

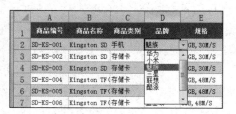

图 6-18　手机品牌下拉列表

"INDIRECT"是一个重定向函数，表示取其参数所指示的单元格区域的值。此例中参数表示取单元格 C2 的值（某个商品类别,如"存储卡"）和文本字符串"品牌"连接（&为字符串连接运算符）的结果字符串（存储卡品牌）。此处，"存储卡品牌"即为已定义好的名称，正好对应于存储卡的各种品牌序列。因此，序列来源"=INDIRECT（"存储卡品牌"）"即等同于"= 基本资料表 !$G$2:$G$10"。当 C2 单元格选取的数据项发生变化时，INDIRECT 函数参数计算出来的名称也随之变化，从而达到动态设置序列来源的目的。

 **知识链接 —— INDIRECT 函数**

**功能**

返回由文本字符串指定的引用。此函数立即对引用进行计算，并显示其内容。

**语法**

INDIRECT(ref_text, [a1])

**参数**

ref_text：单元格的引用。可以是 A1 样式、R1C1 样式或者是定义了名称的单元格引用的文本字符串。

a1：可选参数，为一个逻辑值。用于指定包含在单元格 ref_text 中的引用的类型。如果 a1 为 TRUE 或省略，则 ref_text 被解释为 A1 样式的引用。如果 a1 为 FALSE，则 ref_text 被解释为 R1C1 样式的引用。一般采用 A1 样式的引用。

在函数的语法中，加了方括号 [] 的参数为可选参数，否则为必选参数，下文中不再赘述。

**示例**

如果单元格 A2 中存放的是文本"B1"，而 B1 单元格中存放了数值 1.333，则公式"=INDIRECT($A$2)"返回的是 1.333。

#### 4．利用表格创建动态下拉列表

在采用单元格引用及名称的两种序列定义方法中，可以直接在基本资料表中修改序列数据并调整其顺序，与之对应的下拉列表也会随之动态变化。但是，当序列中添加或删除选项时，序列所对应的单元格区域会发生变化，而这部分变化信息不能自动反映到创建好的下拉列表中。也就是说，采用单元格引用及名称的两种序列定义方法所创建的下拉列表的列表项数是固定的，列表项对应的区域也是固定的，是一个相对静态的序列。而在本实例中，随着业务的拓展，淘汰一些品牌、扩大经营一些新的受顾客欢迎的品牌是必需的。因此，需要构造一个动态变化的序列。要解决这个问题，一种简单易行的方法就是利用 Excel 表格功能来辅助定义序列。

在 Excel 2010 中，表格是工作表中包含相关数据的一系列数据行，它可以像数据库一样进行浏览与编辑。Excel 对表格进行管理时，一般把表格看成一个数据库，表格行相当于数据库中的记录，列相当于数据库中的字段，列标题相当于字段名。实际上，表格可以看成是一个规则的二维表格区域。如图 6-19 所示，在商品信息工作表的 B2:K119 区域建立了一个名为"商品信息表"的表格，创建表格后，选择表格内的任意单元格，则 Excel 将出现"表格工具 | 设计"选项卡，可以进行筛选表格列、添加汇总行、应用表格样式等操作，并且这些操作独立于该表格外部的数据。

使用 Excel 2010 创建表格有两种方式：以默认表格样式插入表格，或者通过套用预定义的表格样式快速设置一组单元格的格式，并将其转换为表格。

采用默认表格样式插入表格的方法，为商品分类信息建立表格的具体操作如下。

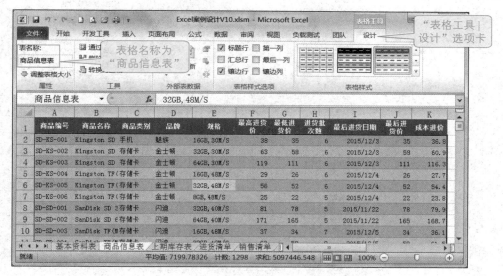

图 6-19 "商品信息表"表格

① 选择要包括在表格中的数据区域。这些单元格可以为空，也可以包含数据。本例中选择"基本资料表"工作表中的 A1:B9 单元格区域。

② 在"插入"选项卡上的"表格"组中，选择"表格"命令，打开"创建表"对话框。

③ 在"创建表"对话框中，如果选择的区域包含要显示为表格标题的数据，则选中"表包含标题"复选框，如图 6-20 所示。如果未选中"表包含标题"复选框，则表格标题将显示默认名称，默认名称可以根据实际情况修改。

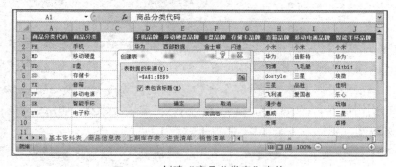

图 6-20 创建"商品分类表"表格

④ 单击"确定"按钮，即完成了表格的创建。新建的表格有一个默认的名字，例如"表 1"或"表 2"，可以在"表格工具 | 设计"选项卡的"属性"组或者在"名称管理器"中为表格重新命名。本例中，表格的名字重命名为"商品分类表"。

⑤ 如果不再需要以表格的形式处理这些数据，可以利用"表格工具 | 设计"选项卡的"工具"组中的"转换为区域"功能将该表格转换为常规数据区域。

另外一种快速创建表格的方法为：选择要包括在表格中的单元格区域；选择"开始"选项卡中的"样式"功能组，单击"套用表格格式"按钮；在"浅色"、"中等深浅"和"深色"选项下，选择任一种预先定义的表格样式，如图 6-21 所示，打开"套用表格式"对话框，如图 6-22 所示；在"套用表格式"对话框中，如果选择的区域包含了要显示为表格标题的数据，则选中"表包含标题"复选框；单击"确定"按钮，即完成了表格的创建。

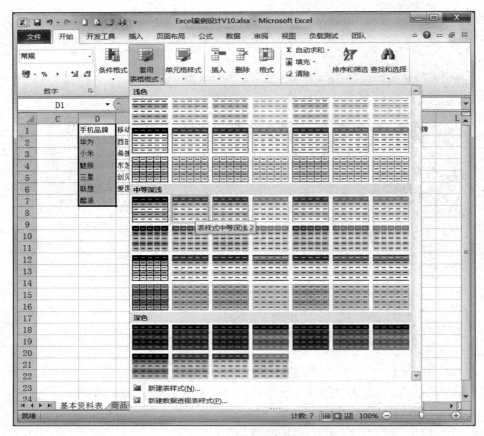

图 6-21　快速创建表格

　　用类似的方法可以为手机品牌、移动硬盘品牌等各商品分类的品牌信息建立表格。然后以表格相应的列重新设置名称的引用位置。例如,在图 6-23 中,对"商品分类表"的"商品分类"列重新定义名称为"商品分类",设置其引用位置为公式"= 商品分类表 [ 商品分类 ]",或单击引用位置文本框右侧带红色箭头的区域选择按钮🔳,切换到"基本资料表",直接选择 B2:B9 单元格区域。

图 6-22　"套用表格式"对话框

图 6-23　基于表格列定义名称

　　用表格列设置名称的引用位置后,再用此名称设置"数据有效性"的序列来源,则可创建列表项动态变化的下拉列表,这对于工作簿的长期使用和维护是非常必要的。如图 6-24 所示,在手机品牌列增加品牌"Apple iPhone",在"商品信息表"的 C2 单元格选择类别“手机”之后，D2 单元格中的下拉列表中随即自动增加了“Apple iPhone”列表项，如图 6-25 所示。

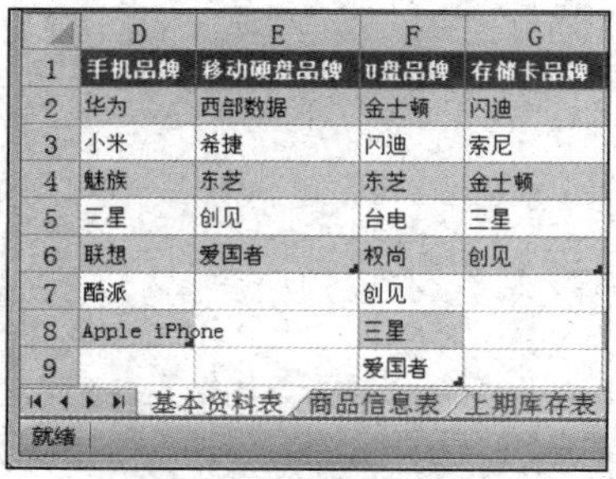

| | D | E | F | G |
|---|---|---|---|---|
| 1 | 手机品牌 | 移动硬盘品牌 | U盘品牌 | 存储卡品牌 |
| 2 | 华为 | 西部数据 | 金士顿 | 闪迪 |
| 3 | 小米 | 希捷 | 闪迪 | 索尼 |
| 4 | 魅族 | 东芝 | 东芝 | 金士顿 |
| 5 | 三星 | 创见 | 台电 | 三星 |
| 6 | 联想 | 爱国者 | 权尚 | 创见 |
| 7 | 酷派 | | 创见 | |
| 8 | Apple iPhone | | 三星 | |
| 9 | | | 爱国者 | |



图 6-24　增加手机品牌

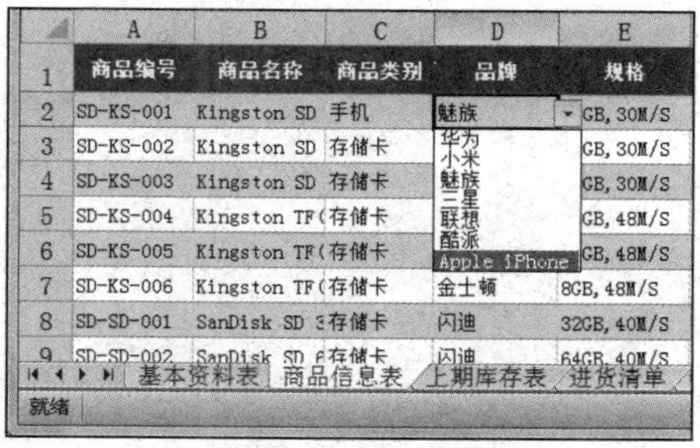

| | A | B | C | D | E |
|---|---|---|---|---|---|
| 1 | 商品编号 | 商品名称 | 商品类别 | 品牌 | 规格 |
| 2 | SD-KS-001 | Kingston SD | 手机 | 魅族 | GB, 30M/S |
| 3 | SD-KS-002 | Kingston SD | 存储卡 | | GB, 30M/S |
| 4 | SD-KS-003 | Kingston SD | 存储卡 | | GB, 30M/S |
| 5 | SD-KS-004 | Kingston TF( | 存储卡 | | GB, 48M/S |
| 6 | SD-KS-005 | Kingston TF( | 存储卡 | | GB, 48M/S |
| 7 | SD-KS-006 | Kingston TF( | 存储卡 | 金士顿 | 8GB, 48M/S |
| 8 | SD-SD-001 | SanDisk SD 3 | 存储卡 | 闪迪 | 32GB, 40M/S |
| 9 | SD-SD-002 | SanDisk SD 6 | 存储卡 | 闪迪 | 64GB, 40M/S |



图 6-25　下拉列表的内容动态更新

**【注意】**

使用表格功能时，最好在每张工作表上只建立并使用一张表格。应当避免在一张工作表上建立多个表格，因为某些表格管理功能（如筛选等）只能在一张表格中使用。一旦建立好了表格，还可以继续在它所包含的单元格中输入数据。

使用表格还应当注意遵循下列准则。

① 在设计表格时，为每一列设置列标题，每一个列标题的名称必须是文本格式，并且唯一。

② 表格每一列的数据除列标题外应具有相同的数据类型。表格中不能随意放置空行和空列。

③ 如果在一张工作表中除了表格还有其他数据，表格与其他数据间至少要留出一个空列和一个空行，以便在执行排序、筛选或进行分类汇总等操作时检测和选定表格。

## 6.2.3 自定义有效性条件

在设置“数据有效性”时，利用下拉列表框和设定取值范围限定数据输入的方法并不能完全限制非法输入。例如，在“商品信息表”工作表中，商品的编号是唯一的，长度固定为 9 位，第 1 位和第 2 位是类别代码，第 4 位和第 5 位是品牌代码，最后 3 位是序号，第 3 位和第 6 位用短横线“-”分割三部分的值。在这种情况下，需要自定义有效性条件才能检查出非法输入，具体操作步骤如下。

① 选择要输入商品编号的单元格，如“商品信息表”中的 A2 单元格。

② 选择“数据”选项卡的“数据工具”功能组的“数据有效性”命令，打开“数据有效性”对话框。

③ 在“设置”选项卡中的“允许”下拉列表框中选择“自定义”选项，在“公式”文本框中直接输入“=AND(COUNTIF(A:A,A2) = 1, LEN(A2)=9)”，如图 6-26 所示。

④ 根据需要设置“输入信息”选项卡和“出错警告”选项卡。

经过设置该条件后，在输入和修改商品编号时，若长度不为 9 位或出现重复值，则会出现出错警告提示。更复杂地，还可以进一步验证商品编号中的类别代码和品牌代码，请读者自行思考并实践。

图 6-26 自定义有效性条件

 **知识链接 —— LEN 函数、COUNTIF 函数和 AND 函数**

### 1. LEN 函数

**功能**

返回文本字符串中的字符数。

**语法**

LEN(text)

**参数**

text：要查找其长度的文本。空格将作为字符进行计数。

**示例**

如果 A2 单元格中存放了字符串 SD-KS-001，则 LEN(A2) 的值为 9。

### 2. COUNTIF 函数

**功能**

对区域中满足指定条件的单元格进行计数。例如，可以对以某一字母开头的所有单元格进行计数，也可以对大于或小于某一指定数字的所有单元格进行计数。

**语法**

COUNTIF(range,criteria)

**参数**

range：要对其进行计数的一个或多个单元格。

criteria：计数条件。用于定义将对哪些单元格进行计数的数字、表达式、单元格引用或文本字符串。例如，条件可以表示为 32、">32"、B4、" 苹果 " 或 "32"。

在条件中可以使用通配符，即问号（?）和星号（*）。问号匹配任意单个字符，星号匹配任意一系列字符。此外，条件不区分大小写。例如，字符串"apples"和字符串"APPLES"将匹配相同的单元格。

**示例**

如果 A2:A5 单元格区域分别存放了商品编号 {"SD-KS-001", "SD-KS-002", "SD-KS-001", "SD-KS-001"}，则 COUNTIF(A2:A5, "SD-KS-001") 的值是 3。

### 3. AND 函数

**功能**

逻辑函数。所有参数的计算结果为 TRUE 时，返回 TRUE；只要有一个参数的计算结果为 FALSE，即返回 FALSE。

**语法**

AND(logical1, [logical2], ...)

**参数**

logical1：要检验的第 1 个条件，其计算结果可以为 TRUE 或 FALSE。

logical2, ...：要检验的其他条件，其计算结果可以为 TRUE 或 FALSE，最多可包含 255 个条件。

**示例**

如果 A2:A5 单元格区域分别存放了 {2, 3, 4, 5}，则 AND(A2<A3,A3>A4) 的值是 FALSE，AND(A2<A3,A3<A4) 的值是 TURE。

# 6.3 数据的导入

在使用 Excel 整理数据的过程中，有时需要从网上收集资料。如果我们从网上收集的数据是直接可以使用的 Excel 工作表或者 Word 表格，那就省事多了，但如果这些数据是网页格式，而我们又想在 Excel 中处理相关数据，这时最好的办法是将其导入 Excel 中。例如，小孟及其团队需要获取某个网页上发布的最新的移动硬盘和其他电子产品的报价，然后据此调整店铺产品的售价。此时，如果还是以手工方式逐个录入数据，显然十分烦琐且效率低下，同时还大大降低了数据的准确性。Excel 提供了从 Internet 网页、文本文件、Word 表格、Access 数据库等多种不同外部数据源导入数据的方法，提高了数据录入和整理的效率和准确性。

## 6.3.1 导入网页数据

如果 Internet 网页上的数据是以表格形式组织和显示的，则可以使用 Excel 的"获取外部数据"功能将其导入到 Excel 中。导入的数据最好先存放到一个单独的空白工作表中，以便于编辑和整理。下面的例子介绍了从中关村在线网站导入"热门移动硬盘排行榜"，以便收集热门移动硬盘的参考报价，具体操作步骤如下。

① 连接 Internet 网络，确保能访问中关村在线网站的 ZOL 排行榜；也可以找到相应的网页，下载为离线形式的网页后导入。

② 新建一个空白工作表，选择"数据"选项卡中的"获取外部数据"组的"自网站"命令，打开"新建 Web 查询"对话框，如图 6-27 所示。

③ 在"新建 Web 查询"对话框的"地址"栏中输入要导入数据的 Internet 网页的网络地址（在使用网络浏览器打开相应的网页后，浏览器的地址栏中即显示了相应网页的网络地址，可以直接拷贝并粘贴），地址输入后，单击右侧的"转到"按钮，这时系统会显

示完整的 Internet 网页，如图 6-27 所示。

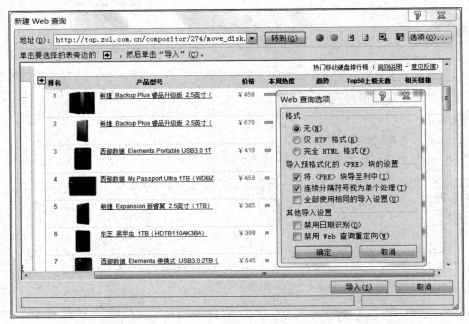

图 6-27 从 Internet 网页导入数据

④ 在导入数据之前还可以进行一些相关设置。单击右上角的"选项 ..."按钮，打开"Web 查询选项"对话框，在此对话框中可以根据实际需要进行相关设置，本例中使用默认设置，然后单击"确定"按钮。

⑤ 选择网页中要导入的数据，单击要导入数据左上角的右箭头按钮，在变成对号图标后，表示完成导入数据的选定。

图 6-28 "导入数据"对话框

⑥ 单击右下方的"导入"按钮，系统将弹出"导入数据"对话框，用于设置数据的存放位置，此例中选择默认位置，放置在"现有工作表"中，从 A1 开始存放，如图 6-28 所示。

⑦ 单击"确定"按钮，系统将网页中选定的数据导入到工作表中，结果如图 6-29 所示。

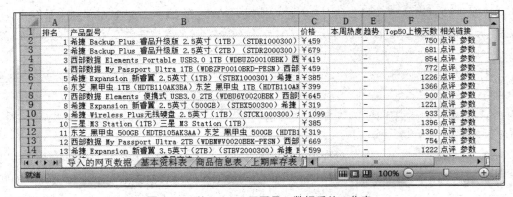

图 6-29 从 Internet 网页导入数据后的工作表

使用"新建 Web 查询"对话框中的功能还可以辅助导入 Word 文档中的表格数据。Word 文档中的表格不能直接导入 Excel 工作表中，不过用户可以采用"复制"和"粘贴"命令将 Word 文档中的表格复制到 Excel 工作表中。但如果文档中的表格较多，复制起来就会很不方便。此时，可以先将 Word 文档另存为一个本地的文件网页，然后再利用"新建 Web 查询"对话框中的选项功能导入网页数据，即可以实现一次导入 Word 文档中多个表格数据的目的。

## 6.3.2 更新工作表数据

导入网页数据到 Excel 之后，如果需要还可以根据网页内容更新 Excel 工作表中的数据，有以下 3 种方法可供用户选择。

方法 1：手动刷新数据

在 Excel 工作表窗口的"数据"选项卡中，选择"连接"功能组的"全部刷新"或"刷新"命令，或者选中导入的外部数据所在区域中的任意一个单元格，然后单击鼠标右键，在弹出的快捷菜单中选择"刷新"，即可通过网络更新为外部网页上的最新数据。

方法 2：定时刷新数据

在 Excel 工作表窗口的"数据"选项卡中，选择"连接"功能组的"属性"命令，打开"外部数据区域属性"对话框，在刷新控件区域中勾选"刷新频率"复选框，然后直接输入或通过调节按钮选择刷新的间隔时间，如图 6-30 所示，即可实现定时刷新数据的功能。

方法 3：打开工作簿时自动刷新

在图 6-30 的刷新控件区域中勾选"打开文件时刷新数据"复选框，即可实现打开工作簿时自动刷新数据的功能。

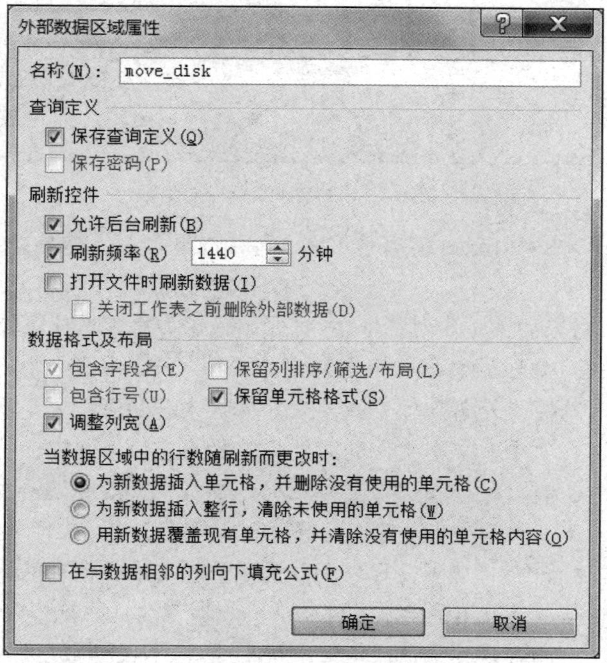

图 6-30 设置定时根据网页内容更新工作表数据

### 6.3.3 导入文本数据

在许多情况下，外部数据可以保存为文本格式文件（.TXT 文件）。在导入文本格式的数据之前，用户可以使用记事本等文本编辑器打开数据源文本文件进行查看，以便了解数据源的结构。一般来说，能与 Excel 交换数据的文本文件是带分隔符的文本文件，通常使用制表符或者逗号分割文本的每个字段。

有两种方法用于导入文本文件：直接打开文本文件，或者使用导入外部数据功能。假设详细的商品信息保存在文本文件"商品信息表 .txt"中，以使用导入外部数据的方式导入数据为例，具体操作如下。

① 新建一个空白工作表,选择"数据"选项卡中的"获取外部数据"组的"自文本"命令,打开"导入文本文件"对话框。

② 在"导入文本文件"对话框中,从"文件类型"下拉列表中选择"文本文件 (*.prn;*.txt;*.csv)", 在文件名输入框中输入需要导入的文件, 如图 6-31 所示。

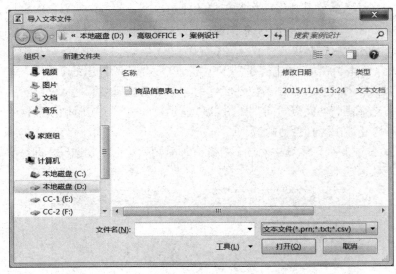

图 6-31　"导入文本文件"对话框

③ 单击"打开"按钮,Excel 将启动"文本导入向导",打开向导的第 1 步设置对话框,如图 6-32 所示。

④ 在文本导入向导的第 1 步对话框中,"原始数据类型"选项区域用于设置需要导入的数据之间的分隔符, 对原始数据可以按特定分隔符号或者固定宽度进行分隔。本例中,通过查看文本文件,选择"分隔符号"单选按钮;"导入起始行"用于设置文本数据中开始导入数据的起始行, 本例中, 文本文件的第 1 行放置的是数据列的标题,我们也需要将其导入, 因此, 使用默认值 "1";"文件原始格式"是文本文件的原始格式,本例中使用默认值。设置完成之后, 单击"下一步"按钮, 进入到向导第 2 步, 如图 6-33 所示。

⑤ 在向导的第 2 步中,"分隔符号"用于设置分隔文本数据列的具体符号。本例中使用默认值"Tab"键,用户可以根据文本文件中分割数据列的具体符号选择"分号"、"逗号"、"空格"或者其他特殊分隔符号,例如"#"等。单击"下一步"按钮,进入到向导第 3 步,如图 6-34 所示。

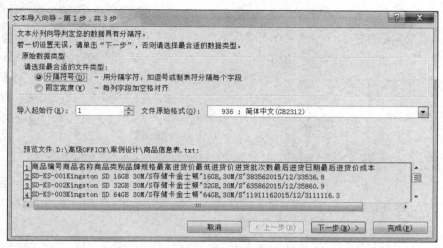

图 6-32 "文本导入向导 - 第 1 步"对话框

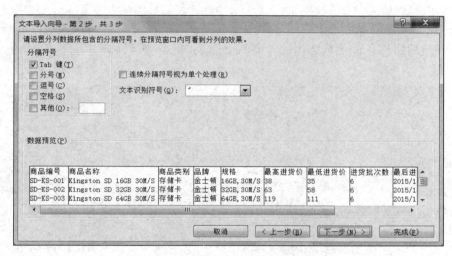

图 6-33 "文本导入向导 - 第 2 步"对话框

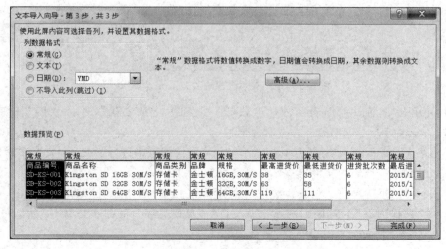

图 6-34 "文本导入向导 - 第 3 步"对话框

⑥ 在向导的第 3 步中，可以预览数据导入以后的显示效果，还可以单独选择每一列的数据，设置其数据格式，如"常规"、"文本"、"日期"等，还可以选择"不导入此列"，跳过此列数据的导入。本例选择使用默认值"常规"，"常规"数据格式会自动将数值识别为数字，日期值转换成日期，其余数据则转换成文本。单击"完成"按钮，系统将弹出"导入数据"对话框，用于设置数据的放置位置。本例选择"现有工作表"，从 A1 开始存放，如图 6-35 所示。

图 6-35 "导入数据"对话框

⑦ 单击"确定"按钮，系统将文本文件中的数据导入到了 Excel 中指定的位置。

## 6.3.4 导入 Access 数据库数据

Excel 提供了直接导入常见数据库文件的功能，可以方便地从数据库文件中获取数据。常见的数据库文件包括 Access 文件、Dbase 文件、SQL Server 文件等。假设要导入 Microsoft Access 数据库"销售管理系统 .accdb"中的商品资料明细到 Excel 工作表，这些商品资料的明细存放在数据库的"商品信息表"中，如图 6-36 所示，具体操作步骤如下。

图 6-36 包含商品信息表的 Access 数据库

① 新建一个空白工作表，选择"数据"选项卡中的"获取外部数据"组的"自 Access"命令，打开"选取数据源"对话框。

② 在"选取数据源"对话框中，从"文件类型"下拉列表中选择"Access 数据库 (*.mdb;*.mde;*.accdb,*.accde)"，在文件名输入框中选取需要导入的 Access 数据库，例如"销售管理系统 .accdb"，然后单击"打开"按钮，系统弹出"选择表格"对话框。

③ 在"选择表格"对话框中选择要导入的"商品信息表"，如图 6-37 所示，然后单击"确定"按钮，系统将弹出"导入数据"对话框。

图 6-37　选择要导入的 Access 数据表

④ 在"导入数据"对话框中，设置需要导入的 Access 数据表在工作簿中的显示方式和数据的放置位置。本例中显示方式选择"表"，数据的放置位置选择"现有工作表"，从 A1 存放，如图 6-38 所示。

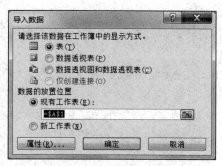

图 6-38　"导入数据"对话框

⑤ 单击"确定"按钮，系统将从外部数据库中查询到的数据导入到 Excel 指定的位置。

# 第 7 章　数据的计算

通过前面的学习和实践，小孟及其团队成员在老师的指导下已经将部分原始数据录入到 Excel 工作表中并进行了整理，主要包括基本资料表、商品信息表和上期库存表，接下来还需要进一步输入并构造进货清单、销售清单、库存清单、销售统计等主要数据工作表。

小孟在使用 Excel 进行数据处理时发现，有一些数据，如商品编号，必须是"基本资料表"中已有的商品编号，并且名称、类别、品牌等信息必须与"商品信息表"中的相应信息一致。还有一些数据是通过现有的数据计算出来的，例如，商品的成本进价、期末库存、库存金额、成本金额、利润金额、利润率等。这就需要使用 Excel 的公式与函数功能。

Excel 的公式与函数提供了强大的计算功能，除了加、减、乘、除四则运算外，还提供了财务、金融、统计等方面的复杂数据计算。在本实例中，小孟团队将利用 Excel 提供的公式与函数完成以下任务。

- 任务一：在进货清单工作表中，根据进货价格和数量计算金额，在销售清单中，根据销售价格和数量计算金额。
- 任务二：输入并构造进货清单、销售清单、库存清单、销售统计四个工作表，其中的商品编号、名称、商品类别、品牌、规格等信息必须与"商品信息表"中的相应信息一致。
- 任务三：在商品信息表中，根据进货清单（和上期库存表）计算成本进价、最高进货价、最低进货价、进货批次数、最后进货日期和最后进货价。
- 任务四：在库存清单工作表中，根据进货清单计算进货数量，根据销售清单计算销售数量，然后结合上期库存表计算期末库存，结合成本进价，计算库存金额。
- 任务五：在销售统计工作表中按统计的时间区间，根据销售清单计算销售数量和销售金额，然后结合成本进价计算成本金额，再计算出利润金额和利润率，最后按利润进行排名。

## 7.1　公式

Excel 公式的一般形式为"= 表达式"。其与数学中的表达式类似，由操作数和运算符组成，其中操作数可以是函数、单元格（区域）引用和常量。

### 1. 公式中的元素和运算符

Excel 公式中可以输入如下 5 种元素。

（1）运算符：包括算术、关系、文本、引用运算符。

（2）单元格引用：包括定义了名称的单元格（区域）的名称。

（3）值或字符串：如"5"或者"中国北京"等常量数据。

（4）函数及其参数：如"SUM(A1:A10)"。

（5）括号：使用括号可以改变公式中表达式的计算次序。

Excel 的运算符用于指定表达式中操作数执行计算的方式，包括如下 4 种。

（1）算术运算符：用于完成基本数学运算的运算符，如加、减、乘、除等。

（2）比较运算符：用于比较两个数值大小关系的运算符，如大于、小于等。比较运算的结果是逻辑值"TRUE"或者"FALSE"。

（3）文本连接运算符：主要是连字符 &，用于连接两个文本字符串以产生一串文本。

（4）引用运算符：用于对单元格区域的运算。

在 Excel 2010 中，各种运算符的含义如表 7-1 所示。

表 7-1　Excel 2010 中的运算符

| | 运算符 | 含　义 | 示　例 |
|---|---|---|---|
| 算术运算符 | + | 加法 | 3+3 |
| | － | 减法 | 3－1 |
| | | 负数 | －1 |
| | * | 乘法 | 3*3 |
| | / | 除法 | 3/4 |
| | % | 百分比 | 20% |
| | ^ | 乘方 | 3^2 |
| 比较运算符 | = | 等于 | A1=B1 |
| | > | 大于 | A1>B1 |
| | < | 小于 | A1<B1 |
| | >= | 大于或等于 | A1>=B1 |
| | <= | 小于或等于 | A1<=B1 |
| | <> | 不等于 | A1<>B1 |
| 文本连接运算符 | & | 将两个值连接（或串连）起来产生一个连续的文本值 | "North"&"wind"（结果为 "Northwind"） |
| 引用运算符 | : | 区域运算符。运算符两边单元格作为对角线顶点的矩形区域所包含的单元格集合 | B5:C15 |
| | , | 联合运算符。将多个引用合并为一个引用 | SUM(B5:C15,D5:D15) |
| | （空格） | 交叉运算符。生成一个同时隶属于两个引用的单元格集合 | B7:C15 C6:C8（结果为 C7 和 C8） |

在公式中，每个运算符都有一个优先级。对于不同优先级的运算，按照从高到低的优先级顺序进行计算；对于同一优先级的运算，则按照从左至右的顺序进行计算。表 7-2 按优先级从高到低列出了 Excel 2010 中的运算符的优先级。

表 7-2　Excel 2010 中的运算符优先级

| 运　算　符 | 说　　明 |
|---|---|
| : | 区域运算符 |
| （空格） | 交叉运算符 |
| , | 联合运算符 |
| – | 负数（如 –1） |
| % | 百分比 |
| ^ | 乘方 |
| * 和 / | 乘和除 |
| + 和 – | 加和减 |
| & | 连接两个文本字符串（串联） |
| =、<、>、<=、>=、<> | 比较运算符 |

## 2. 使用公式

这一部分介绍使用公式完成本章列出的任务一：计算进货清单和销售清单中的金额。以计算进货清单中的金额为例，如图 7-1 所示，具体操作如下。

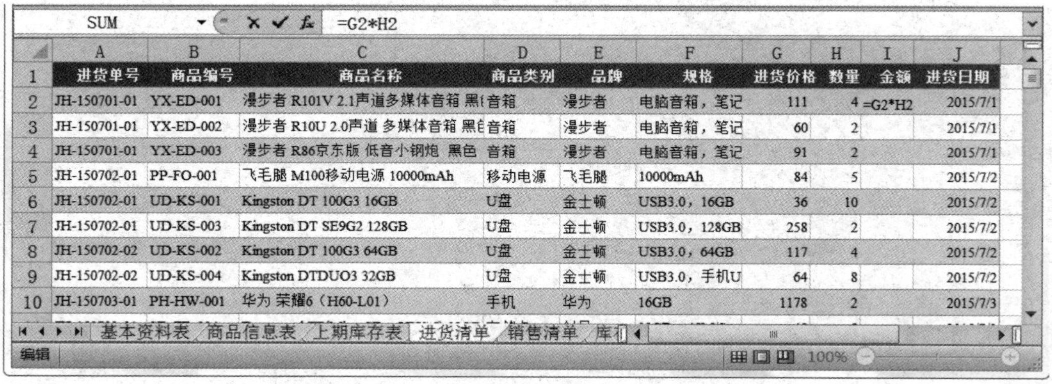
SUM　=G2*H2

| | A | B | C | D | E | F | G | H | I | J |
|---|---|---|---|---|---|---|---|---|---|---|
| 1 | 进货单号 | 商品编号 | 商品名称 | 商品类别 | 品牌 | 规格 | 进货价格 | 数量 | 金额 | 进货日期 |
| 2 | JH-150701-01 | YX-ED-001 | 漫步者 R101V 2.1声道多媒体音箱 黑( | 音箱 | 漫步者 | 电脑音箱，笔记 | 111 | 4 | =G2*H2 | 2015/7/1 |
| 3 | JH-150701-01 | YX-ED-002 | 漫步者 R10U 2.0声道 多媒体音箱 黑( | 音箱 | 漫步者 | 电脑音箱，笔记 | 60 | 2 | | 2015/7/1 |
| 4 | JH-150701-01 | YX-ED-003 | 漫步者 R86京东版 低音小钢炮 黑色 | 音箱 | 漫步者 | 电脑音箱，笔记 | 91 | 2 | | 2015/7/1 |
| 5 | JH-150702-01 | PP-FO-001 | 飞毛腿 M100移动电源 10000mAh | 移动电源 | 飞毛腿 | 10000mAh | 84 | 5 | | 2015/7/2 |
| 6 | JH-150702-01 | UD-KS-001 | Kingston DT 100G3 16GB | U盘 | 金士顿 | USB3.0，16GB | 36 | 10 | | 2015/7/2 |
| 7 | JH-150702-01 | UD-KS-003 | Kingston DT SE9G2 128GB | U盘 | 金士顿 | USB3.0，128GB | 258 | 2 | | 2015/7/2 |
| 8 | JH-150702-02 | UD-KS-002 | Kingston DT 100G3 64GB | U盘 | 金士顿 | USB3.0，64GB | 117 | 4 | | 2015/7/2 |
| 9 | JH-150702-02 | UD-KS-004 | Kingston DTDUO3 32GB | U盘 | 金士顿 | USB3.0，手机U | 64 | 8 | | 2015/7/2 |
| 10 | JH-150703-01 | PH-HW-001 | 华为 荣耀6（H60-L01） | 手机 | 华为 | 16GB | 1178 | 2 | | 2015/7/3 |

基本资料表 / 商品信息表 / 上期库存表 / 进货清单 / 销售清单 / 库 ……　编辑　100%

图 7-1　使用公式计算“金额”

① 选择要计算金额的单元格，如 I2。

② 在公式编辑栏中输入公式“=G2*H2”。或者输入“=”之后，用鼠标选择 G2 单元格，此时公式编辑栏自动输入了“G2”，接着手工输入“*”，再用鼠标选择 H2 单元格，此时公式编辑栏自动输入了“H2”，完成了公式的输入。（注意，如果为进货清单建立了表格，鼠标自动选择后显示的单元格是其名称：[@ 进货价格 ] 和 [@ 数量 ]，“@”表示本行的意思。）

③ 完成公式的输入之后，直接按回车键，即完成了第一条进货信息的金额计算。

④ 对于其他商品的金额计算，用户只需要使用“填充柄”复制 I2 单元格中的公式即可。例如，复制公式后，I3 单元格的公式内容为“=G3*H3”，I4 单元格的公式内容为

"=G4*H4"……

注意，如果是表格，则会自动创建表格列公式。如果为表格中同一列创建了相同的公式，则在按回车键后会完成该表格列中所有单元格的计算。

Excel 公式的价值不只是计算，而是构建计算模型，复制公式就是复制计算模型，当公式所在位置发生变化时，公式中的相对引用会随之发生变化，从而对不同的数据对象应用相同的计算模型进行计算。使用公式来处理数据的优越性在于，当公式中引用的单元格的数据发生变化时，系统将会重新计算，自动更新与之关联的单元格中的数据。

# 7.2 函数

Excel 2010 中的函数，其本质上是系统为了解决某些通过简单公式运算不能处理的复杂问题而预先编写的特殊公式，由一个具有唯一特性的函数名称和一组按特定顺序和结构组织的称为参数的特定数值组成，其一般形式为"函数名 ([ 参数 1[, 参数 2[,…]]])"。函数对一个或多个参数值执行运算，并返回一个或多个结果值。

Excel 2010 提供了丰富的函数功能，包括常用函数、财务函数、时间与日期函数、统计函数、查找和引用函数等，直接使用它们可以帮助用户对某个区域内的数据进行一系列的运算，如计算最大值，计算满足特定条件的数据值之和，获取特定数据在一系列数据中的排位值，查找满足特定条件的数据在一系列数据中的位置，获取日期数据中的月份信息和运算文本数据等。

下面针对本实例需要完成的任务，介绍一些常用函数的使用方法。

## 7.2.1 查找与引用函数

VLOOKUP 函数是一个查找与引用函数，可以在某个单元格区域的最左列中搜索特定值，然后返回该区域相同行上某个单元格中的值。例如，假设区域 A2:E10 中包含商品列表，商品编号存储在该区域的第一列，如图 7-2 所示。

| | A | B | C | D | E |
|---|---|---|---|---|---|
| 1 | 商品编号 | 商品名称 | 商品类别 | 品牌 | 规格 |
| 2 | SD-KS-001 | Kingston SD | 手机 ▼ 族 | | 16GB, 30M/S |
| 3 | SD-KS-002 | Kingston SD | 存储卡 | 金士顿 | 32GB, 30M/S |
| 4 | SD-KS-003 | Kingston SD | 存储卡 | 金士顿 | 64GB, 30M/S |
| 5 | SD-KS-004 | Kingston TF | 存储卡 | 金士顿 | 16GB, 48M/S |
| 6 | SD-KS-005 | Kingston TF( | 存储卡 | 金士顿 | 32GB, 48M/S |
| 7 | SD-KS-006 | Kingston TF( | 存储卡 | 金士顿 | 8GB, 48M/S |
| 8 | SD-SD-001 | SanDisk SD 3 | 存储卡 | 闪迪 | 32GB, 40M/S |
| 9 | SD-SD-002 | SanDisk SD 6 | 存储卡 | 闪迪 | 64GB, 40M/S |
| 10 | SD-SD-003 | SanDisk TF(M | 存储卡 | 闪迪 | 16GB, 48M/S |

图 7-2　VLOOKUP 函数的查找区域

如果知道商品的编号，则可以使用 VLOOKUP 函数返回该商品的名称、商品类别、品牌或规格等信息。例如，若要获取编号为"SD-KS-003"的商品的名称，则可以使用公式

"=VLOOKUP（"SD-KS-003"，A2:E10,2,FALSE)"，该公式在区域 A2:E10 的最左列中搜索值 "SD-KS -003"，如果找到了，则返回该行中第二列的值作为查询结果值（即 "Kingston SD 64GB 30M/S"），否则为错误值。

VLOOKUP 中的 V 表示垂直方向。如果需要比较的值位于所需查找的数据的最上方（第一行），则可以使用 HLOOKUP 函数。

　知识链接 —— VLOOKUP 函数

**功能**
搜索某个单元格区域的第一列，然后返回该区域相同行上指定单元格中的值。

**语法**
VLOOKUP(lookup_value,table_array,col_index_num,[range_lookup])

**参数**
lookup_value：要在表格或区域的第一列中搜索的值。lookup_value 参数可以是值或引用。如果为 lookup_value 参数提供的值小于 table_array 参数第一列中的最小值，则 VLOOKUP 将返回错误值 #N/A。

table_array：包含数据的单元格区域。可以使用区域（如 A2:D8）或区域名称的引用。table_array 第一列中的值是由 lookup_value 搜索的值。这些值可以是文本、数字或逻辑值。文本不区分大小写。

col_index_num：table_array 参数中必须返回的匹配值的列号。col_index_num 参数为 1 时，返回 table_array 第一列中的值；col_index_num 为 2 时，返回 table_array 第二列中的值，以此类推。

range_lookup：一个逻辑值，指定 VLOOKUP 希望查找精确匹配值还是近似匹配值。

- 如果 range_lookup 为 TRUE 或被省略（必须按升序排列 table_array 第一列中的值），则返回精确匹配值或近似匹配值。如果找到了精确匹配值，则返回精确匹配值。如果找不到精确匹配值，则返回小于 lookup_value 的最大值。
- 如果 range_lookup 参数为 FALSE，VLOOKUP 将只查找精确匹配值。如果 table_array 的第一列中有两个或更多值与 lookup_value 匹配，则使用第一个找到的值。如果找不到精确匹配值，则返回错误值 #N/A。

可以利用 VLOOKUP 函数完成本章列出的任务二：构造进货清单、销售清单、库存清单、销售统计 4 个工作表。假设已经输入了商品的编号，则可以利用 VLOOKUP 函数在 "商品信息表" 中通过商品编号查找获得对应的名称、商品类别、品牌和规格。下面以进货清单工作表为例，使用 VLOOKUP 函数构造名称、商品类别、品牌和规格列的数据（注意，其他列的数据是原始数据，需要逐条手工录入），具体操作如下。

① 选择存放结果的单元格 C2。

② 在选择的单元格中使用 VLOOKUP 函数构造公式。输入公式有 2 种方法：直接在公式编辑栏或单元格中输入公式，或者使用 "插入函数" 功能。以使用 "插入函数" 构造公式为例，单击编辑栏左侧的 "插入函数" 按钮，打开 "插入函数" 对话框，如图 7-3 所示。

③ 在 "插入函数" 对话框中，搜索函数 VLOOKUP 并单击 "转到" 按钮，或者从 "或选择类别" 下拉列表框中选择 "查找与引用"，找到 VLOOKUP 函数并选中，单击 "确定" 按钮，打开 "函数参数" 对话框，如图 7-4 所示。

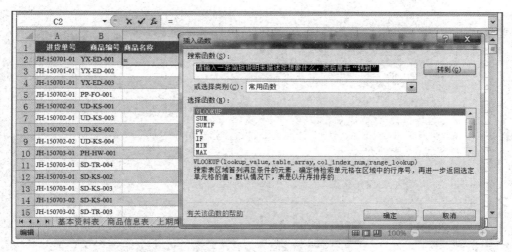

图 7-3　VLOOKUP 函数的应用

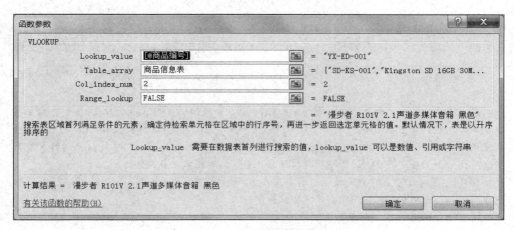

图 7-4　设置"函数参数"

④ 在"函数参数"对话框中，对 VLOOKUP 函数的参数进行设置，如图 7-4 所示。对于输入的参数，若是单元格区域，则可使用鼠标直接选择单元格区域来完成。例如，对于 Lookup_value 参数，可以直接选择单元格 B2（图 7-4 中显示的是"[@ 商品编号 ]"，我们为进货清单工作表的数据列表区域 A1:J645 也创建了表格，表格名为"进货清单"。假设在每一个工作表中都为其中的数据列表区域建立了名字相同的表格），也可以在文本框中直接进行单元格区域的输入。对于 Table_array 参数，可以在文本框中直接输入"商品信息表 !$A$2:$K$119"（如果对该单元格区域定义了名称，还可以直接输入名称。图 7-4 中使用了表格名称"商品信息表"，因为这里已经对"商品信息表"中的数据区域 A1:K119 创建了名称为"商品信息表"的表格）。对于那些简单的参数就直接进行输入，例如，对于 Col_index_num 参数，直接输入"2"，对于 Range_lookup 参数，直接输入"FALSE"，返回精确匹配值。在完成参数设置之后，单击"确定"按钮，即完成了 C2 单元格公式的输入，返回 C2 单元格，显示的是查找到的商品名称。

⑤ 使用"填充柄"复制 C2 单元格中公式，完成其他商品名称的计算，如图 7-5 所示。

| | C2 | ▼ | | $f_x$ | =VLOOKUP([@商品编号],商品信息表,2,FALSE) | | | | | |
|---|---|---|---|---|---|---|---|---|---|---|

| ▲ | A | B | C | D | E | F | G | H | I | J |
|---|---|---|---|---|---|---|---|---|---|---|
| 1 | 进货单号 | 商品编号 | 商品名称 | 商品类别 | 品牌 | 规格 | 进货价格 | 数量 | 金额 | 进货日期 |
| 2 | JH-150701-01 | YX-ED-001 | 漫步者 R101V 2.1声道多媒体音箱 黑色 | | | | 111 | 4 | 444 | 2015/7/1 |
| 3 | JH-150701-01 | YX-ED-002 | 漫步者 R10U 2.0声道 多媒体音箱 黑色 | | | | 60 | 2 | 120 | 2015/7/1 |
| 4 | JH-150701-01 | YX-ED-003 | 漫步者 R86京东版 低音小钢炮 黑色 | | | | 91 | 2 | 182 | 2015/7/1 |
| 5 | JH-150702-01 | PP-FO-001 | 飞毛腿 M100移动电源 10000mAh | | | | 84 | 5 | 420 | 2015/7/2 |
| 6 | JH-150702-01 | UD-KS-001 | Kingston DT 100G3 16GB | | | | 36 | 10 | 360 | 2015/7/2 |
| 7 | JH-150702-01 | UD-KS-003 | Kingston DT SE9G2 128GB | | | | 258 | 2 | 516 | 2015/7/2 |
| 8 | JH-150702-02 | UD-KS-002 | Kingston DT 100G3 64GB | | | | 117 | 4 | 468 | 2015/7/2 |
| 9 | JH-150702-02 | UD-KS-004 | Kingston DTDUO3 32GB | | | | 64 | 8 | 512 | 2015/7/2 |
| 10 | JH-150703-01 | PH-HW-001 | 华为 荣耀6 (H60-L01) | | | | 1178 | 2 | 2356 | 2015/7/3 |
| 11 | JH-150703-01 | SD-TR-004 | Transcend TF(MicroSD,UHS-I) 32GB 45M/S | | | | 45 | 5 | 225 | 2015/7/3 |
| 12 | JH-150703-01 | SD-KS-002 | Kingston SD 32GB 30M/S | | | | 63 | 2 | 126 | 2015/7/3 |
| 13 | JH-150703-01 | SD-KS-003 | Kingston SD 64GB 30M/S | | | | 119 | 1 | 119 | 2015/7/3 |
| 14 | JH-150703-02 | SD-KS-001 | Kingston SD 16GB 30M/S | | | | 38 | 8 | 304 | 2015/7/3 |
| 15 | JH-150703-02 | SD-TR-003 | Transcend TF(MicroSD,UHS-I) 16GB 45M/S | | | | 28 | 6 | 168 | 2015/7/3 |

基本资料表 ╱ 商品信息表 ╱ 上期库存表 ╲ 进货清单 ╱ 销售清单 ╱ 库

就绪　　　　　　　　　　　　　　　　　　　　　　　　100%

图 7-5　VLOOKUP 函数的执行结果

⑥ 按类似的方法使用 VLOOKUP 函数构造公式并进行填充，完成商品的类别、品牌和规格等信息的输入。在其他 3 个工作表（即销售清单、库存清单和销售统计）中的处理类似。

> **知识链接 —— 单元格的引用类型**
>
> 在上述操作④中，如果不小心将 Table_array 参数输入为"商品信息表 !A2:K119"，则第⑤步复制公式时就会出现问题。细心的读者会发现，将公式复制到 C3 单元格后，C3 单元格的公式变成了"=VLOOKUP(B3, 商品信息表 !A3:K120,2,FALSE)"，这将可能导致公式的计算结果错误。这是由于在设计公式计算模型时单元格的引用类型使用不当引起的。
>
> 在 6.2.2 节中曾提到了单元格的几种引用类型：相对引用、绝对引用、混合引用和三维引用，这些引用在公式的复制和使用中有着不同的作用。
>
> （1）相对引用
>
> Excel 一般使用相对地址引用单元格的位置。所谓相对地址，即总是以当前单元格位置为基准，当复制或移动公式时，公式中引用的单元格的地址随之发生变化。相对地址引用的表示形式是直接书写列字母和行号，如 C2、B3 等。
>
> 相对地址引用的变化规则是：按列向下、向上复制时，公式中引用单元格地址的行标自动逐列加 1、减 1；按行向右、向左复制时，公式中引用单元格地址的列标自动逐行加、减 1。
>
> 在上述实例中，C2 单元格公式中的"A2:K119"就是相对地址，因此，向下复制到 C3 单元格时，列方向没有变化，而行方向向下移动了一个单元格，因此地址中的列号不变，行号加 1，公式中相应地址变为"A3:K120"，以此类推。
>
> （2）绝对引用
>
> 当复制或移动公式时，如果公式中引用的单元格区域是固定的，或不想改变公式中引用的单元格地址，这时就需要使用绝对地址引用。绝对地址引用与公式所在单元格的位置无关，复制后不会随之变化而发生变化。若要实现绝对引用功能，则需要在单元格地址的行标和列标前加上"$"符号，如 $B$2、$A$3 等。
>
> 在上述实例中，"$A$2:$K$119"就是绝对地址，无论将公式复制到何处，其引用的单元格区域均为"A2:K119"。这在使用 VLOOKUP 进行查找和引用时是非常必要的，因为需要查找的区域往往是固定的。

（3）混合引用

混合引用是指公式中既有绝对引用又有相对引用，如"=A$1+B$1"。也就是将需要变化的部分使用相对引用方式，而不需要变化的部分则使用绝对引用方式。

（4）三维引用

如果要引用同一个工作簿中不同工作表的数据，则引用的单元格地址不仅要包含单元格或区域的引用，还要在单元格地址前面加上工作表信息，如"商品信息表！$A$2:$K$119"，表示引用"商品信息表"工作表的单元格区域"A2:K119"。如果要引用不同工作簿中的数据，则还应在被引用的工作表前面加上工作簿信息，例如"[销售管理系统]商品信息表！$A$2:$K$119"，表示引用工作簿"销售管理系统"中"商品信息表"工作表的单元格区域"A2:K119"。

在一个工作表中，可以利用查找与引用函数的功能按指定的条件对数据进行快速查询、选择和引用。除 VLOOKUP 函数外，常用的查找和引用函数还有 HLOOKUP 和 LOOKUP 等，以及具有相关功能的 INDIRECT、OFFSET、MATCH 等函数。

## 7.2.2 求和函数

### 1. SUM 函数

SUM 函数是最常用的求和函数，用于返回指定参数所对应的数值之和。其每个参数都可以是单元格引用、数组、常量、公式或另一个函数的结果。例如，SUM(A1:A5) 表示将单元格 A1 至 A5 中的所有数字相加。

以商品销售统计工作表为例，使用 SUM 函数对指定时间区间内的商品总销售量进行统计。只需要选择 E4 单元格，在其中输入公式"=SUM(E7:E124)"即可。用类似的方法还可以统计总销售金额、成本金额和利润金额。

如果为 A6:J124 单元格区域定义了表格，并且假设表格名称为"销售统计"，则在 E4 单元格中还可以输入公式"=SUM(销售统计[销售数量])"，使其可读性更强，如图 7-6 所示。

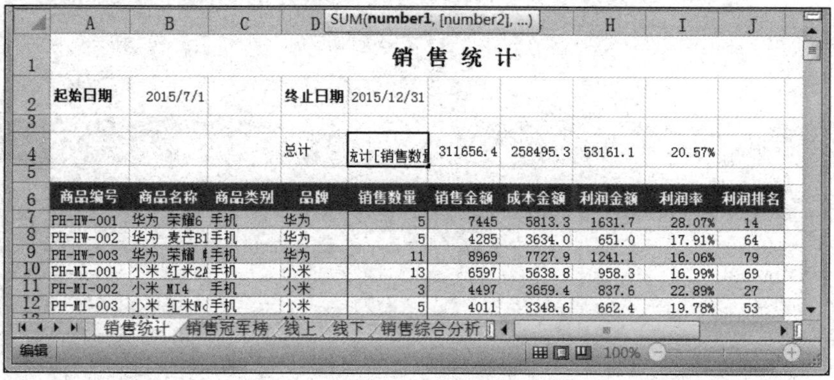

图 7-6　SUM 函数的执行结果

在 Excel 的函数中，还有两个类似 SUM 的求和函数：条件求和函数 SUMIF 和多条件求和函数 SUMIFS。本实例中也需要用到这两个函数来完成任务四和任务五中的部分内容。

### 2. SUMIF 函数

在库存清单工作表中，需要对进货清单的"进货数量"进行统计，而对于每一个商品，在进货清单中可能存在多个进货单数据，因此需要将进货清单的"商品编号"和库存清单的"商品编号"比对后求和，这就需要使用 SUMIF 函数。

SUMIF 函数用于对区域中符合指定条件的值求和。例如，假设在含有数字的 B2:B25 单元格区域中，需要对大于 5 的数值求和，则可以使用公式"=SUMIF(B2:B25,">5")"实现。

---

 **知识链接 —— SUMIF 函数**

**功能**

对单元格区域中符合指定条件的值求和。

**语法**

SUMIF(range,criteria,[sum_range])

**参数**

range：用于条件判断的单元格区域。

criteria：用于确定单元格求和的条件，其形式可以为数字、表达式、单元格引用、文本或函数。例如，条件可以表示为 32、">32"、B5、"32"、"苹果"或 TODAY() 等。

- 任何文本条件或任何含有逻辑或数学符号的条件都必须使用双引号括起来。如果条件为数字，则无须使用双引号。
- 在条件中可以使用通配符，即问号（?）和星号（*）。问号匹配任意单个字符，星号匹配任意一系列字符。若要查找实际的问号或星号，则要在该字符前输入波形符（~）。
- 条件不区分大小写。例如，字符串"apples"和字符串"APPLES"将匹配相同的单元格。

当后文介绍其他函数涉及到条件参数时，如无特殊说明，均与此相同。

sum_range：需要求和的实际单元格。如果省略，Excel 会对在 range 参数中指定的单元格（即满足 criteria 条件的单元格）求和。具体使用可参阅帮助。sum_range 不必与 range 的大小和形状相同。求和的实际单元格是通过使用 sum_range 中左上方的单元格作为起始单元格，然后加入与 range 的大小和形状相对应的单元格确定的，如表 7-3 所示。

表 7-3　需要求和的实际单元格

| 如果 range 是 | 且 sum_range 为 | 则计算的实际单元格为 |
| --- | --- | --- |
| A1:A5 | B1:B5 | B1:B5 |
| A1:A5 | B1:B3 | B1:B5 |
| A1:B4 | C1:D4 | C1:D4 |
| A1:B4 | C1:C2 | C1:D4 |

**示例**

若单元格区域 B2:B5={"John","James","Jack","John"}，则公式"=SUMIF(B2:B5, "John", C2:C5)"表示对单元格区域 C2:C5 中单元格 C2 和 C5 中的值求和。

---

以库存清单工作表为例，使用 SUMIF 函数按"商品编号"对进货清单的"进货数量"

进行统计。如图 7-7 所示，具体操作如下。

① 选择存放结果的单元格 F2。

② 在选择的单元格中使用 SUMIF 函数构造公式，在编辑栏输入公式：

=SUMIF( 进货清单 [ 商品编号 ],[@ 商品编号 ], 进货清单 [ 数量 ])

该公式的含义为：在"进货清单"表格中，对于"商品编号"等于本行商品编号（当前工作表的当前行，例如第 2 行的"PH-HW-001"）的那些"数量"求和，以此统计各商品的进货总量，如图 7-7 所示。

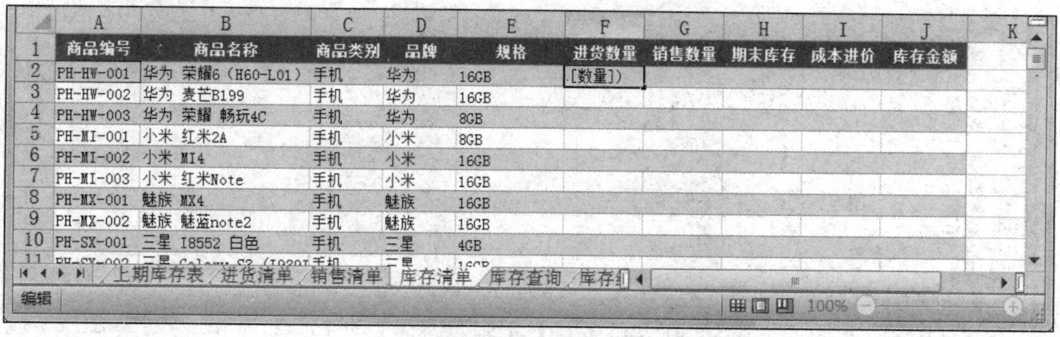

图 7-7　使用 SUMIF 函数

这里使用了表格列的引用，对进货清单工作表的数据区域建立了表格，表名是"进货清单"；对当前工作表库存清单的数据区域建立了表格，表格名称是"库存清单"。如果不使用表格列引用，则输入公式"=SUMIF( 进货清单 !B$2:B$645,A2, 进货清单 !H$2:H$645)"。建议使用表格形式，一则容易理解和书写，二则当增加进货信息时，表格会自动将其纳入，与之相应的统计信息会自动更新。后文中对公式的描述如果涉及到表格，则都将使用表格列引用的形式。为了便于理解，有些地方同时也给出了单元格引用的形式。

③ 输入公式后，直接按回车键，即完成了第一件商品的进货数量统计。

④ 对于其他商品，用户只需要使用"填充柄"复制 F2 单元格中的公式即可。

可以用类似的方法统计销售数量，在 G2 单元格中输入公式：

=SUMIF( 销售清单 [ 商品编号 ],[@ 商品编号 ], 销售清单 [ 数量 ])

然后复制公式完成其他商品的销售数量统计（注：需先对销售清单工作表的数据区域建立表格，表格的名称为"销售清单"）。

完成"进货数量"和"销售数量"的统计之后，结合上期末库存，即可计算出"期末库存"：

=VLOOKUP([@ 商品编号 ], 上期库存表, MATCH("期末库存", 上期库存表 [# 标题 ],0),FALSE) + [@ 进货数量 ]–[@ 销售数量 ]

计算"成本进价"的方法是：综合进货清单中的"金额"和"数量"，以及上期库存表中"库存金额"和"期末库存"，计算出一个综合成本进价。其公式为：

$$综合成本进价 = \frac{（商品在进货清单中的"金额"总和 + 上期库存中"库存金额"）}{（商品在进货清单中的"数量"总和 + 上期库存中"期末库存"）}$$

计算"成本进价"的公式模型为：

=(SUMIF( 进货清单 [ 商品编号 ],[@ 商品编号 ], 进货清单 [ 金额 ])+VLOOKUP([@ 商品编号 ], 上期库存表 ,7,FALSE))/(SUMIF( 进货清单 [ 商品编号 ],[@ 商品编号 ], 进货清单 [ 数

量 ])+VLOOKUP([@ 商品编号 ], 上期库存表 ,5,FALSE))

然后结合"成本进价",即可计算出"库存金额",计算"库存金额"的公式模型为：

=[@ 期末库存 ]*[@ 成本进价 ]

至此，便完成了"库存清单"工作表（或表格）的构建，如图 7-8 所示。如果均已经为各数据区域建立了表格，则"库存清单"工作表（或表格）随其他表格数据行的增加、删除、修改而自动更新（注：最好不要随意改动表格标题名称和顺序）。

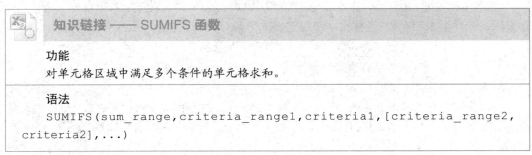

图 7-8 "库存清单"工作表

在计算"期末库存"时，用到了 MATCH 函数，MATCH 函数是一个查找函数。MATCH 函数在单元格区域中搜索指定项，然后返回该项在单元格区域中的相对位置。例如，如果单元格区域 A1:A3 包含值 5、25 和 38，则公式"=MATCH(25,A1:A3,0)"会返回数字 2，因为值 25 是单元格区域中的第 2 项。在计算"期末库存"时，MATCH(" 期末库存 ", 上期库存表 [# 标题 ],0) 用于获取列标题"期末库存"在"上期库存表 [# 标题 ]"行中的位置，作为 VLOOKUP 函数的第 3 个参数，为需要返回的匹配值的列号。

3．SUMIFS 函数

如果要在销售统计工作表中按时间区间对各商品的销售情况进行统计，则可使用多条件求和函数 SUMIFS。在这里，包括两个条件：一是统计的时间区间；二是对同一个商品，销售清单中也可能存在多个销售记录，需要比对销售清单的"商品编号"和销售统计表的"商品编号"后求和。

多条件求和函数 SUMIFS 实现对区域中满足多个条件的单元格求和。例如，如果需要对区域 A1:A20 中符合条件"B1:B20 中的相应数值大于 0 且 C1:C20 中的相应数值小于 10"的单元格的值求和，则可以使用以下公式：

=SUMIFS(A1:A20, B1:B20, ">0", C1:C20, "<10")

---

**知识链接 —— SUMIFS 函数**

**功能**
对单元格区域中满足多个条件的单元格求和。

**语法**
```
SUMIFS(sum_range,criteria_range1,criteria1,[criteria_range2,
criteria2],...)
```

**参数**

sum_range：为需要求和的单元格（或单元格区域，或名称形式的引用）。

criteria_range1：用于条件判断的单元格区域。

criteria1：用于 criteria_range1 的判断条件，同 SUMIF 中的 criteria。

criteria_range2, criteria2, …：附加的区域及其关联判断条件。最多允许 127 个区域 / 条件对。

**示例**

如果需要对区域 A1:A20 中符合条件"B1:B20 中的相应数值大于 0 且 C1:C20 中的相应数值小于 10"的单元格的值求和，则可以使用以下公式：

=SUMIFS(A1:A20, B1:B20, ">0", C1:C20, "<10")

SUMIFS 函数对每一行计算多个条件，只有同时满足了多个条件的那些单元格（参数 sum_range 指定求和区域）才会被纳入求和。

如果要对销售统计工作表中各商品的销售情况按时间区间进行统计，如图 7-9 所示，则需要在 B2 单元格输入起始日期，在 E2 单元格输入终止日期，统计由 B2 和 E2 单元格确定的时间区间内的各商品的销售情况，具体步骤如下。

① 选择需要计算"销售数量"的单元格，如 E7，如图 7-9 所示。

② 在公式编辑栏中输入公式：

=SUMIFS( 销售清单 [ 数量 ], 销售清单 [ 商品编号 ],[@ 商品编号 ], 销售清单 [ 销售日期 ],">=" & $B$2, 销售清单 [ 销售日期 ],"<=" & $E$2)

该公式的求和区域是"销售清单"表格"数量"列，包含了 3 个条件：

- 销售清单 [ 商品编号 ] = [@ 商品编号 ]

即"销售清单"表格中"商品编号"等于本行商品编号（[@ 商品编号 ] 指当前工作表的当前行（第 7 行）的商品编号"PH-HW-001"）。

- 销售清单 [ 销售日期 ] >= B2

即"销售清单"表格中"销售日期"大于等于 B2 单元格，也就是起始日期。

- 销售清单 [ 销售日期 ] <= E2

即"销售清单"表格中"销售日期"小于等于 E2 单元格，也就是终止日期。

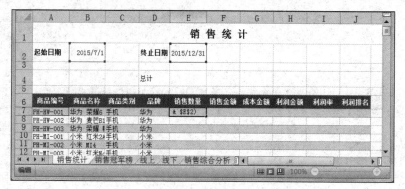

图 7-9　使用 SUMIFS 函数

注意，这里使用了表格列的引用，如果不使用表格列引用，则需要输入公式：

=SUMIFS( 销售清单 !$G$2:$G$1421, 销售清单 !$B$2:$B$1421,A7,

销售清单 !$J$2:$J$1421,">="& $B$2, 销售清单 !$J$2:$J$1421,"<=" & $E$2)

③ 输入公式后,直接按回车键,即完成了第一件商品的销售数量统计。

④ 对于其他商品,用户只需使用"填充柄"复制 E7 单元格中的公式即可。

用类似的方法统计销售金额,在 F7 单元格中输入公式:

=SUMIFS( 销售清单 [ 金额 ], 销售清单 [ 商品编号 ],[@ 商品编号 ], 销售清单 [ 销售日期 ],">=" & $B$2, 销售清单 [ 销售日期 ],"<=" & $E$2)

然后复制公式完成其他商品的销售金额统计。

完成"销售数量"和"销售金额"的统计之后,结合"库存清单"表格中的"成本进价",即可计算出成本金额,计算"成本金额"的公式模型为:

=VLOOKUP([@ 商品编号 ], 库存清单 , MATCH(" 成本进价 ", 库存清单 [# 标题 ],0), FALSE) * [@ 销售数量 ]

然后根据"销售金额"和"成本金额",可以计算出"利润金额",计算"利润金额"的公式模型为:

=[@ 销售金额 ]–[@ 成本金额 ]

根据"利润金额"和"成本金额",可以计算出"利润率",计算"利润率"的公式模型为:

=[@ 利润金额 ]/IF([@ 成本金额 ]=0,1,[@ 成本金额 ])

此处,需要考虑"成本金额"为 0 的情形,因为统计的时间区间内存在商品没有销售记录的情形。这里 IF 函数是一个条件函数,"IF([@ 成本金额 ]=0,1,[@ 成本金额 ])"表示当"成本金额"为 0 时,返回 1 作为分母,否则返回 [@ 成本金额 ] 作为分母。

---

 **知识链接 —— IF 函数**

**功能**

如果指定条件的计算结果为 TRUE, IF 函数将返回某个值;如果该条件的计算结果为 FALSE,则返回另一个值。

**语法**

IF(logical_test,[value_if_true],[value_if_false])

**参数**

logical_test:计算结果可能为 TRUE 或 FALSE 的任意值或表达式。如 A10=100,当单元格 A10 中的值等于 100 时,表达式的计算结果为 TRUE;否则为 FALSE。此参数可使用任何比较运算符。

value_if_true:logical_test 参数的计算结果为 TRUE 时所要返回的值。如果 logical_test 的计算结果为 TRUE,并且省略 value_if_true 参数(即 logical_test 参数后仅跟一个逗号),IF 函数将返回 0。若要显示单词 TRUE,则需要对 value_if_true 参数使用逻辑值 TRUE。

value_if_false:logical_test 参数的计算结果为 FALSE 时所要返回的值。如果 logical_test 的计算结果为 FALSE,并且省略 value_if_false 参数的值(即在 IF 函数中 value_if_true 参数后没有逗号),则 IF 函数返回值 FALSE。

**示例**

如果 A1 大于 10,公式 =IF(A1>10," 大于 10"," 不大于 10") 将返回"大于 10",否则返回"不大于 10"。

至此，基本上完成了"销售统计"工作表的构建，当修改需要统计的时间区间 B2 和 E2 的数值时，"销售统计"表格的内容也会随之自动更新，如图 7-10 所示。如果均已经为其他各数据区域建立了表格，则"销售统计"工作表随其他表格数据行的增加、删除、修改而自动更新。

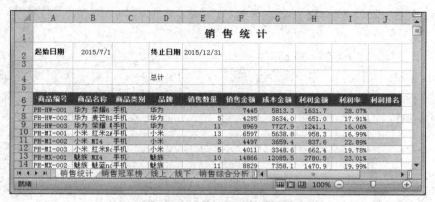

图 7-10　"销售统计"工作表

## 7.2.3 统计函数

Excel 2010 在数据统计方面提供了非常丰富的函数，利用这些函数可以完成大多数日常数据的统计任务。

### 1. RANK.EQ 函数

在"销售统计"工作表中，需要对商品按利润金额进行排名，这可以使用 RANK.EQ 函数来完成。RANK.EQ 函数的功能是返回一个数值在一组数值中的排位，如果多个值具有相同的排位，则返回该组数值的最高排位。

---

 **知识链接 —— RANK.EQ 函数**

**功能**

返回一个数值在数值列表中的排位，其大小与列表中的其他值相关。如果多个值具有相同的排位，则返回该组数值的最高排位。如果要对列表进行排序，则数值排位可作为其位置。

**语法**

RANK.EQ(number,ref,[order])

**参数**

number：需要找到排位的数值。

ref：数值列表数组或对数值列表的引用。

order：指明数值排位的方式。如果 order 为 0 或省略，则按降序排位（大的值具有小的排位），否则按升序。

**示例**

若单元格区域 A2:A6={7,3.5,3.5,1,2}，公式"=RANK.EQ(A3,A2:A6,1)"返回 3，公式"=RANK.EQ(A2,A2:A6,1)"返回 5。

以计算"销售统计"表格中的"利润排名"为例，按"利润金额"计算各商品的利润排位值，具体操作如下。

① 选择需要计算"利润排名"的单元格，例如 J7，如图 7-11 所示。

② 在公式编辑栏中输入公式：

=RANK.EQ([@ 利润金额 ],[ 利润金额 ],0)

或者输入

=RANK.EQ(H7,$H$7:$H$124,0)

此处，order 参数为 0，排名按大值在前，小值在后排列。注意：在第二个公式中，为了避免复制公式后出现错误，ref 参数必须采用绝对引用形式，因为在整个排位过程中，它们参照的数值区域是一致的。

图 7-11　使用 RANK.EQ 函数计算排位

③ 输入公式后，直接按回车键，即完成了第一件商品的利润排名计算。

④ 对于其他商品，用户只需使用"填充柄"复制 J7 单元格中的公式即可。

需要注意的是，RANK.EQ 函数对重复数值的排位相同，因此重复数值的存在将影响后续数值的排位。例如，在一列按升序排列的整数中，如果数字 10 出现两次，其排位为 5，则 11 的排位为 7（即没有排位为 6 的数值）。

除了 RANK.EQ 函数，还有 RANK.AVG 函数，用于返回一个数值在一组数值列表中的排位，如果多个值具有相同的排位，则将返回平均排位。例如，如果区域 A1:A5 分别含有数字 1、2、3、3 和 4，则 RANK.EQ(A3,$A$1:$A$5,1) 的值等于 3，而 RANK.AVG(A3,$A$1:$A$5,1) 的值等于 3.5。

RANK 函数是 Excel 早期版本的函数，而 RANK.EQ 是 Excel 2010 才开始出现的，但为了兼容，在 Excel 2010 中仍然保留了 RANK 函数，其功能和 RANK.EQ 完全相同。

### 2．COUNTIF 函数

在商品信息表中，如果需要计算每一种商品的进货批次数，则需要用到条件计数函数 COUNTIF。

COUNTIF 函数对区域中满足单个指定条件的单元格进行计数。例如，可以对以某一字母开头的所有单元格进行计数，也可以对大于或小于某一指定数字的所有单元格进行计数。在前文"自定义有效性条件"中就使用了 COUNTIF 函数来判断商品编号是否唯一。

以统计商品信息表的每一种商品的进货批次数为例，具体操作如下。

① 选择需要计算"进货批次数"的单元格，例如 H2，如图 7-12 所示。

② 在公式编辑栏中输入公式：

=COUNTIF( 进货清单 [ 商品编号 ],[@ 商品编号 ])

或者输入

=COUNTIF( 进货清单 !B$2:B$645,A2)

则在进货清单工作表的"商品编号"列中统计与商品信息表表格当前行的商品编号相同的单元格的个数。

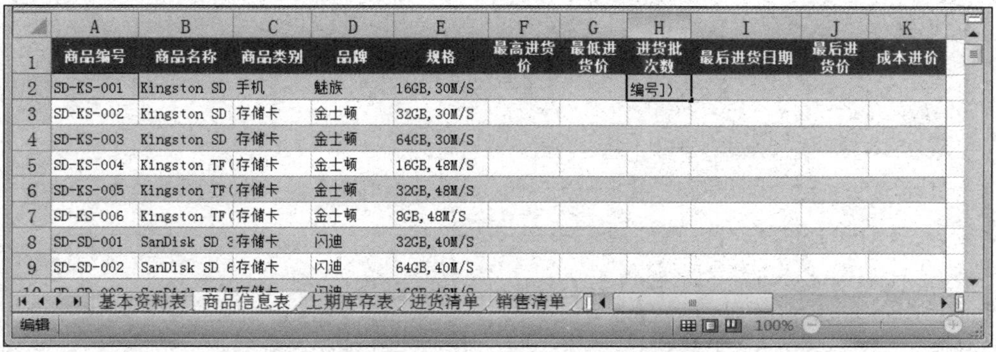

图 7-12　使用 COUNTIF 函数计算进货批次数

③ 输入公式后，直接按回车键，即完成了第一件商品的进货批次数的计算。

④ 对于其他商品，用户只需使用"填充柄"复制 H2 单元格中的公式即可。

与 COUNTIF 函数类似的还有如下函数。

- COUNT 函数：统计数组或单元格区域中含有数值类型单元格的个数。

- COUNTA 函数：统计数组或单元格区域中非空值单元格的个数。

- COUNTIFS 函数：统计数组或单元格区域中满足多个条件的单元格个数。

- COUNTBLANK 函数：统计数组或单元格区域中空白单元格的个数。

3. AVERAGEIF 函数

针对销售统计工作表，如果需要统计某一类商品的平均利润率，则可以使用 AVERAGEIF 函数。AVERAGEIF 函数用于统计某个区域内满足给定条件的所有单元格的平均值（算术平均值）。其用法与条件求和函数 SUMIF 类似。

以根据库存清单工作表的相关数据统计 U 盘类商品的平均成本进价为例，用户只需在相应单元格中输入公式：

=AVERAGEIF( 库存清单 [ 商品类别 ],"U 盘 ", 库存清单 [ 成本进价 ])

或者输入

=AVERAGEIF( 库存清单 !C2:C119,"U 盘 ", 库存清单 ! I2:I119)

即可得到 U 盘类商品的平均成本进价。

与 AVERAGEIF 函数类似的还有如下函数。

- AVERAGE 函数：计算参数列表中数值的平均值（算术平均值）。

- AVERAGEA 函数：计算参数列表中数值的平均值（算术平均值），包括数字、文本和逻辑值。

- AVERAGEIFS 函数：计算满足多个条件的所有单元格的平均值（算术平均值）。

### 4．FREQUENCY 函数

FREQUENCY 函数用于计算数值在某个区域内出现的频率，然后返回一个垂直数组。例如，使用函数 FREQUENCY 可以对利润率列计算属于某个利润率区间的个数。

|  知识链接 —— FREQUENCY 函数 |
| --- |
| **功能**<br>计算数值在某个区域内的出现频率，然后返回一个垂直数组。 |
| **语法**<br>FREQUENCY(data_array,bins_array) |
| **参数**<br>data_array：表示需要计算频率的数组或单元格区域。<br>bins_array：一个区间数组或对区间的引用，该区间用于对 data_array 中的数值进行分组。 |

以统计销售统计工作表中利润率分布情况为例，具体操作如下。

① 在 "商品销售利润率分布统计" 工作表中输入如图 7-13 所示的数据。其中，B6:B11 单元格区域是利润率统计的区间，C6:C11 用于计算相应利润率区间的商品种类数，需要输入 FREQUENCY 函数，而 D6:D10 单元格是各统计区间之间的分割点，与 B6:B11 单元格区域相对应，用于构造 bins_array 参数，但要注意，其比 B6:B11 单元格区域的单元格个数少 1。

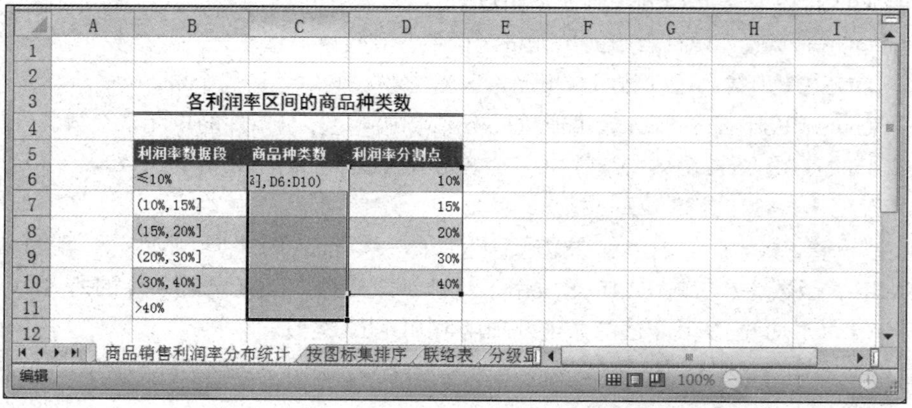

图 7-13　FREQUENCY 函数的使用

② 选择 C6:C11 单元格区域，在公式编辑栏中输入公式：

=FREQUENCY( 销售统计 [ 利润率 ],D6:D10)

③ 输入公式后，按下【Shift+Ctrl+Enter】组合键，即完成了各统计区间内相应利润率出现频率的计算，如图 7-14 所示。

④ 计算出频次之后，即可利用 Excel 的图表功能对商品的销售利润分布情况进行统计分析，如图 7-15 所示。

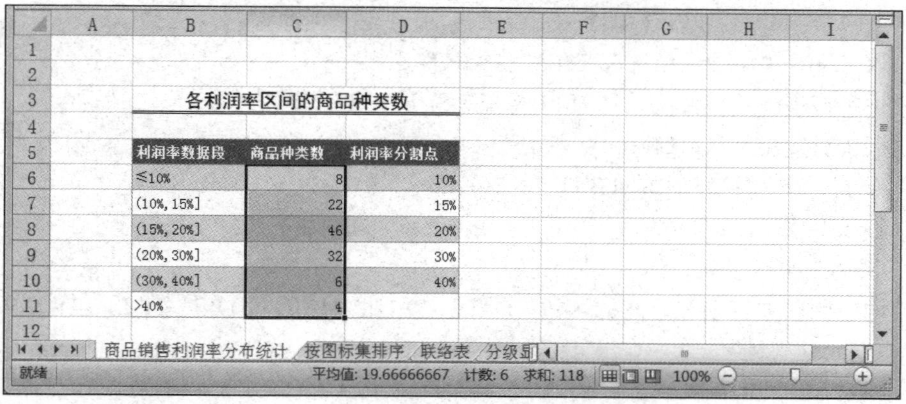

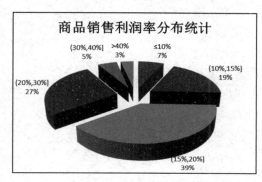

图 7-14　FREQUENCY 函数的计算结果

**商品销售利润率分布统计**

图 7-15　商品销售利润率分布图

除了上述 RANK.EQ、COUNTIF、AVERAGEIF 和 FREQUECY 等统计函数，其他常用的统计函数还有 MAX、MIN、MEDIAN、LARGE、SMALL 和 MODE.SNGL 等，其功能简单介绍如下。

- MAX 函数：返回数据集中的最大值。
- MIN 函数：返回数据集中的最小值。
- MEDIAN 函数：返回数据集中的中值。
- LARGE 函数：返回数据集中的第 $k$ 个最大值。
- SMALL 函数：返回数据集中的第 $k$ 个最小值。
- MODE.SNGL 函数：返回数据集中出现次数最多的值。

## 7.2.4　其他常用函数

Excel 2010 提供了非常丰富的函数功能，由于篇幅所限，在此只列出其他一些常用的函数，根据需要可具体参考 Excel 帮助文档。

### 1. 文本函数

- 字符串连接函数：CONCATENATE
- 字符串比较函数：EXACT
- 字符串长度函数：LEN

- 查找子字符串函数：FIND、SEARCH
- 取子字符串函数：LEFT、MID、RIGHT
- 子字符串函数替换函数：REPLACE、SUBSTITUTE
- 大小写转换函数：LOWER、UPPER
- 文本与数字转换函数：TEXT、VALUE
- 删除空格函数：TRIM

2．日期和时间函数

- 构造或获取日期和时间的函数：DATE、DATEVALUE、NOW、TIME、TIMEVALUE、TODAY
- 分割日期或时间的函数：YEAR、MONTH、DAY、HOUR、MINUTE、SECOND
- 与星期有关的函数：WEEKDAY、WEEKNUM
- 工作日计算函数：WORKDAY

3．数据库函数

- 单元格计数函数：DCOUNT、DCOUNTA
- 提取符合指定条件的记录函数：DGET
- 统计函数：DAVERAGE、DMAX、DMIN
- 条件求和函数：DSUM

4．其他类型函数

- 测试数值或引用类型的 IS 函数：ISTEXT、ISERR、ISEVEN、ISLOGICAL、ISBLANK、……
- 测试单元格是否为文本的函数：TYPE
- 数学函数：CEILING、FLOOR、INT、MIN、MAX、RAND、TRUNC、ROUND、ABS、COS、ACOS、SIN、ASIN、EXP、LOG、PI、MOD、POWER、SQRT
- 逻辑函数：IF、AND、OR、NOT

# 7.3 数组公式

在商品信息工作表中，如果要计算最高进货价、最低进货价、最后进货日期和最后进货价等信息，就需要先从进货清单中找到相应商品的进货信息，再从中找到最大值（最高进货价、最后进货日期）、最小值（最低进货价）等。这就需要使用到数组公式。本节将介绍 Excel 中数组和数组公式的使用，并利用数组公式完成商品信息表的构造。

## 7.3.1 数组公式概述

数组是单元的集合或是一组处理的值的集合。可以写一个以数组为参数的公式，即数组公式，就能通过执行这个单一的公式，产生多个结果，并将每个结果显示在相应的单元格中。例如，在前面为进货清单和销售清单计算金额时，我们采用的方法是先构造计算第一件商品的公式模型，然后将其复制到其他单元格，完成其他商品的金额计算，而如果利用数组公式，则只需先选定所有需要计算金额的单元格，书写一个数组公式即可完成所有商品金额的计算。

数组公式本质上为多值公式，与单值公式最大的不同就是能够产生多个结果，这对于需要将满足特定条件的多个结果作为其他函数的参数进行进一步计算的情形是非常有用的。例如，计算某个商品的最高进货价，需要先检索这个商品的所有进货价（多个结果），然后以此作为 MAX 函数的参数，最终得到最高进货价。具体来说，数组公式的参数是数组，即输入有多个值（如所有商品的数据）；输出结果可能是一个（如最高进货价），也可能是多个（如某个商品的所有进货价）。

一个数组公式可以占用一个或多个单元格。下面以计算库存清单中各商品的进货金额为例，介绍 Excel 中数组公式的使用。但要注意，在 Excel 的表格中，不能使用多单元格数组公式，即在多个单元格中定义一个共同的数组公式，则需要先将表格转换为区域才能完成相关操作。因此，下面的介绍，都是先复制进货清单工作表，然后将其中的进货清单表格转化为单元格区域，再在此基础上进行的，后续操作步骤如下。

① 选择需要存放计算结果的单元格区域，此例中为 "I2:I645"，如图 7-16 所示。

图 7-16　选择需要输入数组公式的单元格区域

② 在公式编辑栏中输入公式 "=G2:G645*H2:H645"，然后按下【Shift+Ctrl+Enter】组合键。此时，所有商品的金额同时完成了计算，可以看到，公式编辑栏的公式变成了 "{=G2:G645*H2:H645}"，比普通公式多了一个花括号 "{}"，如图 7-17 所示。单击 I2:I645 单元格区域中的任意单元格，可以发现公式编辑栏中显示的都是 "{=G2:G645*H2:H645}"。实际上，数组公式与普通公式形式上的差别就是这个大括号，其表示单元格区域 I2:I645 被当成一个整体（数组）来进行处理。如果想直接表示一个数组，也必须用 "{}" 括起来。

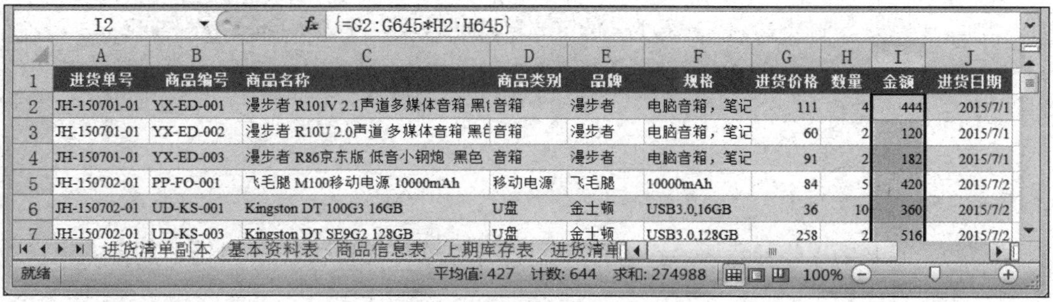

图 7-17　数组公式的输入与执行

图 7-18　"不能更改数组的某一部分"警示框

由于一个数组被当成一个整体进行处理，因此，对数组中的单个单元格进行编辑、清除和移动，或者插入、删除单元格时，都会弹出如图 7-18 所示的警示框。

如果需要对数组进行编辑、清除、移动、插入、删除等操作，必须先选取整个数组，然后进行相应的操作。如果要选取整个数组，可用以下两种方法。注意，除非事先知道数组所在的区域，否则最好不要直接用鼠标选取或者用名称框选取。

方法一：

① 选取数组中的任一单元格。

② 按下【Ctrl+/】组合键。

方法二：

① 选取数组中的任一单元格。

② 单击"开始"选项卡的"编辑"功能组中的"查找与选择"按钮，在弹出的下拉菜单中选择"定位条件"命令，打开"定位条件"对话框，如图 7-19 所示。

图 7-19　"定位条件"对话框

③ 在"定位条件"对话框中，选择"当前数组"单选按钮，如图 7-19 所示，然后单击"确定"按钮，便可完成所选单元格所在数组的选定。

如果要编辑数组公式，其步骤为：首先选定要编辑的数组，然后在公式编辑栏中单击鼠标左键，使代表数组的花括号"{}"消失，之后就可以编辑公式了，编辑结束后，按下【Shift +Ctrl+Enter】组合键完成对数组公式的编辑。

如果要删除数组公式，其步骤为：选定要删除的数组，按【Delete】键，或选择"开始"选项卡的"编辑"功能组中的"清除"按钮，在弹出的下拉菜单中选择"全部清除"或"清除内容"，即可完成对数组的删除。

## 7.3.2　数组公式的应用场合

数组公式是为了弥补普通公式不能完成的部分功能而出现的，下列情形可以考虑或者需要使用数组公式。

（1）运算结果需要返回一个集合。例如，需要检索到一个商品的多个进货记录信息。

（2）希望用户不会有意或无意地破坏某一相关公式运算的集合数据的完整性。例如，避免恶意修改某一商品的进货金额而造成的数据作假。

（3）有些运算结果需要通过复杂的中间运算过程才能得到。例如，要计算某一商品的最高进货价，利用单一的公式或操作无法获得。

使用数组公式具有以下优点。

（1）一致性。在使用了数组公式的数组中，所有单元格都包含相同的公式，这种一致性有助于确保所有相关数据计算的准确性。

（2）安全性。不能单独编辑数组中的个别单元格，必须选择整个数组单元格区域，然后更改整个数组的公式，否则只能让数组保留原样。

（3）数据储存量小。数组中所有单元格使用同一个数组公式，因此只需保存这个共同的数组公式，而不必为每个单元格保存一个公式。

## 7.3.3 数组常量的使用

在数组公式中，通常使用单元格区域进行计算，但也可以直接输入数值数组。输入的数值数组称为数组常量。

数组常量可以包含数字、文本、逻辑值（TRUE/FALSE）或错误值（如 #N/A）。对于数字，可以使用整数、小数和科学记数格式表示。如果包括文本，则必须使用双引号将文本括起来。另外，数组常量不能包含其他数组、公式或函数，换言之，它们只能包含以逗号或分号分隔的文本或数字，例如，如果输入 "={1,2,A1:D4}" 或 "={1,2,SUM(Q2:Z8)}" 这样的公式时，Excel 将显示警告。并且，数值不能包含百分号、货币符号、逗号或圆括号。

常见的数组常量可以分为一维数组和二维数组。一维数组又包括垂直数组和水平数组。其中，水平数组用逗号分隔，如 {1,2,3,4}；垂直数组用分号分隔，如 {1;2;3;4}。对于二维数组，常用逗号将一行内的元素分开，用分号将各行分开。例如，如果要构造一个三行四列的数组，如图 7-20 所示，操作如下。

① 选择一个三行四列的空单元格块。

② 输入公式 "={1,2,3,4;5,6,7,8;9,10,11,12}"，然后按【Ctrl+Shift+Enter】组合键。

在公式或函数中使用数组常量时，其他运算对象或参数应该和第一个数组具有相同的维数。必要时，Excel 会将运算对象扩展，以符合操作需要的维数。每一个运算对象的行

| 1 | 2 | 3 | 4 |
|---|---|---|---|
| 5 | 6 | 7 | 8 |
| 9 | 10 | 11 | 12 |

图 7-20　一个三行四列的数组

数必须和含有最多行的运算对象的行数一样，而列数也必须和含有最多列数对象的列数一样。例如：数组公式 "={1,2,3}+{4,5,6}" 的计算结果是数组 {5,7,9}。如果将公式写成 "= {1,2,3}+{4}"，则第二个数据并不是数组，而是一个数值，为了要和第一个数组相加，Excel 会自动将数值扩充成 1×3 的数组，使用 "{1,2,3}+{4,4,4}" 进行计算，得到的结果为 "{5,6,7}"。

将数组公式输入单元格区域时，所选择的单元格区域应和这个公式计算所得数组维数相同。这样，Excel 才能把计算所得的数组中的每一个数值放入数组区域的一个单元格中。如果将一个数组填入比该数组公式大的区域内，没有值可用的单元格内就会出现 #N/A 错误值。例如，如果选择一个 2×3 的单元格区域，输入数组公式 "={1,2;3,4}+{1,2,3}"，相

应的计算结果为"{2,4,#N/A,4,6,#N/A}"。如果数组公式计算所得的数组比选定的数组区域还要大，则超过的值不会出现在工作表上。

### 7.3.4 数组公式的应用

利用数组公式，结合函数的应用，便可以完成本章任务三的商品信息表的构造。

在商品信息表中，需要根据进货清单（和上期库存表）计算最高进货价、最低进货价、进货批次数、最后进货日期、最后进货价等。其中，进货批次数已经在前面利用COUNTIF 函数计算获得，其他字段的计算则需要使用数组公式。以计算最高进货价为例，其思路是：

① 根据商品编号从进货清单中找到相应商品的所有进货价格；

② 使用 MAX 函数从所有进货价格中找到最高进货价。

第②步容易实现，关键是第①步。使用 VLOOKUP 函数只能返回单个值，如果使用OFFSET 函数返回一个数据区域，则需要事先将相同的商品信息聚集在一个连续区域，这显然缺少灵活性。这种情况下，可以利用 IF 函数构造一个数组公式返回多个结果，获得具有相同编号的所有商品的进货价格，具体操作如下。

① 选择需要存放计算"最高进货价"的单元格，如 F2，如图 7-21 所示。（注：Excel的表格中不能使用多单元格数组公式，因此不能选择所有需要计算"最高进货价"的单元格区域。此处只是用 IF 函数＋数组公式返回一个数组（集合），然后使用 MAX 函数取这一个数组（集合）中的最大值，是一个单值。）

| | SUMIF | | ✗ ✓ ƒx | =MAX(IF(进货清单[商品编号]=[@商品编号],进货清单[进货价格])) | | | | | | | |
|---|---|---|---|---|---|---|---|---|---|---|---|
| | | | | IF(logical_test, [value_if_true], [value_if_false]) | | | | | | | |
| | A | B | C | D | E | 最高进货价 | 最低进货价 | 进货批次数 | 最后进货日期 | 最后进货价 | 成本进价 |
| 1 | 商品编号 | 商品名称 | 商品类别 | 品牌 | 规格 | | | | | | |
| 2 | SD-KS-001 | Kingston SD | 手机 | 魅族 | 16GB,30M/S | =[@商品编 | | 6 | | | |
| 3 | SD-KS-002 | Kingston SD | 存储卡 | 金士顿 | 32GB,30M/S | | | 6 | | | |
| 4 | SD-KS-003 | Kingston SD | 存储卡 | 金士顿 | 64GB,30M/S | | | 6 | | | |
| 5 | SD-KS-004 | Kingston TF | 存储卡 | 金士顿 | 16GB,48M/S | | | 6 | | | |
| 6 | SD-KS-005 | Kingston TF | 存储卡 | 金士顿 | 32GB,48M/S | | | 6 | | | |
| 7 | SD-KS-006 | Kingston TF | 存储卡 | 金士顿 | 8GB,48M/S | | | 5 | | | |
| 8 | SD-SD-001 | SanDisk SD 3 | 存储卡 | 闪迪 | 32GB,40M/S | | | 5 | | | |
| 9 | SD-SD-002 | SanDisk SD 6 | 存储卡 | 闪迪 | 64GB,40M/S | | | 5 | | | |
| 10 | SD-SD-003 | SanDisk TF M | 存储卡 | 闪迪 | 16GB,48M/S | | | 7 | | | |

基本资料表　商品信息表　上期库存表　进货清单　销售清单

编辑　　　　　　　　　　　　　　　　　　　　　　　　　　　100%

图 7-21　使用数组公式计算最高进货价

② 在公式编辑栏中输入公式：

=MAX(IF( 进货清单 [ 商品编号 ]=[@ 商品编号 ], 进货清单 [ 进货价格 ]))

或者输入

=MAX(IF( 进货清单 !$B$2:$B$645=A2, 进货清单 !$G$2:$G$645))

此处，"IF( 进货清单 [ 商品编号 ]=[@ 商品编号 ], 进货清单 [ 进货价格 ])"省略了条件计算为 FALSE 时的 value_if_false 参数。首先，IF 函数对所有进货清单表格中商品编号等于本表格的当前行的商品编号（SD-KS-001）的记录返回其进货价格（进货清单 [ 进货价格 ]），否则返回的是 FALSE。如果进货清单表格有 644 条记录，则返回 644 个值，如图 7-22 所示。

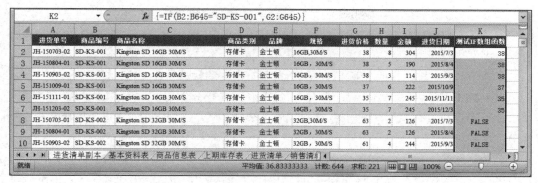

图 7-22　IF 函数 + 数组公式

注意 1：此处，由于使用了 IF 函数的数组公式返回了多个结果，因此，在输入公式之前应选择 K2:K645 的单元格区域，以便返回的多个计算结果都能存放到相应的单元格中。

注意 2：由于 Excel 的表格中不能使用多单元格数组公式，不能直接在进货清单表格中完成此操作。此处是通过复制进货清单工作表，然后将其中的进货清单表格转化为单元格区域后进行操作的结果。

③ 完成公式的输入之后，按下【Shift+Ctrl+Enter】组合键即完成了所有商品"最高进货价"的计算，编辑框中的公式变成了数组公式形式"{=MAX(IF( 进货清单 [ 商品编号 ]=[@ 商品编号 ], 进货清单 [ 进货价格 ]))}"，如图 7-23 所示。此处，使用 MAX 函数计算最大值，由于参数为数组，MAX 函数只对数组中的数字进行计算，而忽略其中的逻辑值（FALSE）。

| | F2 | | $f_x$ | {=MAX(IF(进货清单[商品编号]=[@商品编号],进货清单[进货价格]))} | | | | | | |
|---|---|---|---|---|---|---|---|---|---|---|
| | A | B | C | D | E | F | G | H | I | J | K |
| 1 | 商品编号 | 商品名称 | 商品类别 | 品牌 | 规格 | 最高进货价 | 最低进货价 | 进货批次数 | 最后进货日期 | 最后进货价 | 成本进价 |
| 2 | SD-KS-001 | Kingston SD 16GB 30M/S | 存储卡 | 金士顿 | 16GB, 30M/S | 38 | | 6 | | | |
| 3 | SD-KS-002 | Kingston SD 32GB 30M/S | 存储卡 | 金士顿 | 32GB, 30M/S | 63 | | 6 | | | |
| 4 | SD-KS-003 | Kingston SD 64GB 30M/S | 存储卡 | 金士顿 | 64GB, 30M/S | 119 | | 6 | | | |
| 5 | SD-KS-004 | Kingston TF(MicroSD) 16GB 48M/S | 存储卡 | 金士顿 | 16GB, 48M/S | 29 | | 6 | | | |
| 6 | SD-KS-005 | Kingston TF(MicroSD) 32GB 48M/S | 存储卡 | 金士顿 | 32GB, 48M/S | 56 | | 6 | | | |
| 7 | SD-KS-006 | Kingston TF(MicroSD) 8GB 48M/S | 存储卡 | 金士顿 | 8GB, 48M/S | 25 | | 6 | | | |
| 8 | SD-SD-001 | SanDisk SD 32GB 40M/S | 存储卡 | 闪迪 | 32GB, 40M/S | 81 | | 5 | | | |
| 9 | SD-SD-002 | SanDisk SD 64GB 40M/S | 存储卡 | 闪迪 | 64GB, 40M/S | 171 | | 5 | | | |
| 10 | SD-SD-003 | SanDisk TF(MicroSDHC UHS-I) 16GB | 存储卡 | 闪迪 | 16GB, 48M/S | 37 | | 5 | | | |

图 7-23　完成计算"最高进货价"的数组公式的输入和执行

此外，也可以使用数组公式"=MAX(( 进货清单 [ 商品编号 ]=[@ 商品编号 ])*( 进货清单 [ 进货价格 ]))"完成相同的功能。请读者自行思考其工作原理。

用类似的方法，计算"最低进货价"的数组公式模型为：

=MIN(IF( 进货清单 [ 商品编号 ]=[@ 商品编号 ], 进货清单 [ 进货价格 ]))

计算"最后进货日期"的数组公式模型为：

=MAX(IF( 进货清单 [ 商品编号 ]=[@ 商品编号 ], 进货清单 [ 进货日期 ]))

计算"最后进货价"稍微复杂一点，需要在找到的所有进货价中选取最后一次进货时的价格。此处，包含了两个条件：商品编号一致，且进货日期是最后进货日期。可以使用嵌套的 IF 函数进行多条件求值，公式模型为：

=MAX(IF( 进货清单 [ 商品编号 ]=[@ 商品编号 ], IF( 进货清单 [ 进货日期 ] = [@ 最后进货日期 ], 进货清单 [ 进货价格 ])))

如果 [@ 最后进货日期 ] 用计算"最后进货日期"的数组公式替代，即：

=MAX(IF( 进货清单 [ 商品编号 ]=[@ 商品编号 ], IF( 进货清单 [ 进货日期 ] = MAX(IF( 进货清单 [ 商品编号 ]=[@ 商品编号 ], 进货清单 [ 进货日期 ])), 进货清单 [ 进货价格 ])))

此处，该公式的第一个 IF 先判断商品编号是否与当前行的商品编号相同，如果相同，则在第二个 IF 中再判断进货日期是否是最后进货日期，如果是，则返回其所在行的进货价格，否则，有一个 IF 条件不满足，返回默认值 FALSE。如果一个日期时间对某一商品只有一个批次的进货，且进货价相同，则该公式最后利用 MAX 函数对返回的这一组值计算最大值，求得"最后进货价"。

计算成本进价的方法与在库存清单中计算成本进价的方法相同，即综合考虑进货清单中的金额和数量，以及上期库存工作表中库存金额和期末库存，统计到计算时刻止的一个综合成本进价。也可以使用数组公式进行计算，其数组公式模型为：

=SUM(IF( 进货清单 [ 商品编号 ]=[@ 商品编号 ], 进货清单 [ 金额 ]),VLOOKUP([@ 商品编号 ], 上期库存表 ,7,FALSE)) / SUM(IF( 进货清单 [ 商品编号 ]=[@ 商品编号 ], 进货清单 [ 数量 ]),VLOOKUP([@ 商品编号 ], 上期库存表 ,5,FALSE))

其中，"VLOOKUP([@ 商品编号 ], 上期库存表 ,7,FALSE)"实现在上期库存表表格中查找并返回库存金额，"VLOOKUP([@ 商品编号 ], 上期库存表 ,5,FALSE)"实现在上期库存表表格中查找并返回库存数量。

经过上述操作，利用数组公式，根据进货清单（和上期库存表）完成了最高进货价、最低进货价、最后进货日期、最后进货价和成本进价的计算，完成了商品信息表的建立。由于在设计时均使用了表格，一方面增强了设计的公式模型的可读性，另一方面当参考引用的进货清单和上期库存表发生变化时，计算模型也会随之更新，并自动计算结果。

# 第 8 章　数据的查看

经过第 6 章和第 7 章的学习和实践，小孟及其团队成员在张老师的帮助下已经完成了店铺进销存系统中主要数据工作表的输入和构造，接下来就可以直接利用该工作簿对店铺的进销存数据进行管理了。例如，可以在商品信息表表格中添加新的商品，如果需要进货，可以在进货清单中添加新的进货信息。当然，如果销售了商品，也可以在销售清单中添加新的销售信息。如果每一个数据都是在设计好的表格中存放和管理，那库存清单、销售统计、商品信息表中设计好的公式模型也会随之自动计算，完成库存、销售统计数据的更新。

看似任务已经完成？但实际上，随着店铺进一步的经营和管理的深入，各工作表中的各种数据越来越多，这就会在数据的查看方面出现一些新的问题。例如，在库存清单中，我们想要使用颜色或图标自动标记缺货的商品（因为商品的库存是动态实时变化的，显然不能用手工方式逐条辨别并标记）；又比如，在销售一个商品时，我们想要查看还有没有库存，查看具体的型号、价格等，此时如果去库存清单工作表中逐条查看记录，当库存清单工作表存在大量数据时，这样的查看显然既费时又费力。

本章主要介绍数据查看的一些基本技巧，包括条件格式、数据的排序和数据的筛选三部分内容，帮助我们更好地查看数据，提高工作效率。

## 8.1 条件格式

“条件格式”功能是根据条件的满足情况更改单元格区域的外观，如果条件为 TRUE，则更改该单元格区域的外观，否则，保持原来外观，从而使用户能够更直观地查看和分析数据，发现关键问题，识别模式和预测趋势。

通过设置条件格式，可以使用单元格格式（数字显示格式、字体、边框、填充）突出显示所关注的单元格或单元格区域的取值情况，强调异常值；还可以使用数据条、色阶和图标集等特殊标记直观地显示数据，以便于预测趋势或识别模式。例如，图 8-1 显示了带有条件格式的温度数据，该条件格式使用色阶来区分高、中、低三个数值范围。

| | A | B | C | D | E | F | G | H | I | J | K | L | M |
|---|---|---|---|---|---|---|---|---|---|---|---|---|---|
| 1 | | 1月 | 2月 | 3月 | 4月 | 5月 | 6月 | 7月 | 8月 | 9月 | 10月 | 11月 | 12月 |
| 2 | 平均最高值 | 40 | 38 | 44 | 46 | 51 | 56 | 67 | 72 | 70 | 59 | 45 | 41 |
| 3 | 平均最低值 | 34 | 33 | 38 | 41 | 45 | 48 | 51 | 55 | 54 | 45 | 41 | 38 |
| 4 | 记录最高值 | 61 | 69 | 79 | 83 | 95 | 97 | 100 | 101 | 94 | 87 | 72 | 66 |
| 5 | 记录最低值 | 0 | 2 | 9 | 24 | 28 | 32 | 36 | 39 | 35 | 21 | 12 | 4 |

图 8-1　使用条件格式（色阶）区分温度

Excel 2010 条件格式提供了多种默认的规则和格式用于快速设置单元格格式或外观。例如，为等于、小于、大于、介于或包含某个值的单元格设置“浅红填充色深红色文本”格式；或基于一组选定的单元格，为排名靠前或靠后的值、高于或低于平均值的值、唯一值或重复值的单元格设置“红色边框”格式；或基于各自值设置系统预设的双色刻度、三色刻度、数据条、图标集样式等。如果这些默认的规则和格式都不能满足要求，用户还可以"新建规则",进行"自定义格式",以满足个性化需要。

## 8.1.1 自定义条件格式

下面以库存清单为例,介绍 Excel 2010 自定义条件格式的使用。假定将商品期末库存为 0 的相应单元格的背景色设置为红色,字体为白色加粗,则其具体操作如下。

① 选择需要设置条件格式的单元格或表格列。本例中,选中"库存清单"表格的"期末库存"列。

② 在"开始"选项卡的"样式"组中单击"条件格式"按钮,选择"新建规则"命令,打开"新建格式规则"对话框,如图 8-2 所示。

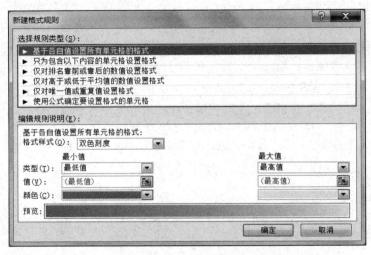

图 8-2　条件格式"新建格式规则"对话框

③ 在"选择规则类型"列表框中选择需要设置格式的条件类型。本例中,选择"只为包含以下内容的单元格设置格式"。"选择规则类型"列表框中各规则类型的说明如下。

- 基于各自值设置所有单元格的格式:对所选的单元格或单元格区域根据各单元格的值设置单元格格式,格式的样式可以为双色刻度、三色刻度、数据条和图标集。这些样式可以根据所选单元格区域的值进行设置,也可单独设置。所有被选择的单元格都会被要求设置格式。

- 只为包含以下内容的单元格设置格式:所选的单元格只有满足特定条件的才会被更改格式。这些特定条件可以是:单元格值小于、小于等于、大于、大于等于、等于、不等于某个值,或介于、不介于某个区间;特定文本包含、不包含、始于、止于某些文本子字符串;发生日期为昨天、今天、明天、最近 7 天、上周、本周、下周、上月、本月、下月;单元格为空、不为空、错误、无错误。

- 仅对排名靠前或靠后的数值设置格式:根据所选择的单元格区域的所有值确定一个排名,只对排名靠前或靠后的数值所在的单元格设置格式。

- 仅对高于或低于平均值的数值设置格式:根据所选择的单元格区域的所有值确定平均值,只对高于或低于平均值所在的单元格设置格式。

- 仅对唯一值或重复值设置格式:在所选择的单元格区域中,只对具有重复值或唯一值的单元格设置格式。

- 使用公式确定要设置格式的单元格：对所选的单元格使用逻辑公式来指定格式设置条件。例如，对每个奇数行设置格式。

④ 根据选定的条件规则类型设置条件选项。本例中，分别选择"单元格值"、"等于"选项，输入"0"值，如图 8-3 所示。

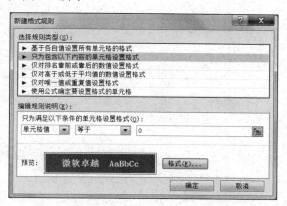

图 8-3　自定义条件格式

⑤ 完成条件选项设置之后，单击"格式"按钮，打开"设置单元格格式"对话框，设置满足条件的单元格格式，如图 8-4 所示。在"设置单元格格式"对话框中，可以通过设置数字格式、字体、边框和填充效果为单元格设置格式。按本例要求，选择"填充"选项卡，在"背景色"中选择"红色"将单元格背景色设置为红色；切换到"字体"选项卡，设置字体颜色"白色"，字形"加粗"。完成自定义格式设置之后，单击"确定"按钮，返回如图 8-3 所示"新建格式规则"对话框。

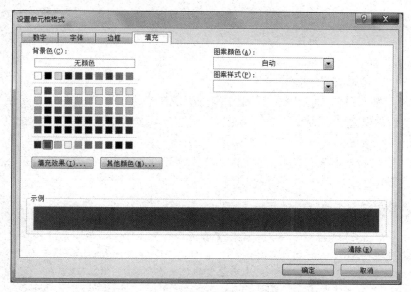

图 8-4　"设置单元格格式"对话框

⑥ 最后，在"新建格式规则"对话框中单击"确定"按钮，即完成了所选单元格的条件格式设置，显示效果如图 8-5 所示。

| | A | B | C | D | E | F | G | H | I | J | F |
|---|---|---|---|---|---|---|---|---|---|---|---|
| 1 | 商品编号 | 商品名称 | 商品类别 | 品牌 | 规格 | 进货数量 | 销售数量 | 期末库存 | 成本进价 | 库存金额 | |
| 2 | PH-HW-001 | 华为 荣耀6（H60-L01） | 手机 | 华为 | 16GB | 5 | 5 | 1 | 1162.7 | 1162.7 | |
| 3 | PH-HW-002 | 华为 麦芒B199 | 手机 | 华为 | 16GB | 5 | 5 | 0 | 726.8 | 0.0 | |
| 4 | PH-HW-003 | 华为 荣耀 畅玩4C | 手机 | 华为 | 8GB | 14 | 11 | 4 | 702.5 | 2810.1 | |
| 9 | PH-MX-002 | 魅族 魅蓝note2 | 手机 | 魅族 | 16GB | 11 | 11 | 1 | 668.9 | 668.9 | |
| 10 | PH-SX-001 | 三星 I8552 白色 | 手机 | 三星 | 4GB | 9 | 9 | 0 | 441.6 | 0.0 | |
| 11 | PH-SX-002 | 三星 Galaxy S3（I939I | 手机 | 三星 | 16GB | 4 | 4 | 1 | 838.6 | 838.6 | |
| 98 | PP-AG-002 | 爱国者 PA-619移动电源 | 移动电源 | 爱国者 | 13000mAh | 12 | 12 | 0 | 51.0 | 0.0 | |
| 99 | SR-MI-001 | 小米手环（黑色原封） | 智能手环 | 小米 | 140.00g | 21 | 19 | 4 | 75.0 | 300.0 | |
| 100 | SR-HW-001 | 华为荣耀畅玩手环AF500 | 智能手环 | 华为 | 160.00g | 6 | 5 | 2 | 292.3 | 584.6 | |
| 101 | SR-IW-001 | iwown I5智能手环（黑， | 智能手环 | 埃微 | 160.00g | 8 | 7 | 3 | 84.2 | 252.6 | |
| 102 | SR-IW-002 | iwown I5plus触控智能手环 | 智能手环 | 埃微 | 160.00g | 2 | 2 | 1 | 107.7 | 107.7 | |
| 103 | SR-LS-001 | 乐心 Mambo 运动手环（ | 智能手环 | 乐心 | 210.00g | 10 | 10 | 0 | 79.5 | 0.0 | |
| 104 | SR-WK-001 | 玩咖 70 系列智能手环（ | 智能手环 | 玩咖 | 130.00g | 9 | 9 | 0 | 86.8 | 0.0 | |
| 105 | SR-SX-001 | SAMSUNG Activity Trac | 智能手环 | 三星 | 174.00g | 5 | 5 | 1 | 284.3 | 284.3 | |
| 109 | EW-HQ-001 | 云麦好轻 mini 电子脂秤 | 电子秤 | 好轻 | 1.3kg, 智能秤 | 8 | 7 | 4 | 50.1 | 200.4 | |
| 110 | EW-MO-001 | MO 智能体质分析仪1501 | 电子秤 | MO | 2.3kg, 智能秤 | 8 | 7 | 2 | 356.4 | 712.9 | |
| 111 | EW-YP-001 | 有品 魔秤C1 | 电子秤 | 有品 | 2.41kg, 智能秤 | 5 | 5 | 0 | 82.4 | 0.0 | |
| 112 | EW-LS-001 | 乐心 电子称体重秤 A3（ | 电子秤 | 乐心 | 2.42kg, 智能秤 | 9 | 9 | 2 | 49.4 | 98.7 | |
| 113 | EW-YK-001 | 云麦宝 智能脂肪秤 CS20 | 电子秤 | 云康宝 | 1.45kg, 智能秤 | 5 | 5 | 1 | 68.2 | 68.2 | |
| 114 | EW-MK-001 | 麦开 智能体重计 Lemon | 电子秤 | 麦开 | 1.75kg, 智能秤 | 8 | 8 | 0 | 84.0 | 0.0 | |
| 115 | EW-WK-001 | 玩咖 智能脂肪称（黑，电 | 电子秤 | 玩咖 | 1.8kg, 智能秤 | 6 | 6 | 1 | 91.7 | 91.7 | |
| 119 | EW-DM-002 | 德尔玛 电子计量体重秤 | 电子秤 | 德尔玛 | 1.52kg, 电子秤 | 8 | 7 | 3 | 43.4 | 130.2 | |
| 120 | | | | | | | | | | | |

商品信息表　上期库存表　进货清单　销售清单　库存清单

图 8-5　"自定义条件格式"设置效果

【注意】

为了展示应用条件格式后的显示效果，图 8-5 隐藏了一部分数据行，请注意观察左侧的行号。

## 8.1.2　公式指定格式

Excel 2010 在"新建格式规则"对话框中为设置条件格式提供了 6 种规则，其中前 5 种是系统预设的常用规则。但如果这 5 种规则都不能满足用户需要，就要用到第 6 种规则，利用公式来指定格式设置条件，设计出更复杂的条件格式。

假设需要对图 8-5 的设置效果进行改进，按表格行设置底纹，找出库存等于 0 且销售数量超过 10 的商品，将其所在数据行上所有单元格背景色都设置为红色，字体为白色加粗，则具体操作步骤如下。

① 选择"库存清单"表格的所有数据区域。

② 在"开始"选项卡的"样式"组中单击"条件格式"按钮，选择"新建规则"命令，打开"新建格式规则"对话框，在"选择规则类型"列表框中选择"使用公式确定要设置格式的单元格"，如图 8-6 所示。

③ 在"编辑规则说明"下的"为符合此公式的值设置格式"编辑框中输入公式"=AND($H2=0,$G2>=10)"。

【说明】

该公式指定格式设置条件。公式中 AND 函数是一个逻辑与函数，当"$H2=0"和"$G2>=10"两个条件都满足时，AND 函数的计算结果才为 TRUE。"$H2=0"用于判断库存是否为 0，"$G2>=10"用于判断销售数量是否超过 10。公式对于选定的每一个单元格（假设选定第 2 行的单元格），判断是否同时满足这两个条件。混合引用（$H2，$G2）用于第 2 行的单元格在条件判断时限定列（H，G）不变，也就是说将每一个单元格的条件限定到其所在行的 H 列和 G 列相应的单元格。

④ 单击“格式”按钮，在打开的“设置单元格格式”对话框中按要求设置格式。设置好条件和格式的“新建格式规则”对话框如图 8-7 所示。

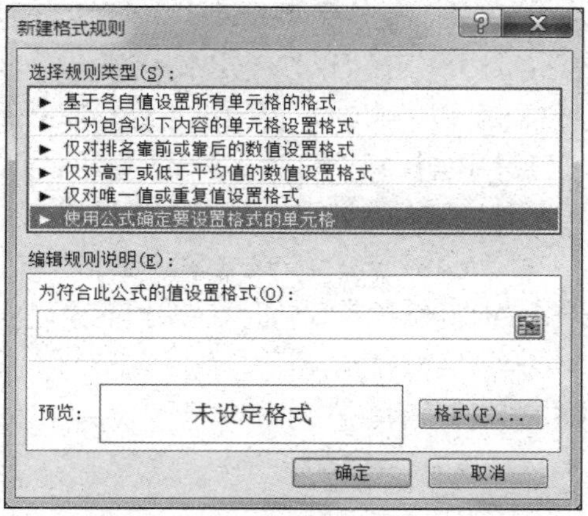
新建格式规则
选择规则类型(S):
► 基于各自值设置所有单元格的格式
► 只为包含以下内容的单元格设置格式
► 仅对排名靠前或靠后的数值设置格式
► 仅对高于或低于平均值的数值设置格式
► 仅对唯一值或重复值设置格式
► 使用公式确定要设置格式的单元格
编辑规则说明(E):
为符合此公式的值设置格式(O):
预览:
未设定格式
格式(F)...
确定
取消

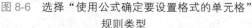

图 8-6 选择“使用公式确定要设置格式的单元格”规则类型

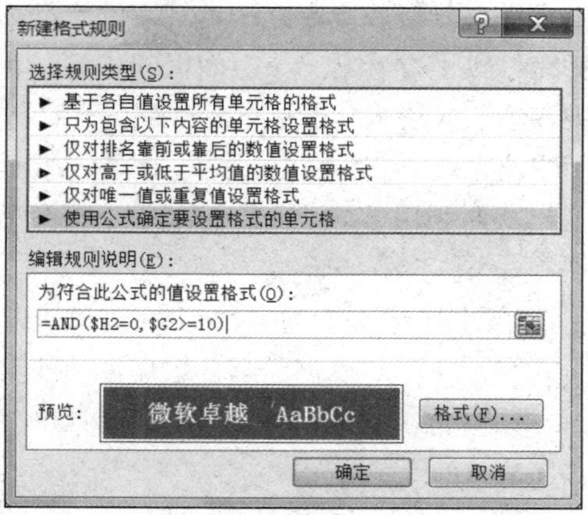
新建格式规则
选择规则类型(S):
► 基于各自值设置所有单元格的格式
► 只为包含以下内容的单元格设置格式
► 仅对排名靠前或靠后的数值设置格式
► 仅对高于或低于平均值的数值设置格式
► 仅对唯一值或重复值设置格式
► 使用公式确定要设置格式的单元格
编辑规则说明(E):
为符合此公式的值设置格式(O):
=AND($H2=0,$G2>=10)
预览:
微软卓越 AaBbCc
格式(F)...
确定
取消

图 8-7 设置好条件和格式的“新建格式规则”对话框

⑤ 单击“确定”按钮，即完成了所选单元格的条件格式设置，显示效果如图 8-8 所示。

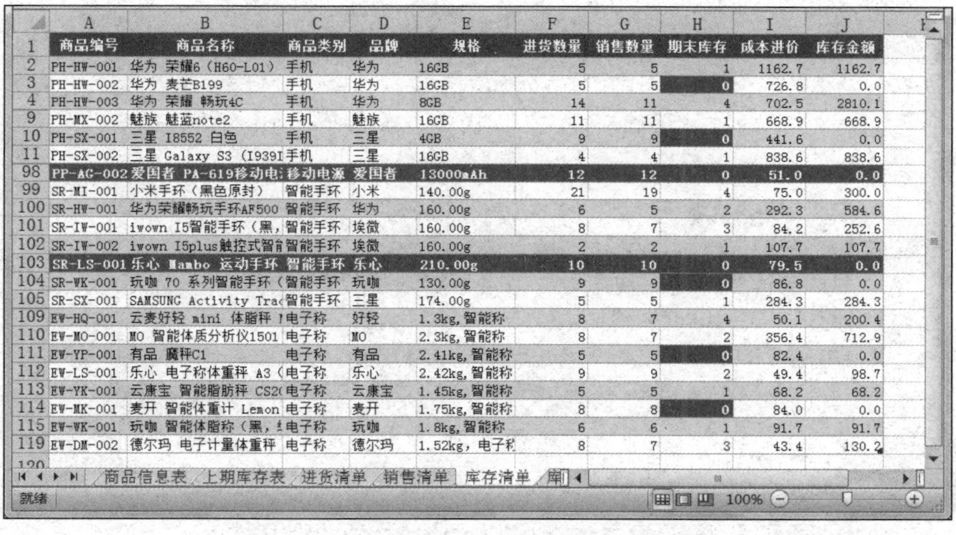

| | A | B | C | D | E | F | G | H | I | J |
|---|---|---|---|---|---|---|---|---|---|---|
| 1 | 商品编号 | 商品名称 | 商品类别 | 品牌 | 规格 | 进货数量 | 销售数量 | 期末库存 | 成本进价 | 库存金额 |
| 2 | PH-HW-001 | 华为 荣耀6（H60-L01） | 手机 | 华为 | 16GB | 5 | 5 | 1 | 1162.7 | 1162.7 |
| 3 | PH-HW-002 | 华为 麦芒B199 | 手机 | 华为 | 16GB | 5 | 5 | 0 | 726.8 | 0.0 |
| 4 | PH-HW-003 | 华为 荣耀 畅玩4C | 手机 | 华为 | 8GB | 14 | 11 | 4 | 702.5 | 2810.1 |
| 9 | PH-MX-002 | 魅族 魅蓝note2 | 手机 | 魅族 | 16GB | 11 | 11 | 1 | 668.9 | 668.9 |
| 10 | PH-SX-001 | 三星 I8552 白色 | 手机 | 三星 | 4GB | 9 | 9 | 0 | 441.6 | 0.0 |
| 11 | PH-SX-002 | 三星 Galaxy S3（I939I | 手机 | 三星 | 16GB | 4 | 4 | 1 | 838.6 | 838.6 |
| 98 | PP-AG-002 | 爱国者 PA-619移动电 | 移动电源 | 爱国者 | 13000mAh | 12 | 12 | 0 | 51.0 | 0.0 |
| 99 | SR-MI-001 | 小米手环（黑色原封） | 智能手环 | 小米 | 140.00g | 21 | 19 | 4 | 75.0 | 300.0 |
| 100 | SR-HW-001 | 华为荣耀畅玩手环AF500 | 智能手环 | 华为 | 160.00g | 6 | 5 | 2 | 292.3 | 584.6 |
| 101 | SR-IW-001 | iwown I5智能手环（黑， | 智能手环 | 埃微 | 160.00g | 8 | 7 | 3 | 84.2 | 252.6 |
| 102 | SR-IW-002 | iwown I5plus触控式智 | 智能手环 | 埃微 | 160.00g | 2 | 2 | 1 | 107.7 | 107.7 |
| 103 | SR-LS-001 | 乐心 Mambo 运动手环 | 智能手环 | 乐心 | 210.00g | 10 | 10 | 0 | 79.5 | 0.0 |
| 104 | SR-WK-001 | 玩咖 70 系列智能手环（ | 智能手环 | 玩咖 | 130.00g | 9 | 9 | 0 | 86.8 | 0.0 |
| 105 | SR-SX-001 | SAMSUNG Activity Tra | 智能手环 | 三星 | 174.00g | 5 | 5 | 1 | 284.3 | 284.3 |
| 109 | EW-HQ-001 | 云麦好轻 mini 体脂秤 | 电子称 | 好轻 | 1.3kg,智能称 | 8 | 7 | 4 | 50.1 | 200.4 |
| 110 | EW-MO-001 | MO 智能体质分析仪1501 | 电子称 | MO | 2.3kg,智能称 | 8 | 7 | 2 | 356.4 | 712.9 |
| 111 | EW-YP-001 | 有品 腐秤C1 | 电子称 | 有品 | 2.41kg,智能称 | 5 | 5 | 0 | 82.4 | 0.0 |
| 112 | EW-LS-001 | 乐心 电子称体重秤 A3（ | 电子称 | 乐心 | 2.42kg,智能称 | 9 | 9 | 2 | 49.4 | 98.7 |
| 113 | EW-YK-001 | 云康宝 智能脂肪秤 CS2( | 电子称 | 云康宝 | 1.45kg,智能称 | 5 | 5 | 1 | 68.2 | 68.2 |
| 114 | EW-MK-001 | 麦开 智能体重计 Lemon | 电子称 | 麦开 | 1.75kg,智能称 | 8 | 8 | 0 | 84.0 | 0.0 |
| 115 | EW-WK-001 | 玩咖 智能体脂称（黑， | 电子称 | 玩咖 | 1.8kg,智能称 | 6 | 6 | 1 | 91.7 | 91.7 |
| 119 | EW-DM-002 | 德尔玛 电子计量体重秤 | 电子称 | 德尔玛 | 1.52kg，电子秤 | 8 | 7 | 3 | 43.4 | 130.2 |

商品信息表
上期库存表
进货清单
销售清单
库存清单
就绪
100%

图 8-8 设置格式的效果

条件格式功能除了可以突出显示所关注的单元格或单元格区域，强调异常值之外，还可以通过色阶、数据条和图标集以直观的形式显示数据，随后可对这些数据按颜色、图标标记等重新排列，以便于更好地查看数据。

# 8.2 数据的排序

数据的排序是指按一定规则对数据进行整理和排列。Excel 2010 提供了多种数据排序方法，例如，我们可以对进货清单按商品编号（文本内容）排序，以便查看某一商品不同日期批次的进货价格、数量；也可以在库存清单中按库存金额和期末库存（数字）从高到低排序，以便查看库存压力较大的商品；还可以在销售清单中按销售日期（日期和时间）排序，以便查看某一个时间区间内的销售详细信息；此外，还可以按自定义序列（如大、中和小）或格式（包括单元格颜色、字体颜色或图标集）进行排序。对数据进行排序有助于快速直观地显示数据并更好地理解数据，有助于组织并查找所需数据，进行决策的制定。

下面利用 Excel 的排序功能，对第 7 章中建立的销售统计表进行分析，完成以下三个任务。

- 任务一：找出销售量冠军、销售金额冠军、利润金额冠军和利润率最高的商品。
- 任务二：按商品的类别自定义排序，得到各个类别的商品畅销榜（前 3 名）。
- 任务三：按商品的品牌自定义排序，得到各个品牌的明星产品。

## 8.2.1 快速排序

利用 Excel 的快速排序功能，可以快速完成本节的任务一：找出销售量冠军、销售金额冠军、利润金额冠军和利润率最高的商品。

快速排序是使用"数据"选项卡上的"排序和筛选"组中的命令。选择需要排序的列（如销售数量或利润金额）的任意单元格，单击"排序和筛选"组内标有 AZ 与向下箭头的"升序"按钮或标有 ZA 与向下箭头的"降序"按钮，则整个数据表格中的记录就会按照所选单元格所在列的值进行升序或降序排列。例如，若要找出销售量冠军，则先选择销售数量列的任意单元格，然后单击"降序"按钮，则销售表格中所有的记录即按销售数量从高到低排列，其结果如图 8-9 所示。

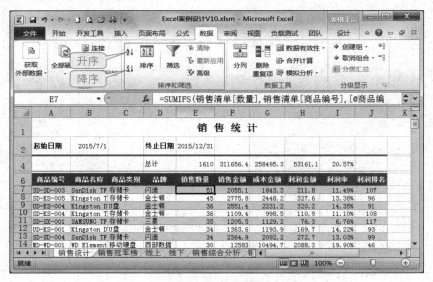

图 8-9 使用快速排序按销售数量降序排序

排序结果的第一条记录，即闪迪品牌的 SD-SD-003 存储卡为统计时间区间内的销售量冠军。用类似的方法可以找出销售金额冠军、利润金额冠军和利润率最高的商品。通过分析排行榜和冠军商品信息，店铺经营者可以制定更为合适的进货、销售和宣传方案。

## 8.2.2 自定义排序

在利用 Excel 进行快速排序时，排序关键字列可能存在重复的数据，如果需要进一步整理和查看数据，就需要在已有排序的基础上继续按其他关键字进行排序。例如，为了完成任务二，需要找出各个类别销量排名前 3 的商品，从而制作各个类别的商品畅销榜。这就需要先按商品类别，然后再按销售数量进行多关键字排序。多关键字排序需要用到 Excel 的自定义排序功能。

通过单击"数据"选项卡的"排序和筛选"功能组的"排序"按钮，或者在"开始"选项卡的"编辑"功能组中单击"排序和筛选"按钮，在弹出的菜单中选择"自定义排序"命令，都可以打开"排序"对话框，如图 8-10 所示。

图 8-10 "排序"对话框

在"排序"对话框中可以构造多个条件，系统会一次性根据多个条件进行排序。每一个条件由列、排序依据和次序三部分构成，各部分功能描述如下。

（1）列：排序的列有两种，分别为"主要关键字"和"次要关键字"。"主要关键字"只有一个并且一定是第一个条件。"次要关键字"可以通过上方的"添加条件"按钮或"复制条件"按钮添加多个。如果设置了多个条件，Excel 将首先按照"主要关键字"进行排序，如果"主要关键字"相同，则按照第一"次要关键字"排序，如果第一"次要关键字"也相同，则按照第二"次要关键字"排序，以此类推。在 Excel 2010 中，排序条件最多可以支持 64 个关键字。

（2）排序依据：包括数值、单元格颜色、字体颜色和单元格图标 4 个选项。如果需要按文本、数字或日期和时间进行排序，则选择"数值"。默认选择为"数值"。

（3）次序：包含升序、降序和自定义排序 3 个选项。默认选择为"升序"。

（4）数据包含标题：对单元格区域进行排序时"数据包含标题"用于设置是否将标题行（所选择的单元格区域的首行）纳入排序范围。

（5）选项：用于设置排序时是否需要"区分大小写"；排序的方向是"按列排序"还是"按行排序"；在有汉字参与排序时，排序的方法是按"字母排序"还是按"笔画排序"。默认情况为不"区分大小写"，"按列排序"，按"字母排序"。但当中文字符的拼音字母组成完全相同时，例如当"杨"、"阳"、"羊"等字在一起作为比较对象时，Excel 就会自动地依据笔画方式进一步对这些拼音相同的字符再次排序，如果笔画数也相同，Excel 则按照其内码顺序进行排列。

以完成本节任务二为例，使用 Excel 自定义排序功能，对销售统计表格按类别、销售数量进行自定义排序，具体操作步骤如下。

① 单击销售统计表格中任意单元格，或者选择整个销售统计表格。本例中，可单击 A6:J124 中的任意单元格，也可以选择整个 A6:J124 区域。

② 选择"数据"选项卡，单击"排序和筛选"组中的"排序"按钮，打开"排序"对话框，如图 8-10 所示。

③ 在"排序"对话框中构造 2 个条件，其中主要关键字列表框中选择"商品类别"字段，排序依据选择默认值"数值"，次序选择默认值"升序"，然后添加 1 个次要关键字，选择"销售数量"字段，排序依据选择"数值"，次序设置为"降序"。

④ 由于排序的区域是一个表格，因此"数据包含标题"复选框不可编辑。所有选项选定后，单击"确定"按钮即可完成对表中数据的排列，结果如图 8-11 所示。

| | A | B | C | D | E | F | G | H | I | J |
|---|---|---|---|---|---|---|---|---|---|---|
| 6 | 商品编号 | 商品名称 | 商品类别 | 品牌 | 销售数量 | 销售金额 | 成本金额 | 利润金额 | 利润率 | 利润排名 |
| 7 | UD-KS-004 | Kingston D'U盘 | | 金士顿 | 36 | 2551.4 | 2231.2 | 320.2 | 14.35% | 91 |
| 8 | UD-KS-001 | Kingston D'U盘 | | 金士顿 | 34 | 1363.6 | 1193.9 | 169.7 | 14.22% | 93 |
| 9 | UD-SD-002 | SanDisk O'U盘 | | 闪迪 | 28 | 2049.2 | 1754.7 | 294.5 | 16.79% | 74 |
| 30 | SD-SD-003 | SanDisk TF | 存储卡 | 闪迪 | 51 | 2055.1 | 1843.3 | 211.8 | 11.49% | 107 |
| 31 | SD-KS-005 | Kingston T | 存储卡 | 金士顿 | 45 | 2775.8 | 2448.2 | 327.6 | 13.38% | 96 |
| 32 | SD-KS-004 | Kingston T | 存储卡 | 金士顿 | 36 | 1109.4 | 998.5 | 110.9 | 11.10% | 108 |
| 53 | EW-XS-001 | 香山 圆形背 | 电子称 | | 25 | 1535.5 | 1330.6 | 204.9 | 15.40% | 84 |
| 54 | EW-LS-001 | 乐心 电子称 | 电子称 | 乐心 | 9 | 541.3 | 444.3 | 97.0 | 21.84% | 33 |
| 55 | EW-XS-002 | 香山 电子粉 | 电子称 | 香山 | 9 | 454.1 | 393.0 | 61.1 | 15.55% | 82 |
| 65 | PH-CP-001 | 酷派 大神 F | 手机 | 酷派 | 19 | 13528 | 11758.3 | 1769.7 | 15.05% | 87 |
| 66 | PH-LN-001 | 联想 乐檬 K | 手机 | 联想 | 18 | 10920 | 9493.6 | 1426.4 | 15.03% | 88 |
| 67 | PH-MI-001 | 小米 红米2A | 手机 | 小米 | 13 | 6597 | 5638.8 | 958.3 | 16.99% | 69 |
| 80 | PP-FO-001 | 飞毛腿 M100 | 移动电源 | 飞毛腿 | 30 | 2982.9 | 2470.6 | 512.3 | 20.74% | 39 |
| 81 | PP-MI-001 | 小米 移动电源 | 移动电源 | 小米 | 25 | 1966.9 | 1591.4 | 375.5 | 23.60% | 25 |
| 82 | PP-PS-001 | 品胜 易充匹 | 移动电源 | 品胜 | 25 | 2481.4 | 2069.4 | 412.0 | 19.91% | 45 |
| 90 | MD-WD-001 | WD Element | 移动硬盘 | 西部数据 | 30 | 12583 | 10494.7 | 2088.3 | 19.90% | 46 |
| 91 | MD-SG-001 | Seagate Ba | 移动硬盘 | 希捷 | 24 | 15974 | 13097.3 | 2876.7 | 21.96% | 32 |
| 92 | MD-WD-002 | WD Element | 移动硬盘 | 西部数据 | 23 | 14963 | 11683.1 | 3279.9 | 28.07% | 13 |
| 103 | YX-ED-001 | 漫步者 R101 | 音箱 | 漫步者 | 18 | 2345 | 1953.4 | 391.6 | 20.05% | 42 |
| 104 | YX-ED-002 | 漫步者 R10U | 音箱 | 漫步者 | 18 | 1220.3 | 1054.2 | 166.1 | 15.76% | 81 |
| 105 | YX-MB-001 | 麦博 M100U | 音箱 | 麦博 | 13 | 1292.7 | 1069.3 | 223.5 | 20.90% | 37 |
| 116 | SR-MI-001 | 小米手环（ | 智能手环 | 小米 | 19 | 1839.4 | 1425.0 | 414.4 | 29.08% | 12 |
| 117 | SR-LS-001 | 乐心 Mambo | 智能手环 | 乐心 | 10 | 991.2 | 795.0 | 196.2 | 24.68% | 21 |
| 118 | SR-WK-001 | 玩咖 70 彩 | 智能手环 | 玩咖 | 9 | 911.4 | 781.0 | 130.4 | 16.70% | 75 |

库存结构分析　销售统计　销售冠军榜　线上　线下

就绪　　　　100%

图 8-11　使用自定义排序找出各类别销量排前 3 名的商品

图 8-11 是按商品类别和销售数量 2 个条件进行自定义排序的结果。用类似的方法可以完成任务三，制作品牌的明星产品榜。店铺经营者可以根据各榜单情况制定销售策略。

## 8.2.3 高级排序

### 1. 自定义序列排序

Excel 默认可以作为排序依据的包括数值类型（数字或日期和时间）数据的大小、文本的字母顺序或笔画数大小等，但某些时候用户可能需要依据超出上述范围之外的某些特殊的规律来排序。例如，假设为店铺设置了若干个职位，包括"主管"、"综合员"、"组长"、"员工"等，要按照职位高低的顺序来排序，仅凭 Excel 默认的排序依据是无法完成的。此时，可以通过“自定义序列”的方法来创建一个特殊的顺序原则，并要求 Excel 根据这个顺序进行排序。Excel 提供了内置的星期日期和年月自定义列表。除此之外，还可以创建用户自己的自定义列表。

在图 8-12 所示的表格中记录着小孟团队成员的基本信息，其中 D 列是所有成员的“职务”，现在需要按“职务”岗位的高低来排序表格，具体操作步骤如下。

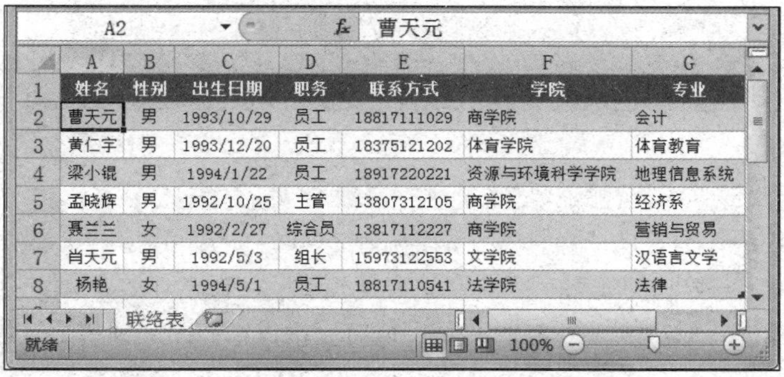

| | A | B | C | D | E | F | G |
|---|---|---|---|---|---|---|---|
| 1 | 姓名 | 性别 | 出生日期 | 职务 | 联系方式 | 学院 | 专业 |
| 2 | 曹天元 | 男 | 1993/10/29 | 员工 | 18817111029 | 商学院 | 会计 |
| 3 | 黄仁宇 | 男 | 1993/12/20 | 员工 | 18375121202 | 体育学院 | 体育教育 |
| 4 | 梁小锟 | 男 | 1994/1/22 | 员工 | 18917220221 | 资源与环境科学学院 | 地理信息系统 |
| 5 | 孟晓辉 | 男 | 1992/10/25 | 主管 | 13807312105 | 商学院 | 经济系 |
| 6 | 聂兰兰 | 女 | 1992/2/27 | 综合员 | 13817112227 | 商学院 | 营销与贸易 |
| 7 | 肖天元 | 男 | 1992/5/3 | 组长 | 15973122553 | 文学院 | 汉语言文学 |
| 8 | 杨艳 | 女 | 1994/5/1 | 员工 | 18817110541 | 法学院 | 法律 |

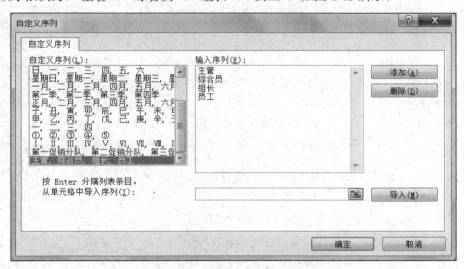

图 8-12　员工基本信息表

① 用 6.1 节介绍的创建自定义序列的方法创建自定义序列，各个元素按“职务”岗位高低顺序依次为：“主管”、“综合员”、“组长”、“员工”，如图 8-13 所示。

图 8-13　表示“职务”岗位高低的自定义序列

② 选择图 8-12 所示的表格中的任意一个单元格，如 A2。

③ 在“数据”选项卡的“排序和筛选”组中，单击“排序”按钮，打开“排序”对话框。

④ 在“主要关键字”下拉列表中选择“职务”，“排序依据”下拉列表中选择默认值“数值”，“次序”下拉列表中选择“自定义序列”，打开“自定义序列”对话框。

⑤ 选择所需的列表。使用在第①步中创建的自定义序列，选择“主管，综合员，组长，员工”，单击“确定”按钮，返回“排序”对话框。

⑥ 单击“确定”按钮关闭“排序”对话框，完成排序操作，结果如图 8-14 所示，表格中的数据按照“职务”岗位由高到低的顺序排列。

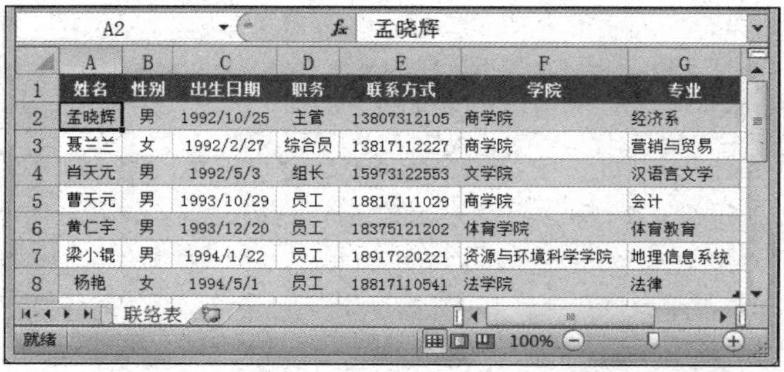

| 姓名 | 性别 | 出生日期 | 职务 | 联系方式 | 学院 | 专业 |
|---|---|---|---|---|---|---|
| 孟晓辉 | 男 | 1992/10/25 | 主管 | 13807312105 | 商学院 | 经济系 |
| 聂兰兰 | 女 | 1992/2/27 | 综合员 | 13817112227 | 商学院 | 营销与贸易 |
| 肖天元 | 男 | 1992/5/3 | 组长 | 15973122553 | 文学院 | 汉语言文学 |
| 曹天元 | 男 | 1993/10/29 | 员工 | 18817111029 | 商学院 | 会计 |
| 黄仁宇 | 男 | 1993/12/20 | 员工 | 18375121202 | 体育学院 | 体育教育 |
| 梁小锟 | 男 | 1994/1/22 | 员工 | 18917220221 | 资源与环境科学学院 | 地理信息系统 |
| 杨艳 | 女 | 1994/5/1 | 员工 | 18817110541 | 法学院 | 法律 |

图 8-14　按“职务”岗位从高到低进行自定义排序的结果

## 2．按单元格颜色、字体颜色或单元格图标排序

在实际工作中，为突出标注具有一定特征的数据，会为单元格手动或有条件地设置不同的底纹、字体颜色或图标以示区别。为了更好地查看这些数据，Excel 提供了按单元格颜色、字体颜色或图标排序的功能。图 8-15 显示了所有手机类别商品的销售统计信息，其中利润金额列应用条件格式创建了图标集，下面以此表格为例，介绍按照图标标记进行排序的方法，具体操作步骤如下。

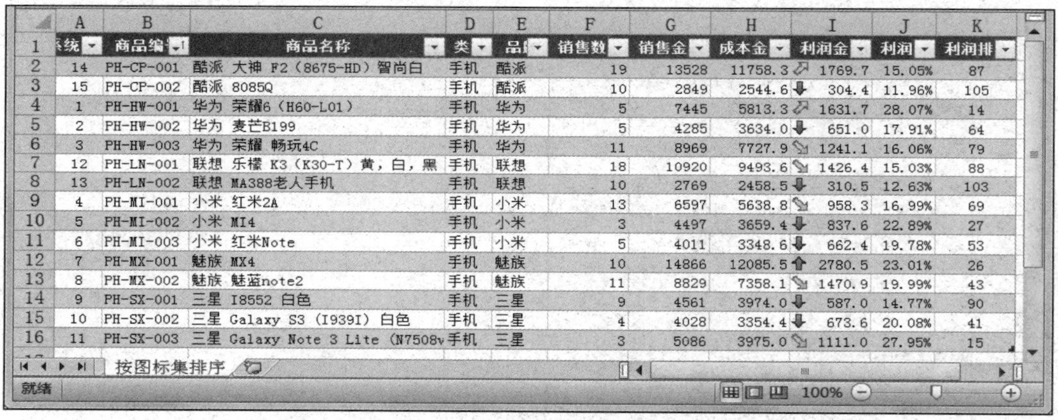

| 系统 | 商品编 | 商品名称 | 类 | 品 | 销售数 | 销售金 | 成本金 | 利润金 | 利润 | 利润排 |
|---|---|---|---|---|---|---|---|---|---|---|
| 14 | PH-CP-001 | 酷派 大神 F2（8675-HD）智尚白 | 手机 | 酷派 | 19 | 13528 | 11758.3 | 1769.7 | 15.05% | 87 |
| 15 | PH-CP-002 | 酷派 8085Q | 手机 | 酷派 | 10 | 2849 | 2544.6 | 304.4 | 11.96% | 105 |
| 1 | PH-HW-001 | 华为 荣耀6（H60-L01） | 手机 | 华为 | 5 | 7445 | 5813.3 | 1631.7 | 28.07% | 14 |
| 2 | PH-HW-002 | 华为 麦芒B199 | 手机 | 华为 | 5 | 4285 | 3634.0 | 651.0 | 17.91% | 64 |
| 3 | PH-HW-003 | 华为 荣耀 畅玩4C | 手机 | 华为 | 11 | 8969 | 7727.9 | 1241.1 | 16.06% | 79 |
| 12 | PH-LN-001 | 联想 乐檬 K3（K30-T）黄，白，黑 | 手机 | 联想 | 18 | 10920 | 9493.6 | 1426.4 | 15.03% | 88 |
| 13 | PH-LN-002 | 联想 MA388老人手机 | 手机 | 联想 | 10 | 2769 | 2458.5 | 310.5 | 12.63% | 103 |
| 4 | PH-MI-001 | 小米 红米2A | 手机 | 小米 | 13 | 6597 | 5638.8 | 958.3 | 16.99% | 69 |
| 5 | PH-MI-002 | 小米 MI4 | 手机 | 小米 | 3 | 4497 | 3659.4 | 837.6 | 22.89% | 27 |
| 6 | PH-MI-003 | 小米 红米Note | 手机 | 小米 | 5 | 4011 | 3348.6 | 662.4 | 19.78% | 53 |
| 7 | PH-MX-001 | 魅族 MX4 | 手机 | 魅族 | 10 | 14866 | 12085.5 | 2780.5 | 23.01% | 26 |
| 8 | PH-MX-002 | 魅族 魅蓝note2 | 手机 | 魅族 | 11 | 8829 | 7358.1 | 1470.9 | 19.99% | 43 |
| 9 | PH-SX-001 | 三星 I8552 白色 | 手机 | 三星 | 9 | 4561 | 3974.0 | 587.0 | 14.77% | 90 |
| 10 | PH-SX-002 | 三星 Galaxy S3（I939I）白色 | 手机 | 三星 | 4 | 4028 | 3354.4 | 673.6 | 20.08% | 41 |
| 11 | PH-SX-003 | 三星 Galaxy Note 3 Lite（N7508v | 手机 | 三星 | 3 | 5086 | 3975.0 | 1111.0 | 27.95% | 15 |

图 8-15　应用了图标集显示的表格

① 选择表格或单元格区域中的任意单元格。

② 在“数据”选项卡的“排序和筛选”组中，单击“排序”按钮，打开“排序”对话框。

③ 在“主要关键字”下拉列表中选择“利润金额”，在“排序依据”下拉列表中选择“单元格图标”，在“次序”下拉列表中选择需要排序的图标，然后根据需要选择排序方式：

- 若要将选择的图标移到顶部，则选择“在顶端”；
- 若要将选择的图标移到底部，则选择“在底端”。

本例中，首先选择绿色向上图标，然后选择“在顶端”，表示带有绿色向上箭头图标的记录将靠前排列，如图 8-16 所示。

④ 如果要指定作为排序依据的下一个单元格图标，需要添加新的排序条件。可单击“复制条件”按钮，添加一个“次要关键字”，然后重复步骤③。本例中，第一个“次要关键字”选择橙黄色斜向上箭头图标，设置为“在顶端”；第二个“次要关键字”选择橙黄色斜向下箭头图标，设置为“在顶端”；第三个“次要关键字”选择红色向下箭头图标，设置为“在

底端”（第三个“次要关键字”可不用），如图 8-16 所示。

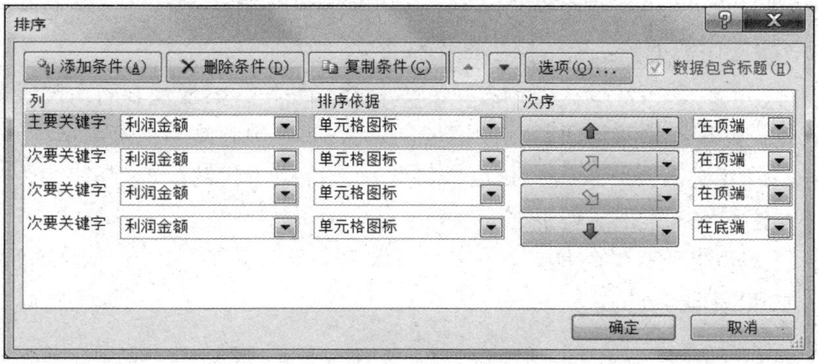


图 8-16　在“排序”对话框中设置按单元格图标排序

⑤ 单击“确定”按钮，关闭“排序”对话框，完成按单元格图标集排序操作，结果如图 8-17 所示，表格中的数据按照设置的图标集顺序排列。

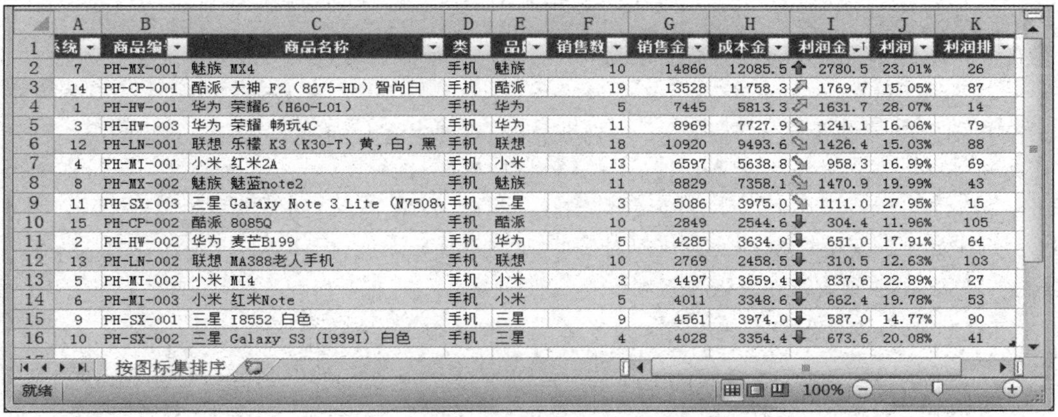

| | A | B | C | D | E | F | G | H | I | J | K |
|---|---|---|---|---|---|---|---|---|---|---|---|
| 1 | 统 | 商品编号 | 商品名称 | 类 | 品牌 | 销售数 | 销售金 | 成本金 | 利润金 | 利润 | 利润排 |
| 2 | 7 | PH-MX-001 | 魅族 MX4 | 手机 | 魅族 | 10 | 14866 | 12085.5 | 2780.5 | 23.01% | 26 |
| 3 | 14 | PH-CP-001 | 酷派 大神 F2（8675-HD）智尚白 | 手机 | 酷派 | 19 | 13528 | 11758.3 | 1769.7 | 15.05% | 87 |
| 4 | 1 | PH-HW-001 | 华为 荣耀6（H60-L01） | 手机 | 华为 | 5 | 7445 | 5813.3 | 1631.7 | 28.07% | 14 |
| 5 | 3 | PH-HW-003 | 华为 荣耀 畅玩4C | 手机 | 华为 | 11 | 8969 | 7727.9 | 1241.1 | 16.06% | 79 |
| 6 | 12 | PH-LN-001 | 联想 乐檬 K3（K30-T）黄，白，黑 | 手机 | 联想 | 18 | 10920 | 9493.6 | 1426.4 | 15.03% | 88 |
| 7 | 4 | PH-MI-001 | 小米 红米2A | 手机 | 小米 | 13 | 6597 | 5638.8 | 958.3 | 16.99% | 69 |
| 8 | 8 | PH-MX-002 | 魅族 魅蓝note2 | 手机 | 魅族 | 11 | 8829 | 7358.1 | 1470.9 | 19.99% | 43 |
| 9 | 11 | PH-SX-003 | 三星 Galaxy Note 3 Lite（N7508v | 手机 | 三星 | 3 | 5086 | 3975.0 | 1111.0 | 27.95% | 15 |
| 10 | 15 | PH-CP-002 | 酷派 8085Q | 手机 | 酷派 | 10 | 2849 | 2544.6 | 304.4 | 11.96% | 105 |
| 11 | 2 | PH-HW-002 | 华为 麦芒B199 | 手机 | 华为 | 5 | 4285 | 3634.0 | 651.0 | 17.91% | 64 |
| 12 | 13 | PH-LN-002 | 联想 MA388老人手机 | 手机 | 联想 | 10 | 2769 | 2458.5 | 310.5 | 12.63% | 103 |
| 13 | 5 | PH-MI-002 | 小米 MI4 | 手机 | 小米 | 3 | 4497 | 3659.4 | 837.6 | 22.89% | 27 |
| 14 | 6 | PH-MI-003 | 小米 红米Note | 手机 | 小米 | 5 | 4011 | 3348.6 | 662.4 | 19.78% | 53 |
| 15 | 9 | PH-SX-001 | 三星 I8552 白色 | 手机 | 三星 | 9 | 4561 | 3974.0 | 587.0 | 14.77% | 90 |
| 16 | 10 | PH-SX-002 | 三星 Galaxy S3（I939I）白色 | 手机 | 三星 | 4 | 4028 | 3354.4 | 673.6 | 20.08% | 41 |



图 8-17　按利润金额列的单元格图标集排序的结果

图 8-17 显示了按利润金额列的单元格图标集排序的结果。可以看出“魅族 MX4”手机的利润金额一枝独秀，“酷派 大神 F2”和“华为 荣耀 6”的利润也还算可观。还有部分手机的利润金额不是很理想，可以考虑削减这些商品。

用类似的方法也可以为设置了底纹或者字体颜色的单元格按单元格底纹或字体颜色排序，这只需要在“排序”对话框中设置“排序依据”，选择“单元格颜色”或者“字体颜色”，然后在“次序”下选择需要排序的颜色和排序方式即可。

# 8.3 数据的筛选

排序可按照某种顺序重新排列数据，便于查看。但当用户只需查看某一部分符合特定条件的数据时，使用“筛选”功能则更为方便。

数据筛选是一种用于快速查找数据的方法。通过使用筛选功能，可以使得用户快速而又方便地从大量数据中查找到所需要的信息。筛选的结果仅显示那些满足指定条件的行，并隐藏那些不满足条件的行。当清除筛选条件后，隐藏的数据又会被显示出来。这样，用户可以更方便地对数据进行浏览和分析。Excel 提供了自动筛选和高级筛选两种数据筛选的方式。本节将使用数据筛选完成以下四个任务。

- 任务一：分析销售清单，按销售日期、分类、品牌等因素查看商品销售情况。
- 任务二：分析销售统计表，找出销售量最大的 10 种商品与销售量低于 3 的商品。
- 任务三：分析销售统计表，找出销售数量 >=3 或者销售金额 >=2000，并且利润率高于中值利润率的所有商品。
- 任务四：设计"库存查询"工作表，可根据分类、品牌、库存、部分商品名等信息进行单独或组合查询。

## 8.3.1 自动筛选

Excel 2010 的自动筛选功能非常强大，可以筛选文本、数字、日期或时间、最大或最小值、平均数以上或以下的数字、空值或非空值，也可以按选定内容或者按单元格的颜色、字体颜色或图标集进行筛选。其中，文本筛选还可以实现对文本型数据的模糊查询。配合搜索框的使用，Excel 2010 的自动筛选功能基本可满足大部分数据查询的需要。

想要使用 Excel 的自动筛选功能，首先要激活筛选功能。在 Excel 2010 中，创建表格时会自动进入"自动筛选"状态，表格标题行的各列中将分别显示出一个下拉按钮。以分析销售清单为例，需要查看 2015 年 10 月的商品销售情况，完成本节任务一，具体操作步骤如下。

① 选择"销售清单"表格中的任意单元格（如果没有为销售统计工作表创建表格，则选择包含数值数据的单元格区域）。

② 如果表格标题行的各列中未显示表示"自动筛选"功能的下拉按钮，则选择"数据"选项卡，单击"排序和筛选"组的"筛选"按钮，则表格标题行的单元格会出现下拉列表框，如图 8-18 所示。

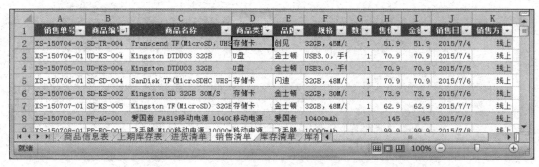

图 8-18 进入"自动筛选"模式

③ 单击需要进行筛选的数据列的标题的下拉列表按钮，Excel 会弹出一个快捷菜单对话框，利用该菜单可以构造各种筛选条件。例如单击"商品类别"标题单元格中的下拉列表按钮，弹出的快捷菜单如图 8-19 所示，其中各项含义如下。

- 选项列表框：显示了该数据列中所有不同的数据值。其中选择"（全选）"表示显示所有的数据，相当于不进行筛选；如果想要显示指定类别的数据，则需要取消"（全

选 )"复选框，然后选择指定类别的复选框。

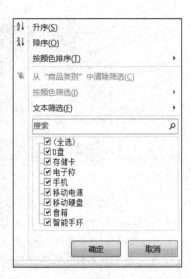

图 8-19 "自动筛选"下拉菜单

- 搜索文本框：利用搜索文本框可以非常方便地搜索需要筛选出来的数据。例如，可以在搜索文本框中输入"移动"即可选择"移动电源"、"移动硬盘"。自动筛选功能的"搜索"在进行文本类型数据筛选并且选项列表框的数据项较多时非常实用。注意：使用搜索功能时，将只搜索显示的数据，而不搜索未显示的数据。若要搜索所有数据，需要清除筛选。
- 文本筛选：为自定义自动筛选方式，用于进行复杂条件的筛选操作。"文本筛选"可以设定各种比较条件（如"等于"、"开头是"、"包含"等）进行筛选，比使用"搜索文本框"更为细致精确。Excel 2010会自动根据数据列的数据类型显示该菜单选项。例如，针对日期、时间类型的数据列将显示为"日期筛选"，数字类型显示为"数字筛选"。而不同的筛选方式下的可用筛选条件也是不同的，例如"日期筛选"可以按年、季度、月、周、天等方式进行筛选。"文本筛选"中的"自定义筛选"菜单项还可用于构造多条件（2个条件）的筛选。
- 按颜色筛选：如果为该列设置了单元格底纹、字体颜色或者图标集，则该菜单选项可用。选择该菜单选项以后，根据该列中已经设置的格式类型可显示"按单元格颜色筛选"、"按字体颜色筛选"或"按单元格图标筛选"，最后根据实际需要，选择要筛选的单元格颜色、字体颜色或单元格图标即可。
- 从"商品类别"中清除筛选：本例中，如果已经针对"商品类别"字段进行了筛选操作，则该菜单可用，否则不可用。选择该菜单选项可以清除该列上的筛选条件。
- 升序、降序、按颜色排序：进行筛选操作以后，为了更好地查看筛选结果，可以对筛选的结果进行升序、降序、按颜色排序等排序操作。

图 8-20 销售日期的"自动筛选"下拉菜单

④ 本例中，要查看 2015 年 10 月的商品销售情况，需单击"销售日期"标题单元格中的下拉列表按钮，取消选项列表框中的"( 全选 )"，然后选择"2015"底下的"十月"复选框，或者直接在搜索文本框中输入"十月"，如图 8-20 所示，然后单击"确定"按钮，即可得到筛选结果，如图 8-21 所示（注意观察左侧的行号）。

⑤ 如果需要恢复筛选前的显示状态，可以在"销售日期"的下拉菜单中选择"从'销售日期'中清除筛选"菜单选项，清除该列上的筛选条件。如果想要一次性清除所有列上的筛选条件，可单击"排序和筛选"组的"清除"按钮。

| | A | B | C | D | E | F | G | H | I | J | K |
|---|---|---|---|---|---|---|---|---|---|---|---|
| 1 | 销售单号 | 商品编号 | 商品名称 | 商品类别 | 品牌 | 规格 | 数量 | 售价 | 金额 | 销售日期 | 销售方 |
| 845 | XS-151001-01 | MD-SG-003 | seagate Expansion 新睿翼 | 移动硬盘 | 希捷 | 2.5英寸，US | 1 | 419 | 419 | 2015/10/1 | 线下 |
| 846 | XS-151001-02 | EW-LS-001 | 乐心 电子称体重秤 A3（白） | 电子称 | 乐心 | 2.42kg，智育 | 1 | 59.9 | 59.9 | 2015/10/1 | 线上 |
| 847 | XS-151001-02 | SD-SD-001 | SanDisk SD 32GB 40M/S | 存储卡 | 闪迪 | 32GB，40M/S | 1 | 91.9 | 91.9 | 2015/10/1 | 线上 |
| 848 | XS-151001-02 | YX-ED-002 | 漫步者 R10U 2.0声道 多媒体音箱 | 漫步者 | 电脑音箱，豪 | 1 | 68 | 68 | 2015/10/1 | 线上 |
| 849 | XS-151002-01 | MD-WD-006 | WD My Passport Ultra 2TB | 移动硬盘 | 西部数据 | 2.5英寸，U | 1 | 669 | 669 | 2015/10/2 | 线上 |
| 850 | XS-151002-02 | PP-MI-002 | 小米 移动电源 5000mAh | 移动电源 | 小米 | 5000mAh | 1 | 56.8 | 56.8 | 2015/10/2 | 线上 |
| 851 | XS-151002-02 | SD-SD-001 | SanDisk SD 32GB 40M/S | 存储卡 | 闪迪 | 32GB，40M/S | 1 | 91.9 | 91.9 | 2015/10/2 | 线上 |
| 852 | XS-151002-02 | SB-MI-001 | 小米手环（黑色原封） | 智能手环 | 小米 | 140.00g | 1 | 95.9 | 95.9 | 2015/10/2 | 线上 |

商品信息表　上期库存表　进货清单　销售清单　库存清单　库和

就绪　在 1420 条记录中找到 242 个　　　　　100%

图 8-21　选择"2015 年 10 月"后的自动筛选结果

⑥ 如果想要退出"自动筛选"模式，只需要再次选择"排序和筛选"组的"筛选"命令，这时会发现表格行各列中的下拉列表按钮消失，表格恢复到筛选前的显示状态。

类似地，如果需要查看各个品牌或者分类的商品销售情况，进入"自动筛选"模式后单击"品牌"或者"商品分类"旁边的下拉按钮，从快捷菜单中选择需查看的品牌或分类即可。

【注意】

使用自动筛选可以创建 3 种筛选类型：按值列表、按格式或按条件。对于每个单元区域或数据列来说，这 3 种筛选类型是互斥的。例如，不能既按单元格颜色又按数字列表进行筛选，只能在三者中任选其一；也不能既按图标又按自定义筛选进行筛选，只能在二者中任选其一。

## 8.3.2　多列筛选

如果需要进一步筛选 2015 年 10 月的 U 盘类商品中金士顿品牌的销售记录，则需要分别对"销售日期"、"商品类别"和"品牌"进行 3 步筛选。具体操作步骤如下。

① 激活筛选功能：选择"销售清单"表格中的任意单元格，单击"数据"选项卡的"排序与筛选"组的"筛选"按钮，则表格标题行的单元格将出现下拉列表框。

② 单击"销售日期"列的下拉列表按钮，在弹出的快捷菜单中取消选项列表框中的"( 全选 )"复选框，然后选择"2015"下的"十月"复选框，单击"确定"按钮。

③ 单击"商品类别"列的下拉按钮，在弹出的快捷菜单中取消选项列表框中的"( 全选 )"复选框，然后选择"U 盘"复选框，单击"确定"按钮。

④ 单击"品牌"列的下拉按钮，在弹出的快捷菜单中取消选项列表框中的"( 全选 )"复选框，然后选择"金士顿"复选框，单击"确定"按钮，即得到了需要的结果，如图 8-22 所示（注意观察左侧的行号）。

| | A | B | C | D | E | F | G | H | I | J | K |
|---|---|---|---|---|---|---|---|---|---|---|---|
| 1 | 销售单号 | 商品编号 | 商品名称 | 商品类 | 品牌 | 规格 | 数 | 售价 | 金额 | 销售日期 | 销售方 |
| 875 | XS-151008-01 | UD-KS-001 | Kingston DT 100G3 16GB | U盘 | 金士顿 | USB3.0，160 | 2 | 39.9 | 79.8 | 2015/10/8 | 线上 |
| 878 | XS-151009-02 | UD-KS-002 | Kingston DT 100G3 64GB | U盘 | 金士顿 | USB3.0，640 | 1 | 129 | 129 | 2015/10/9 | 线上 |
| 879 | XS-151009-02 | UD-KS-003 | Kingston DT SE9G2 128GB | U盘 | 金士顿 | USB3.0，128 | 1 | 299 | 299 | 2015/10/9 | 线上 |
| 896 | XS-151013-01 | UD-KS-002 | Kingston DT 100G3 64GB | U盘 | 金士顿 | USB3.0，640 | 1 | 129 | 129 | 2015/10/13 | 线上 |
| 911 | XS-151016-01 | UD-KS-002 | Kingston DTDUO3 64GB | U盘 | 金士顿 | USB3.0，手 | 2 | 72.9 | 145.8 | 2015/10/16 | 线上 |
| 918 | XS-151016-03 | UD-KS-001 | Kingston DT 100G3 16GB | U盘 | 金士顿 | USB3.0，160 | 1 | 39.9 | 39.9 | 2015/10/16 | 线上 |
| 919 | XS-151016-03 | UD-KS-003 | Kingston DT SE9G2 128GB | U盘 | 金士顿 | USB3.0，128 | 1 | 299 | 299 | 2015/10/16 | 线上 |
| 920 | XS-151016-03 | UD-KS-004 | Kingston DTDUO3 32GB | U盘 | 金士顿 | USB3.0，手 | 2 | 72.9 | 145.8 | 2015/10/16 | 线上 |

商品信息表　上期库存表　进货清单　销售清单　库存清单　库和

就绪

图 8-22　自动筛选"2015 年 10 月、U 盘、金士顿品牌"的销售记录

Excel 的筛选是可累加的，多列筛选按多个列上设置的筛选条件逐步进行，每个追加的筛选操作都基于当前筛选结果进行，从而逐步减少了所显示数据的子集，直至最后一个筛选完成，即得到了最终要求的筛选结果。

### 8.3.3 单列多条件筛选

多列筛选在每列上只能使用一个筛选条件，如果需要在同一列上同时使用多个筛选条件，则需要使用自定义筛选功能。例如本节的任务二：分析销售统计表，找出销售数量最大的 10 种商品和销售量低于 3 的商品。这里，在销售数量列上涉及两个条件：销售量最大的 10 种商品和销售量低于 3 的商品。完成此任务的操作步骤如下。

① 激活筛选功能，表格标题行的单元格出现下拉列表框。

② 单击"销售数量"列的下拉列表按钮，在弹出的快捷菜单中选择"数字筛选"菜单项，在其中选择"10 个最大的值…"菜单项，Excel 会弹出"自动筛选前 10 个"对话框，如图 8-23 所示。在图 8-23 中的"显示"下拉列表中选择"最大"，然后在编辑框中输入 10。单击"确定"按钮关闭对话框。

图 8-23 "自动筛选前 10 个"对话框

③ 再次单击"销售数量"列的下拉列表按钮，在弹出的快捷菜单中选择"数字筛选"菜单项，在其中选择"自定义筛选…"菜单项，Excel 会弹出"自定义自动筛选方式"对话框，如图 8-24 所示。在"销售数量"下方的第一个下拉列表框中显示了"大于或等于"，右侧显示了数字"30"，即通过第②步构造好的第一个筛选条件"销售量最大的 10 种…"而生成。在下方的两个列表框中构造第二个筛选条件，选择"小于或等于"，并在右侧的下拉列表框中选择或直接输入"3"。由于两个条件只要满足一个即可，因此选中"或"单选按钮。设置好的对话框如图 8-24 所示。

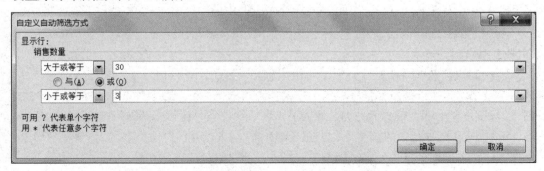

图 8-24 设置"自定义自动筛选方式"对话框

④ 单击"确定"按钮，即可得到需要的结果，如图 8-25 所示（注意：对筛选的结果进行了"降序"排列）。

| 商品编号 | 商品名称 | 商品类 | 品牌 | 销售数量 | 销售金 | 成本金 | 利润金 | 利润率 | 利润排 |
|---|---|---|---|---|---|---|---|---|---|
| | | | | 1610 | 311656.4 | 258495.3 | 53161.1 | 20.57% | |
| SD-SD-003 | SanDisk TF | 存储卡 | 闪迪 | 51 | 2055.1 | 1843.3 | 211.8 | 11.49% | 107 |
| SD-KS-005 | Kingston T | 存储卡 | 金士顿 | 45 | 2775.8 | 2448.2 | 327.6 | 13.38% | 96 |
| UD-KS-004 | Kingston D | U盘 | 金士顿 | 36 | 2551.4 | 2231.2 | 320.2 | 14.35% | 91 |
| SD-KS-004 | Kingston T | 存储卡 | 金士顿 | 36 | 1109.4 | 998.5 | 110.9 | 11.10% | 108 |
| SD-SX-001 | SAMSUNG TF | 存储卡 | 三星 | 35 | 1205.5 | 1129.2 | 76.3 | 6.76% | 117 |
| UD-KS-001 | Kingston D | U盘 | 金士顿 | 34 | 1363.6 | 1193.9 | 169.7 | 14.22% | 93 |
| SD-SD-004 | SanDisk TF | 存储卡 | 闪迪 | 34 | 2364.9 | 2092.2 | 272.7 | 13.03% | 99 |
| MD-WD-001 | WD Element | 移动硬盘 | 西部数据 | 30 | 12583 | 10494.7 | 2088.3 | 19.90% | 46 |
| SD-TR-003 | Transcend | 存储卡 | 创见 | 30 | 891 | 810.8 | 80.2 | 9.89% | 111 |
| PP-FO-001 | 飞毛腿 M100 | 移动电源 | 飞毛腿 | 30 | 2982.9 | 2470.6 | 512.3 | 20.74% | 39 |
| PH-MI-002 | 小米 MI4 | 手机 | 小米 | 3 | 4497 | 3659.4 | 837.6 | 22.89% | 27 |
| PH-SX-003 | 三星 Galaxy | 手机 | 三星 | 3 | 5086 | 3975.0 | 1111.0 | 27.95% | 15 |
| YX-DO-001 | dostyle 无 | 音箱 | dostyle | 3 | 533 | 402.8 | 130.3 | 32.34% | 9 |
| YX-DO-002 | dostyle SD | 音箱 | dostyle | 3 | 390 | 319.2 | 70.8 | 22.18% | 31 |
| SR-JB-001 | Jawbone UP | 智能手环 | 卓棒 | 3 | 1847 | 1239.0 | 608.0 | 49.07% | 1 |
| SR-IW-002 | iwown I5pl | 智能手环 | 埃微 | 2 | 258 | 215.3 | 42.7 | 19.81% | 51 |

库存清单　库存查询　库存结构分析　销售统计　销售

图 8-25　筛选"销售量最大的 10 种商品和销售量低于 3 的商品"

## 8.3.4 高级筛选

使用多列筛选,再结合自定义筛选可以实现多条件、复杂的筛选,但是还存在如下问题。

（1）自定义筛选在一列上最多只能使用 2 个条件,并且当筛选的条件比较复杂时,不便于对照检查筛选条件与筛选结果。

（2）自动筛选的多列筛选是累加的,即各列上的筛选条件之间是"并且"或"与"的关系,不能实现"或者"关系的多列筛选,例如,销售数量 >=30 OR 利润率 >=20%。

（3）自动筛选方式下无法精确匹配,也无法使用涉及计算公式的筛选条件,例如筛选高于中值的数据行。

（4）自动筛选的结果只显示符合筛选条件的行,隐藏了不符合条件的行,不便于对照筛选结果和原始数据。并且有时希望将筛选结果复制到其他位置,不影响原始数据的显示。

（5）自动筛选的结果显示了所有的列,而有时希望查询的结果只显示指定列。

利用 Excel 2010 高级筛选,可以构造更加灵活的数据筛选方式,解决上述自动筛选中存在的问题。

使用高级筛选前,应先在数据单元格区域外设置一个条件区域,用来指定筛选条件。该条件区域的第一行是条件标签,用于输入作为筛选条件的字段名称（如果不是计算公式列,字段名必须与需要筛选的数据区域的字段名一致）,条件区域的其他行则输入筛选条件。条件区域中,在同一行上的条件是"与"关系,不同行上的条件是"或"关系。需要注意的是,条件区域与表格或数据单元格区域不能连接,必须以空行或空列隔开。我们以完成任务三为例,介绍高级筛选的创建方法。

在任务三中,需要"找出销售数量 >=30 或者利润金额 >=2000,并且利润率高于中值利润率的所有商品",该查询涉及 3 个条件,其中第 1 个和第 2 个条件是"或"的关系,它们与第 3 个条件都是"与"关系。此外，第 3 个条件还是一个计算条件，即需要使用计算公式构造筛选条件。要完成任务三，具体操作如下。

① 建立条件区域。在"销售统计"工作表中创建一个条件区域，输入筛选条件，本例中在 A127:C129 单元格区域创建条件区域，在 A127、B127、C127 分别输入条件标签"销售数量"、"利润金额"、"计算的利润率中值"，然后输入筛选条件，如图 8-26 所示。

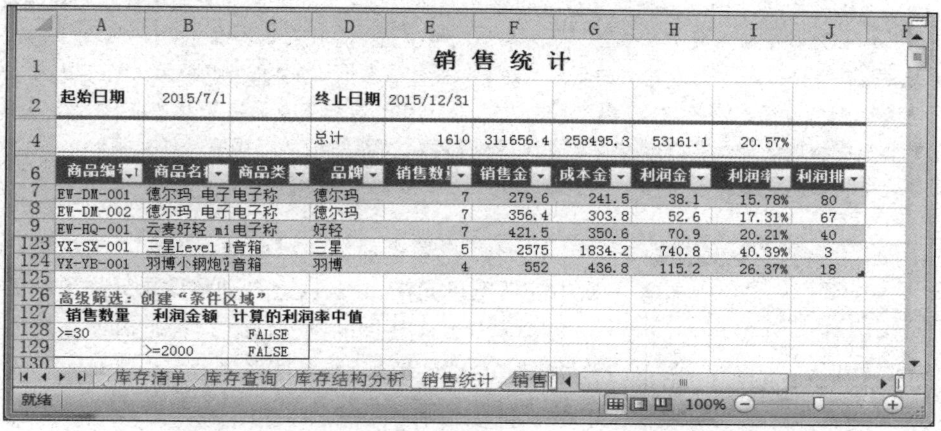

图 8-26　创建"高级筛选"的条件区域

在图 8-26 所示的条件区域中，A127、B127 输入的条件标签必须是数据区域（表格）中的列标题，由于第 3 个条件需要用计算公式构造，C127 输入的条件标签不能是数据区域（表格）中的列标题，但可以是其他任何文本，或者空白。然后在 A128 单元格中输入">=30"，B129 单元格中输入">=2000"，在 C128 和 C129 单元格中输入计算公式"=I7>=MEDIAN( 销售统计 [ 利润率 ])"。图 8-26 所示的条件区域的筛选条件可以解释为：

（销售数量 >=30 AND I7>=MEDIAN( 销售统计 [ 利润率 ])) OR

（利润金额 >=2000 AND I7>=MEDIAN( 销售统计 [ 利润率 ]))

其中，"=I7>=MEDIAN( 销售统计 [ 利润率 ])"用于查找"利润率"列中大于等于所有"利润率"的中值的数值。因为需要将利润率中值 MEDIAN( 销售统计 [ 利润率 ]) 与"利润率"列中的值进行比较，而利润率在 I 列中，I7 是"利润率"列中的第一个数据所在的单元格，按照建立计算条件的原则，必须引用 I7。

**【建立条件区域的注意事项】**

（1）计算条件：筛选条件可以包含若干计算条件。可使用公式的计算结果构造计算条件。使用公式创建条件需要遵循以下规则。

- 公式的计算结果必须为 TRUE 或 FALSE。
- 不要将列标签用作条件标签。条件标签可以为空，或者使用列表区域中并非列标签的标签（在图 8-26 中，是"计算的利润率中值"）。
- 用于创建条件的公式必须使用相对引用来引用第一行数据中的对应单元格，例如在图 8-26 的示例中使用了 I7，这使得在执行筛选时可用列表区域每行中的数据进行公式计算。
- 公式中的所有其他引用必须是绝对引用。

（2）Excel 在筛选文本数据时不区分大小写。如果需要区分大小写，需要使用计算公式构造筛选条件，例如"=EXACT(A7, "Produce")"，A7 是筛选列的第一个数据所在的单元格，"Produce" 是需要精确匹配的文本数据。

（3）对于文本类型的数据，为了表示文本的相等比较运算符，可以在条件区域的相应单元格中输入作为字符串表达式的条件：="= 条目 "，例如想要筛选"手机"，而不想筛选出"手机保护套"，则可以输入：="= 手机 "。

（4）通配符条件：如果在条件区域直接输入文本，则是表示查找列中文本值以这些字符开头的行。例如，如果输入文本"WD"作为条件，则 Excel 将找到多条以"WD"为开头字符的数据行（但如果是以数字形式开头的文本，则是做精确匹配）。若要构造其他形式的非精确匹配，需要使用通配符。通配符有"*"和"?"，"*"表示可以与任意多的字符相匹配，"?"表示只能与单个字符相匹配。如要筛选出类别中最后一个字是"盘"的所有商品，可直接输入"* 盘"，若要筛选商品名称包含了"智能"二字的商品，可直接输入"* 智能 *"。

图 8-27　设置"高级筛选"对话框

②打开"高级筛选"对话框。选定"销售统计"表格中的任意单元格（Excel 会自动将该单元格所在的连续数据区域设置成数据的筛选区域，否则需要在后面的操作中指定筛选区域），然后选择"数据"选项卡，在功能区的"排序和筛选"组内单击"高级"按钮，打开"高级筛选"对话框，如图 8-27 所示。

③在"高级筛选"对话框中进行如下设置。

- 列表区域：即筛选区域，此例中将自动显示第②步中选定单元格所在的连续数据区域。如果第②步未选定单元格，则需要在"列表区域"框中输入数据筛选区域所在的工作表区域。本例中是 $A$6:$J$124。

- 条件区域：输入条件区域（包括条件标签）的引用。在本例中，输入 $A$127:$C$129。

- 复制到：即指定保存结果的区域。若希望通过隐藏不符合条件的行将最终筛选结果显示在原数据区域，则单击"在原有区域显示筛选结果"单选按钮，"复制到"输入框将不可使用；若希望将筛选结果复制到其他位置，则单击"将筛选结果复制到其他位置"，然后在"复制到"编辑框中输入计划粘贴筛选结果的单元格区域的左上角单元格的引用。Excel 将以此单元格为起点，自动向右、向下扩展单元格区域，直到完整地存入全部筛选结果。此例中，希望将筛选结果存放在以 A132 为起点的单元格区域，因此在"复制到"编辑框中输入"A132"。

- 选择不重复的记录：如果希望筛选结果删除重复的记录，需要选择该复选按钮。本例中，不存在重复行，可以不选择该选项。

【小贴士】

（1）在"高级筛选"中，可以将条件区域命名为 Criteria，此时"条件区域"输入框中就会自动出现该区域的引用。也可以将要筛选的列表区域命名为 Database，并将要粘贴筛选结果的区域命名为 Extract，这样，这些区域就会相应地自动出现在"列表区域"和"复制到"输入框中。

（2）将筛选结果复制到其他位置时，可以指定要复制的列。在筛选前，将所需列的列标签复制到计划粘贴筛选结果的区域的首行，然后将这些标签所在区域的引用输入到"复制到"框中，这样，筛选结果将只包含复制的列标签所指定的那些列。

④ 设置好“高级筛选”对话框中的各项之后，单击“确定”按钮，筛选结果如图 8-28 所示。

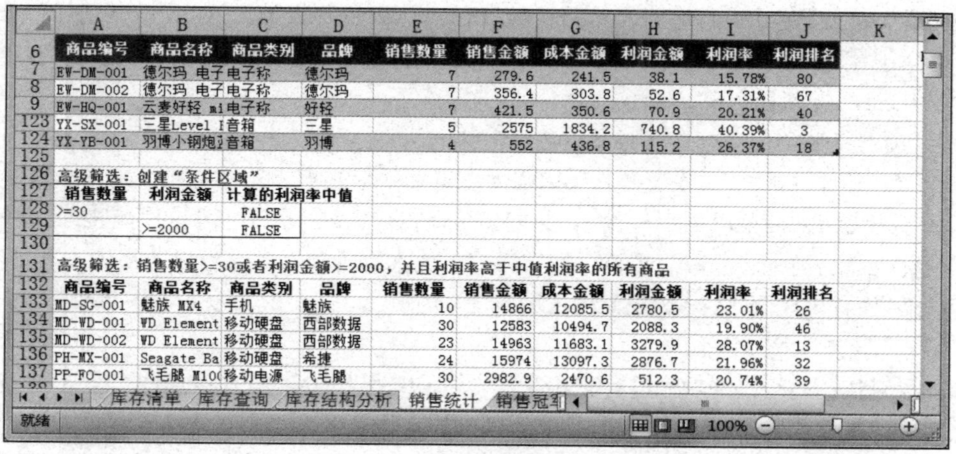

| | A | B | C | D | E | F | G | H | I | J |
|---|---|---|---|---|---|---|---|---|---|---|
| 6 | 商品编号 | 商品名称 | 商品类别 | 品牌 | 销售数量 | 销售金额 | 成本金额 | 利润金额 | 利润率 | 利润排名 |
| 7 | EW-DM-001 | 德尔玛 电子 | 电子称 | 德尔玛 | 7 | 279.6 | 241.5 | 38.1 | 15.78% | 80 |
| 8 | EW-DM-002 | 德尔玛 电子 | 电子称 | 德尔玛 | 7 | 356.4 | 303.8 | 52.6 | 17.31% | 67 |
| 9 | EW-HQ-001 | 云麦好轻 mi | 电子称 | 好轻 | 7 | 421.5 | 350.6 | 70.9 | 20.21% | 40 |
| 123 | YX-SX-001 | 三星Level I | 音箱 | 三星 | 5 | 2575 | 1834.2 | 740.8 | 40.39% | 3 |
| 124 | YX-YB-001 | 羽博小钢炮 | 音箱 | 羽博 | 4 | 552 | 436.8 | 115.2 | 26.37% | 18 |
| 125 | | | | | | | | | | |
| 126 | 高级筛选：创建“条件区域” | | | | | | | | | |
| 127 | 销售数量 | 利润金额 | 计算的利润率中值 | | | | | | | |
| 128 | >=30 | | FALSE | | | | | | | |
| 129 | | >=2000 | FALSE | | | | | | | |
| 130 | | | | | | | | | | |
| 131 | 高级筛选：销售数量>=30或者利润金额>=2000，并且利润率高于中值利润率的所有商品 | | | | | | | | | |
| 132 | 商品编号 | 商品名称 | 商品类别 | 品牌 | 销售数量 | 销售金额 | 成本金额 | 利润金额 | 利润率 | 利润排名 |
| 133 | MD-SG-001 | 魅族 MX4 | 手机 | 魅族 | 10 | 14866 | 12085.5 | 2780.5 | 23.01% | 26 |
| 134 | MD-WD-001 | WD Element | 移动硬盘 | 西部数据 | 30 | 12583 | 10494.7 | 2088.3 | 19.90% | 46 |
| 135 | MD-WD-002 | WD Element | 移动硬盘 | 西部数据 | 23 | 14963 | 11683.1 | 3279.9 | 28.07% | 13 |
| 136 | PH-MX-001 | Seagate Ba | 移动硬盘 | 希捷 | 24 | 15974 | 13097.3 | 2876.7 | 21.96% | 32 |
| 137 | PP-FO-001 | 飞毛腿 M10 | 移动电源 | 飞毛腿 | 30 | 2982.9 | 2470.6 | 512.3 | 20.74% | 39 |



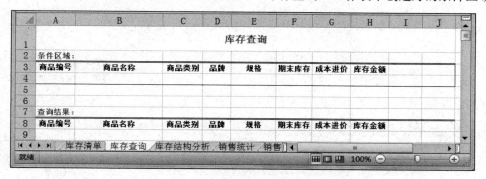

图 8-28　任务三“高级筛选”后的结果

## 8.3.5 利用宏与控件刷新高级筛选结果

在 Excel 2010 中，通过使用高级筛选，可以灵活地构造并实现各种查询操作，完成单列多条件、多列多条件、文本精确匹配与大小写匹配及多个条件之间“与”、“或”关系的复杂查询，并能将筛选结果复制到其他位置而不影响原始数据的显示，还能指定需要显示的数据列。这些高级筛选功能极大地丰富了 Excel 2010 的查询体验，为用户查看和进一步分析数据提供了强有力的工具和手段。

现在让我们来完成本节的最后一个任务，即任务四：设计“库存查询”工作表。在进销存系统中，库存查询是一项很重要的工作。例如，在销售一件商品之前，需要查询该商品是否还有库存，而在登记销售记录时，面对上百种商品，不一定记得每一种商品的编号或名称。此外，还需要在查询库存后根据库存情况制定进货计划等。因此，有必要设计一个专门的“库存查询”工作表，用于频繁的库存查询操作，具体操作过程如下。

### 1. 建立条件区域

根据实际情况，首先在“库存查询”工作表的 A3:J4 单元格区域建立条件区域，不同单元格之间是“与”的关系。如图 8-29 所示为“库存查询”工作表中创建好的条件区域。

| | A | B | C | D | E | F | G | H | I | J |
|---|---|---|---|---|---|---|---|---|---|---|
| 1 | 库存查询 | | | | | | | | | |
| 2 | 条件区域： | | | | | | | | | |
| 3 | 商品编号 | 商品名称 | 商品类别 | 品牌 | 规格 | 期末库存 | 成本进价 | 库存金额 | | |
| 4 | | | | | | | | | | |
| 5 | | | | | | | | | | |
| 6 | | | | | | | | | | |
| 7 | 查询结果： | | | | | | | | | |
| 8 | 商品编号 | 商品名称 | 商品类别 | 品牌 | 规格 | 期末库存 | 成本进价 | 库存金额 | | |
| 9 | | | | | | | | | | |



图 8-29　“库存查询”条件区域

在图 8-29 中，条件区域预留了两个空白列，以备将来可能出现对需要计算条件的查询。此外，为每个表格字段上的查询只预留了一个单元格，这是因为单列上的多条件可以使用逻辑函数 OR 或 AND 进行组合，构造计算条件，然后进行查询。例如，如果想要查询期末库存大于等于 10 或库存等于 0 的商品，可以在 I4 单元格构造计算条件，输入公式"=OR( 库存清单 !H2>=10, 库存清单 !H2=0)"。

2．设置粘贴筛选结果的区域和需要复制的列

构造好条件区域之后，设置筛选结果需要存放的区域和需要复制的列。如图 8-29 所示，计划将筛选结果粘贴至以 A8 单元格作为起始单元格的区域。需要复制的列包括商品编号、商品名称、商品类别、品牌、规格、期末库存、成本进价和库存金额，并将这些标签粘贴到筛选结果的首行，即 A8:H8 单元格区域。

3．录制宏

如果直接用高级筛选功能进行查找，当条件区域发生改变时，筛选结果不会自动更新。为此，可以把整个高级筛选的操作步骤录制为宏，并命名为"库存查询高级筛选"，当查询条件改变后需要自动更新时只要执行宏"库存查询高级筛选"就可以了，操作步骤如下。

① 首先单击"库存查询"工作表的任意空白单元格，然后在"开发工具"选项卡"代码"组中单击"录制"按钮，打开"录制新宏"对话框。

【小贴士】

如果"开发工具"选项卡不可用，选择"文件"菜单中的"选项"命令，弹出"选项"对话框，在"自定义功能区"类别的"主选项卡"列表中，选中"开发工具"复选框，然后单击"确定"按钮，即可在 Excel 2010 中显示"开发工具"选项卡。

② 在"录制新宏"对话框中，将"宏名"设置为"库存查询高级筛选"，如图 8-30 所示。单击"确定"按钮，退出对话框，同时进入宏录制的过程。

图 8-30　在"录制新宏"对话框中设置宏名

③ 在"数据"选项卡的"排序和筛选"组内单击"高级"按钮，打开"高级筛选"对话框，进行如图 8-31 所示的设置，单击"确定"按钮完成高级筛选。

【注意】

图 8-31 中的列表区域使用了名称引用库存清单表格所在的单元格区域，"# 全部"表示取"库存清单"表格的全部区域，包括标题行和数据区域。

图 8-31　设置用于库存查询的"高级筛选"对话框

④ 切换到"开发工具"选项卡，在"代码"组中单击"停止录制"按钮，此时，上一步的操作过程已被记录到宏"库存查询高级筛选"中。

⑤ 保存录制了宏的 Excel 工作簿，在弹出的对话框中单击"是"按钮。若单击"否"按钮，则需要将该工作簿保存为可以运行宏的格式文件，如图 8-32 所示。

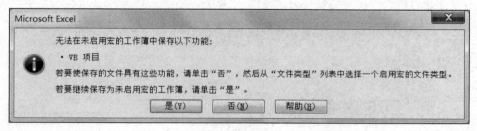

图 8-32　保存录制了宏的 Excel 工作簿

⑥ 宏录制完成之后，在"开发工具"选项卡的"代码"组中单击"宏"按钮，打开"宏"对话框，即可见到刚才录制的宏"库存查询高级筛选"出现在列表框中，如图 8-33 所示。

图 8-33　"宏"对话框

⑦ 如果更改了条件区域的筛选条件，则选择宏名"库存查询高级筛选"，并单击右侧的"执行"按钮，就可对筛选结果实现自动更新。

**知识链接 —— 宏**

　　宏是微软公司为其 Office 软件包设计的一个特殊功能，是软件设计者为了让人们在使用软件进行工作时，避免多次重复相同的动作而设计出来的一种工具。它利用简单的语法，把常用的动作写成宏，当在工作时，就可以直接利用事先编好的宏自动运行，去完成某项特定的任务，而不必再重复相同的动作，目的是让用户文档中的一些任务自动化。

　　简单地说，宏是可运行任意次数的一个操作或一组操作。Word 和 Excel 都支持宏功能。

### 4. 通过控件按钮执行宏

　　在进行库存查询时，如果改变了查询条件，需要通过执行宏"库存查询高级筛选"得到新的筛选结果。但是直接执行宏的步骤烦琐，操作体验不佳，这里可以添加一个按钮，通过单击按钮执行宏，操作步骤如下。

　　① 在"开发工具"选项卡的"控件"组中单击"插入"按钮，在打开的"控件工具箱"中选择"表单控件"中的"按钮（窗体控件）"命令，如图 8-34 所示。

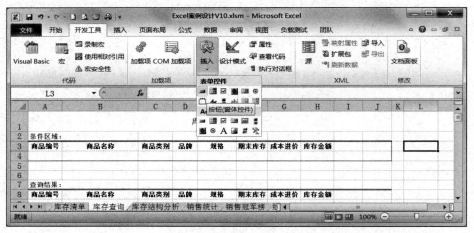

图 8-34　插入表单控件"按钮（窗体控件）"

　　② 在工作表的条件区域右侧的 L3 单元格上拖动鼠标放置一个按钮，同时打开"指定宏"对话框，如图 8-35 所示。

图 8-35　"指定宏"对话框

③ 在"指定宏"对话框中，选择宏名"库存查询高级筛选"，然后单击"确定"按钮返回工作表。"指定宏"操作将该按钮与第 3 步中录制的宏绑定，单击该按钮，即可执行宏"库存查询高级筛选"。

④ 在库存查询工作表中，右击添加的按钮，在打开的快捷菜单中选择"编辑文字"选项，设置按钮的文字为"查询"。

⑤ 更改条件区域，查找商品名称包含"智能"的电子称的库存情况，单击"查询"按钮，即可以实现高级筛选结果的自动更新，结果如图 8-36 所示。

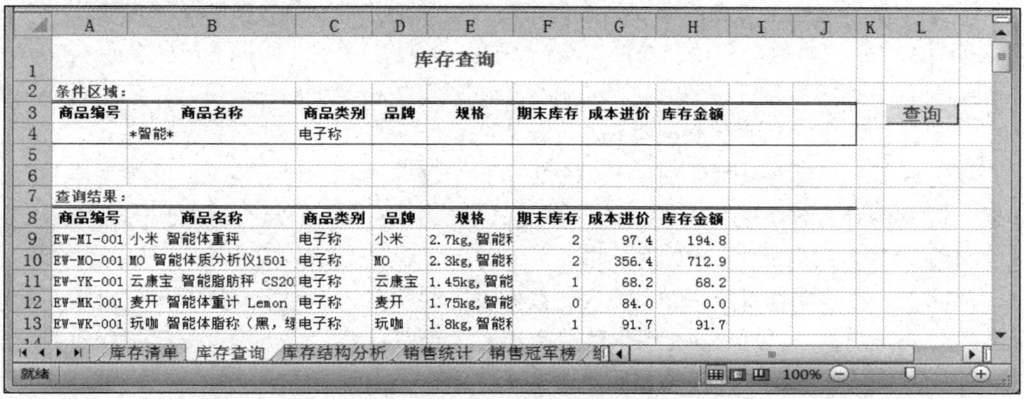

| | A | B | C | D | E | F | G | H | I | J | K | L |
|---|---|---|---|---|---|---|---|---|---|---|---|---|
| 1 | | | | | 库存查询 | | | | | | | |
| 2 | 条件区域： | | | | | | | | | | | |
| 3 | 商品编号 | 商品名称 | 商品类别 | 品牌 | 规格 | 期末库存 | 成本进价 | 库存金额 | | | | 查询 |
| 4 | | *智能* | 电子称 | | | | | | | | | |
| 5 | | | | | | | | | | | | |
| 6 | | | | | | | | | | | | |
| 7 | 查询结果： | | | | | | | | | | | |
| 8 | 商品编号 | 商品名称 | 商品类别 | 品牌 | 规格 | 期末库存 | 成本进价 | 库存金额 | | | | |
| 9 | EW-MI-001 | 小米 智能体重秤 | 电子称 | 小米 | 2.7kg,智能秤 | 2 | 97.4 | 194.8 | | | | |
| 10 | EW-MO-001 | MO 智能体质分析仪1501 | 电子称 | MO | 2.3kg,智能秤 | 2 | 356.4 | 712.9 | | | | |
| 11 | EW-YK-001 | 云康宝 智能脂肪秤 | 电子称 | 云康宝 | 1.45kg,智能 | 1 | 68.2 | 68.2 | | | | |
| 12 | EW-MK-001 | 麦开 智能体重计 Lemon | 电子称 | 麦开 | 1.75kg,智能 | 0 | 84.0 | 0.0 | | | | |
| 13 | EW-WK-001 | 玩咖 智能体脂称（黑，绿） | 电子称 | 玩咖 | 1.8kg,智能秤 | 1 | 91.7 | 91.7 | | | | |

库存清单 库存查询 库存结构分析 销售统计 销售冠军榜

就绪　　　　　　　　　　　　　　　　　　　　　　100%

图 8-36　查询结果

# 第9章　数据的汇总与分析

在本章中，我们需要进一步分析库存和销售情况，发现其中包含的信息，并制作相应的报表后归档，具体完成如下两个任务。

- 任务一：库存结构分析。库存结构是指商品库存总额中各类商品所占的比例，反映库存商品结构状态和库存商品质量。要求按类别分析库存数量和库存金额。
- 任务二：销售数据分析。与销售统计不同，要求对销售数据进行全方位的立体分析，对各个类别和品牌按照月、季度和销售方式等进行详细的销售统计，用户可以根据具体的销售时间、品牌或类别进行动态查询。

要完成第一个任务，可以利用 Excel 2010 的公式与函数设计相应的计算模型得到汇总数据，然后再借助图表进行报表设计。要完成第二个任务，可以将其细分为几个子任务，然后利用公式与函数得到汇总数据，之后再借助高级筛选实现动态查询。

实际上，在许多情况下，要对 Excel 数据表中的数据进行常规分析并不一定需要使用复杂的公式与函数，借助 Excel 提供的分类汇总、合并计算、数据透视表等基础工具，也可以对数据表格进行一些常规的数据分类统计与分析。

# 9.1 分类汇总与分级显示

分类汇总是按照指定的分类字段对数据记录进行分类（排序），然后对记录的指定数据项进行汇总统计，统计的数据项和汇总方式由用户指定。例如，为了计算各类别的库存金额情况，首先对库存分析表按"商品类别"（分类字段）排序，然后指定需要统计的数据项为"库存金额"，汇总方式为"求和"，即可得到汇总结果。通过折叠或展开可以分级显示汇总项和明细数据，便于快捷地创建各类汇总报告。

## 9.1.1 创建分类汇总

要完成本章的任务一，进行商品的库存结构分析，必须先按类别统计库存数量和库存金额。下面以分析库存清单为例，使用分类汇总功能按商品类别字段统计各类商品库存总量和库存金额总额，具体操作如下。

① 首先对库存清单的数据记录按分类字段"商品类别"进行排序。在插入分类汇总之前，如果库存清单为表格，还需要将"库存清单"表格转换为常规数据区域，否则不能使用分类汇总功能。

【注意】

将"库存清单"表格转换为常规数据区域后，"库存清单"表格功能将会被自动删除，所有与"库存清单"表格名称相关的引用都将失效。本例中，为了不破坏"库存清单"的表格功能，建立"库存清单"的复本"库存清单（分类汇总）"进行库存分析，请注意，只粘贴数值，不要直接粘贴或建立副本。

② 单击数据区域中的任意单元格,在"数据"选项卡的"分级显示"组中单击"分类汇总"按钮,弹出"分类汇总"对话框,如图 9-1 所示。

③ 在"分类汇总"对话框中设置分类汇总的各项参数,各选项含义如下。

图 9-1 "分类汇总"对话框

- 分类字段:分类汇总的依据。分类汇总时将具有相同分类字段值的记录作为一组进行统计。在"分类字段"下拉列表框中列出了所有可选分类字段,分类字段必须已经排好序,按本例要求,选择"商品分类"。
- 汇总方式:"汇总方式"下拉列表框中列出了 Excel 中所有可以使用的汇总方式,包括求和、计数、平均值、最大值、最小值、乘积等数十种常用统计项目,按本例要求,选择"求和"。
- 选定汇总项:需要进行统计的数据项。"选定汇总项"的列表框中列出了所有的列标题,从中选择需要汇总的列,列的数据类型必须和汇总方式相符,按本例要求,选择"期末库存"和"库存金额"。
- 选择汇总数据的保存方式:有 3 种方式,本例默认选择第 1 种和第 3 种。选中"替换当前分类汇总"复选框时表示将删除之前的分类汇总,只保留当前分类汇总的结果;选中"每组数据分页"复选框时表示将每组数据及其汇总项单独打印在一页上;选中"汇总结果显示在数据下方"复选框时表示将各分组汇总计算的结果显示在其明细数据的下方。

④ 单击"确定"按钮,Excel 会分析数据列表,运用 SUBTOTAL 函数插入指定的公式,结果如图 9-2 所示。

| | | A | B | C | D | E | F | G | H | I | J |
|---|---|---|---|---|---|---|---|---|---|---|---|
| | 1 | 商品编号 | 商品名称 | 商品类别 | 品牌 | 规格 | 进货数量 | 销售数量 | 期末库存 | 成本进价 | 库存金额 |
| + | 25 | | | U盘 汇总 | | | | | 110 | | 7582.0 |
| + | 49 | | | 存储卡 汇总 | | | | | 150 | | 6787.7 |
| + | 62 | | | 电子称 汇总 | | | | | 23 | | 1837.8 |
| + | 78 | | | 手机 汇总 | | | | | 25 | | 16360.2 |
| + | 89 | | | 移动电源 汇总 | | | | | 28 | | 2446.8 |
| + | 103 | | | 移动硬盘 汇总 | | | | | 28 | | 11610.9 |
| + | 117 | | | 音箱 汇总 | | | | | 24 | | 2386.2 |
| . | 118 | SR-IW-001 | iwown I5智能 | 智能手环 | 埃微 | 160.00g | 8 | 7 | 3 | 84.2 | 252.6 |
| . | 119 | SR-IW-002 | iwown I5pl | 智能手环 | 埃微 | 160.00g | 2 | 2 | 1 | 107.7 | 107.7 |
| . | 120 | SR-HW-001 | 华为荣耀畅 | 智能手环 | 华为 | 160.00g | 6 | 5 | 2 | 292.3 | 584.6 |
| . | 121 | SR-LS-001 | 乐心 Mambo | 智能手环 | 乐心 | 210.00g | 10 | 10 | 0 | 79.5 | 0.0 |
| . | 122 | SR-SX-001 | SAMSUNG Act | 智能手环 | 三星 | 174.00g | 5 | 5 | 1 | 284.3 | 284.3 |
| . | 123 | SR-WK-001 | 玩咖 70 系列 | 智能手环 | 玩咖 | 130.00g | 9 | 9 | 0 | 86.8 | 0.0 |
| . | 124 | SR-MI-001 | 小米手环(黑 | 智能手环 | 小米 | 140.00g | 21 | 19 | 4 | 75.0 | 300.0 |
| . | 125 | SR-JB-001 | Jawbone UP2 | 智能手环 | 卓棒 | 110.00g | 3 | 3 | 1 | 413.0 | 413.0 |
| . | 126 | SR-JB-002 | Jawbone UP | 智能手环 | 卓棒 | 80.00g | 5 | 5 | 1 | 314.0 | 314.0 |
| . | 127 | | | 智能手环 汇总 | | | | | 13 | | 2256.2 |
| - | 128 | | | 总计 | | | | | 401 | | 51267.7 |

销售清单  库存清单  库存查询  库存清单(分类汇总)  库存结

就绪          100%

图 9-2 按"商品类别"对"期末库存"和"库存金额"进行分类汇总的结果

完成汇总之后，对汇总结果进行整理，再结合 Excel 的图表功能，就可以完成本节的第一个任务：分析产品的库存结构。图 9-3 是根据图 9-2 的汇总结果进行库存分析的结果。

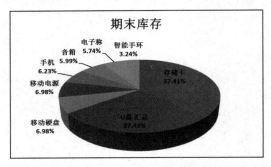
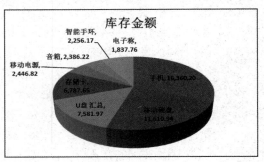

图 9-3　库存结构分析饼图（库存量和金额）

## 9.1.2　分级显示

如图 9-2 所示，左边是分级显示视图，各分级按钮功能说明如下。

**+**：显示明细数据按钮，单击该按钮显示一组折叠的单元格，显示本级别的明细数据。

**−**：隐藏明细数据按钮，单击该按钮折叠一组单元格，隐藏本级别的明细数据。

**1 2 3**：分层显示按钮，指定显示明细数据的级别。每个内部级别（由分级显示符号中的较大数字表示）显示前一外部级别（由分级显示符号中的较小数字表示）的明细数据。例如，单击"1"只显示第 1 级的数据，只有一个总计项；单击"2"还会显示第 2 级数据，也就是第 1 级的明细数据，显示总计项和各分组总计项；单击"3"显示到第 3 级数据，也就是第 2 级的明细数据，显示汇总表的所有数据，以此类推。

利用分级显示，可以快速地显示摘要行、摘要列或每组的明细数据，如图 9-4 所示。

图 9-4　同时创建了行和列的分级显示效果

创建分类汇总时会自动创建行的分级显示。此外，利用 Excel 的分级显示功能还可以创建列的分级显示，以及同时创建行和列的分级显示。但在一个数据列表中只能创建一个分级显示，一个分级显示最多只允许有 8 个级别。

下面利用"分级显示"功能组的"创建组"命令，介绍建立分级显示的另外两种方法：自动建立分级显示和自定义分级显示。

### 1. 自动建立分级显示

假设已经按各分类下的各个品牌得到了每月的销售金额，如图 9-5 所示，我们想对其建立分级显示，达到如图 9-4 所示的效果，可以按下面的步骤操作。

图 9-5　建立分级显示前原始数据列表

① 插入汇总行和汇总列

若要按行分级显示数据，必须在每组明细行的紧下方或紧上方插入带公式的汇总行。同理，若要按列分级显示数据，必须在每组明细列的紧右侧或紧左侧插入带公式的汇总列。

按本例要求，在每个类别的紧下方插入汇总行，用于统计各类别的月销售金额总额，在 D 列和 H 列后插入汇总列，分别用于统计第三季度和第四季度的销售金额总额。最后，还需要在所有数据区域的紧下方添加一行，紧右方添加一列，用于所有明细数据的总合计，如图 9-6 所示。

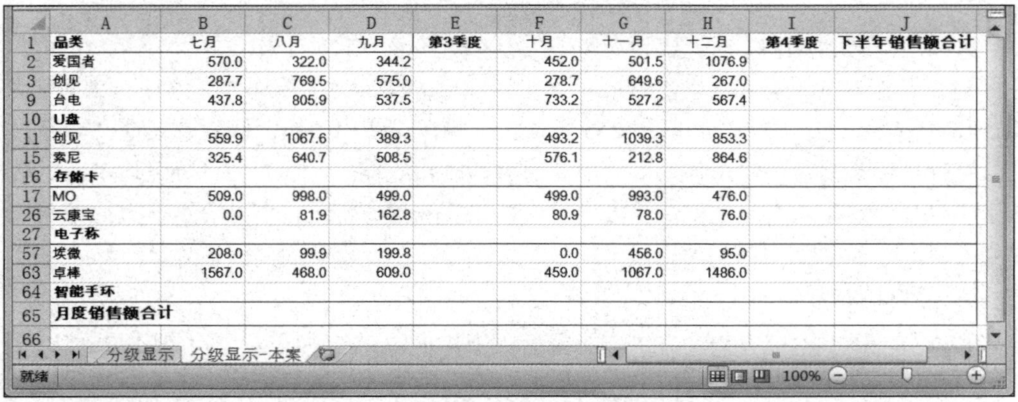

| | A | B | C | D | E | F | G | H | I | J |
|---|---|---|---|---|---|---|---|---|---|---|
| 1 | 品类 | 七月 | 八月 | 九月 | 第3季度 | 十月 | 十一月 | 十二月 | 第4季度 | 下半年销售额合计 |
| 2 | 爱国者 | 570.0 | 322.0 | 344.2 | | 452.0 | 501.5 | 1076.9 | | |
| 3 | 创见 | 287.7 | 769.5 | 575.0 | | 278.7 | 649.6 | 267.0 | | |
| 9 | 台电 | 437.8 | 805.9 | 537.5 | | 733.2 | 527.2 | 567.4 | | |
| 10 | U盘 | | | | | | | | | |
| 11 | 创见 | 559.9 | 1067.6 | 389.3 | | 493.2 | 1039.3 | 853.3 | | |
| 15 | 索尼 | 325.4 | 640.7 | 508.5 | | 576.1 | 212.8 | 864.6 | | |
| 16 | 存储卡 | | | | | | | | | |
| 17 | MO | 509.0 | 998.0 | 499.0 | | 499.0 | 993.0 | 476.0 | | |
| 26 | 云康宝 | 0.0 | 81.9 | 162.8 | | 80.9 | 78.0 | 76.0 | | |
| 27 | 电子称 | | | | | | | | | |
| 57 | 埃微 | 208.0 | 99.9 | 199.8 | | 0.0 | 456.0 | 95.0 | | |
| 63 | 卓棒 | 1567.0 | 468.0 | 609.0 | | 459.0 | 1067.0 | 1486.0 | | |
| 64 | 智能手环 | | | | | | | | | |
| 65 | 月度销售额合计 | | | | | | | | | |
| 66 | | | | | | | | | | |

图 9-6　插入汇总行和汇总列

② 用公式计算汇总数据

在汇总行上利用公式按各分组明细行计算各类别的月度销售总额，然后计算最后一行上所有品类的月度销售额合计；在汇总列上利用公式按各分组明细列计算季度销售总额，然后计算最后一列上的下半年销售额合计。汇总行和汇总列上包含的公式必须引用该组中每个明细行或明细列的单元格。

③ 指定摘要行和（或）摘要列的显示位置

在"数据"选项卡上的"分级显示"组中单击"分级显示"按钮。在"分级显示"对话框中，选中"明细数据的下方"复选框时，表示要指定摘要行位于明细数据行下方，否则位于上方；选中"明细数据的右侧"复选框时，表示指定摘要列位于明细数据列的右侧。

④ 自动建立分级显示

在数据区域中选择任意一个单元格。在"数据"选项卡上的"分级显示"组中单击"创建组"按钮，在扩展菜单中单击"自动建立分级显示"按钮即可创建一张分级显示的数据列表。

⑤ 分级显示数据

分别单击行、列的分级显示符号"2"，完成对建立分级显示工作表二级汇总数据的查看。如图 9-7 所示。

| | A | E | I | J | K |
|---|---|---|---|---|---|
| 1 | 品类 | 第3季度 | 第4季度 | 下半年销售额合计 | |
| 10 | U盘 | 18508.7 | 18599.6 | 37108.3 | |
| 16 | 存储卡 | 15029.9 | 14974.1 | 30004.0 | |
| 27 | 电子称 | 5530.0 | 5463.1 | 10993.1 | |
| 34 | 手机 | 60417.0 | 53718.0 | 114135.0 | |
| 41 | 移动电源 | 10483.2 | 10205.6 | 20688.8 | |
| 47 | 移动硬盘 | 54252.0 | 51899.0 | 106151.0 | |
| 56 | 音箱 | 8370.3 | 7983.2 | 16353.5 | |
| 64 | 智能手环 | 7870.8 | 7926.3 | 15797.1 | |
| 65 | 月度销售额合计 | 180461.9 | 170768.9 | 351230.8 | |

图 9-7　二级汇总数据显示效果

⑥ 使用样式自定义分级显示

对于分级显示行，Excel 应用 RowLevel_1 和 RowLevel_2 等样式。对于分级显示列，Excel 应用 ColLevel_1 和 ColLevel_2 等样式。这些样式使用加粗、倾斜及其他文本格式来区分数据中的汇总行或汇总列。本例中，通过修改相应样式，然后在"分级显示"对话框选中"自动设置样式"复选框，单击"应用样式"按钮，实现自定义分级显示的外观，效果如图 9-4 所示。

2. 自定义分级显示

在"自动建立分级显示"一例中，数据层次关系比较清晰，汇总行利用公式采用常用汇总方式进行计算。但在有些情形中，数据内容的层次关系的规律性不太明显，并且也不一定有汇总行，汇总行也不一定是用公式计算出的数据，这时可以使用手工创建的方法进行分级显示。例如，如果用户希望将如图 9-8 的左边所示的数据列表按照大纲的章节号含义自定义分级显示为右边列表所示效果，可以按下面的步骤操作。

图 9-8　自定义分级显示

① 指定摘要行和（或）摘要列的显示位置。本例中,摘要显示在明细上方。在"数据"选项卡上的"分级显示"组中单击"分级显示"按钮。在"分级显示"设置对话框中,取消选中"明细数据的下方"复选框,表示要指定摘要行位于明细数据的上方。

② 分级显示外部组。首先选择所有的次级摘要行及其相关的明细数据。本例中,第 2 行是第 3 行和第 4 行的摘要行;第 5 行是从第 6 行到第 8 行的摘要行,依次类推。第 1 行是从第 2 行到第 24 行所有的数据的摘要行。要将第 1 行的所有明细数据分在一组,要选择第 2 到 24 行。然后在"数据"选项卡上的"分级显示"组中单击"组合"按钮,在打开的"创建组"对话框中选择"行",单击"确定"按钮,即可建立第 2 级的分级显示。

③ 分级显示一个内部组。对于每个内部嵌套组,首先选择与包含摘要行的行相邻的明细数据行,本例中,要将第 3 行和第 4 行（汇总行为第 2 行）分在一组,选择第 3 行和第 4 行,然后在"数据"选项卡上的"分级显示"组中单击"组合"按钮,在打开的"创建组"对话框中选择"行",单击"确定"按钮,即可建立一个第 3 级的分级显示。

④ 重复第③步,对其他小节进行分组。

⑤ 如果还有更低级别的内部嵌套组,继续选择并组合内部行,直到创建了分级显示中需要的所有级别。

创建分级显示之后,如果要取消组合,首先选中这些行（或列）,然后在"数据"选项卡上的"分级显示"组中单击"取消组合"按钮即可。也可以对分级显示的各个部分取消组合,而不需要删除整个分级显示。

如果要删除工作表中所有的分级显示,则在"数据"选项卡上的"分级显示"组中单击"取消组合"旁边的箭头,然后单击"清除分级显示"按钮即可。

### 9.1.3 多重分类汇总

在"创建分类汇总"一节中介绍了按单个分类字段对数据列表进行分类汇总，如果希望按多个字段对数据列表进行分类汇总，只需要按照分类次序多次执行分类汇总功能即可。类似地，在进行分类汇总之前，需要对分类字段进行排序。

这里仍然以"创建分类汇总"一节中的数据列表为例，如果希望先按"品牌"，再按"商品类别"建立 4 级分级显示的分类汇总，方法如下。

① 排序。将"商品类别"作为"主要关键字"，"品牌"作为"次要关键字"进行多关键字排序。

② 按"商品类别"创建第一层分类汇总。单击数据列表区域中的任意单元格，在"数据"选项卡中单击"分级显示"组内的"分类汇总"按钮，在弹出的"分类汇总"对话框中的"分类字段"下拉列表中选择"商品类别"，在"汇总方式"下拉列表中选择"求和"，在"选定汇总项"列表框中选择"期末库存"和"库存金额"两项。然后单击"确定"按钮，即可生成 3 级显示的分类汇总，如图 9-2 所示。

③ 按"品牌"创建第二层分类汇总。单击数据列表区域中的任意单元格，再次打开"分类汇总"对话框，在"分类字段"下拉列表中选择"品牌"，在"汇总方式"下拉列表中选择"求和"，在"选定汇总项"列表框中选择"期末库存"和"库存金额"两项，取消勾选"替换当前分类汇总"复选框。最后单击"确定"按钮，即可生成多重分类汇总，如图 9-9 所示。

| 1 2 3 4 | | A | B | C | D | E | F | G | H | I | J |
|---|---|---|---|---|---|---|---|---|---|---|---|
| | 1 | 商品编号 | 商品名称 | 商品类别 | 品牌 | 规格 | 进货数量 | 销售数量 | 期末库存 | 成本进价 | 库存金额 |
| + | 33 | | | U盘 汇总 | | | | | 110 | | 7582.0 |
| + | 62 | | | 存储卡 汇总 | | | | | 150 | | 6787.7 |
| + | 85 | | | 电子称 汇总 | | | | | 23 | | 1837.8 |
| + | 107 | | | 手机 汇总 | | | | | 25 | | 16360.2 |
| + | 124 | | | 移动电源 汇总 | | | | | 28 | | 2446.8 |
| + | 143 | | | 移动硬盘 汇总 | | | | | 28 | | 11610.9 |
| + | 165 | | | 音箱 汇总 | | | | | 24 | | 2386.2 |
| + | 168 | | | | 埃微 汇总 | | | | 4 | | 360.3 |
| + | 170 | | | | 华为 汇总 | | | | 2 | | 584.6 |
| + | 172 | | | | 乐心 汇总 | | | | 0 | | 0.0 |
| + | 174 | | | | 三星 汇总 | | | | 1 | | 284.3 |
| + | 176 | | | | 玩咖 汇总 | | | | 0 | | 0.0 |
| + | 178 | | | | 小米 汇总 | | | | 4 | | 300.0 |
| | 179 | SR-JB-001 | Jawbone UP2 | 智能手环 | 卓棒 | 110.00g | 3 | 3 | 1 | 413.0 | 413.0 |
| | 180 | SR-JB-002 | Jawbone UP | 智能手环 | 卓棒 | 80.00g | 5 | 5 | 1 | 314.0 | 314.0 |
| | 181 | | | | 卓棒 汇总 | | | | 2 | | 727.0 |
| | 182 | | | 智能手环 汇总 | | | | | 13 | | 2256.2 |
| | 183 | | | 总计 | | | | | 401 | | 51267.7 |

销售清单　库存清单　库存查询　**库存清单（分类汇总）**　库存结构

就绪　　　　　　　　　　　　　　　　　　　　　　　　　　100%

图 9-9　多重嵌套的分类汇总

如果用户需要在不同的汇总方式下对不同的字段进行分类汇总，那么只需要按照分类次序选择不同的汇总方式，然后多次执行分类汇总即可。如图 9-10 所示，为先按"商品类别"，再按"品牌"创建的多汇总方式的多重分类汇总，其中按"商品类别"统计"求和"和"最大值"，按"品牌"统计"求和"。

分类汇总的实质是 Excel 自动为数据列表创建汇总项并建立分级显示。在分类汇总中，Excel 先按分类字段进行指定的汇总计算（除了求和，还有 10 种汇总方式），然后再自动建立分级显示视图。当需要汇总的数据列表规律性和层次关系比较清晰、数据比较简单时，它不失为一种快速统计和分析数据的有力工具。但如果数据列表比较庞大，并且汇总要求比较复杂时，更好的分类汇总工具则是数据透视表。

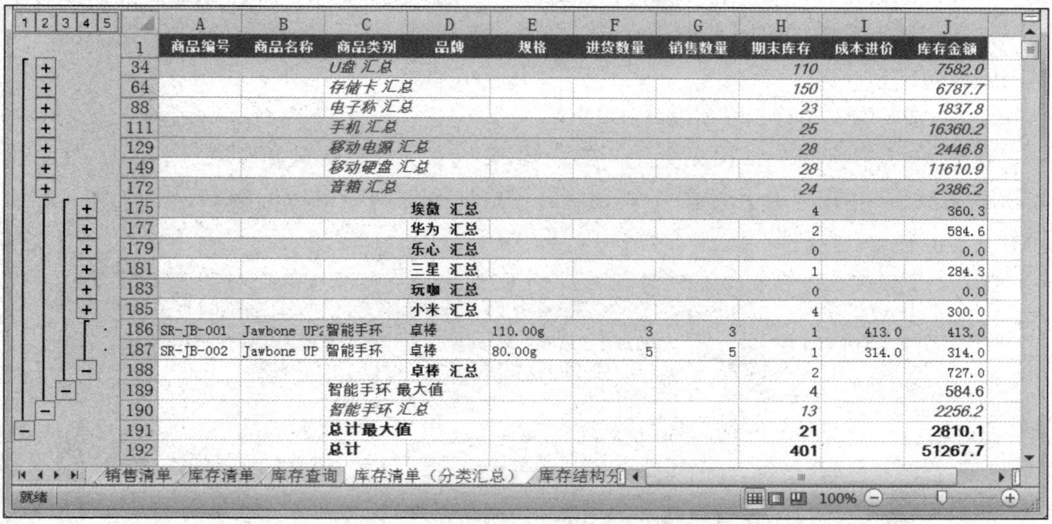

图 9-10　多汇总方式的多重分类汇总

## 9.2 合并计算

Excel 的"合并计算"功能可以汇总或者合并多个数据源区域中的数据。例如，假设商品的销售数据按月存放在单独的工作表中，如图 9-11 所示，如果需要汇总分析每个商品从 7 月到 12 月的销售数量变化情况或者销售价格变化情况，同时需要统计每种商品的销售总量和销售总额，都可以通过对多个工作表中的数据执行"合并计算"来实现。

要对数据进行合并计算，一种简单快捷的方法是使用"合并计算"命令（使用"数据"选项卡中的"数据工具"组）。此外，还可以通过使用第 7 章中的公式与函数、9.1 节的分类汇总或后文 9.3 节中的数据透视表对数据进行合并计算。

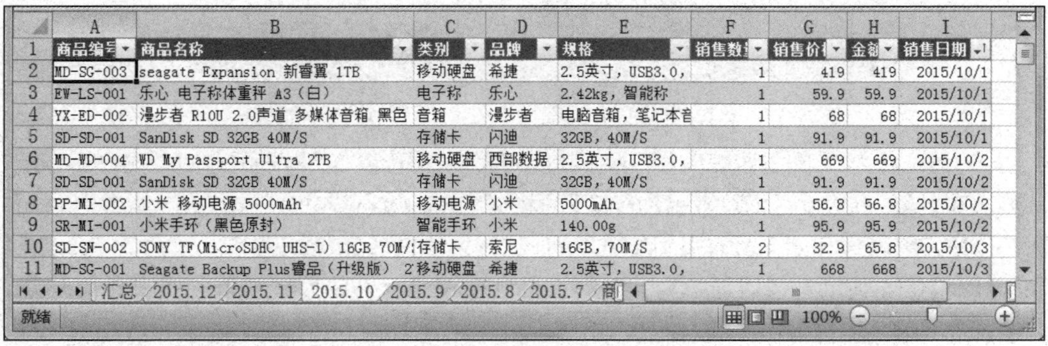

图 9-11　按月存放的销售数据

### 9.2.1 合并计算的基本功能

Excel 提供的"合并计算"命令可以汇总或者合并多个数据源区域中的数据，具体方式有两种：一是按"位置"合并计算，二是按"类别"合并计算。合并数据的数据源区域可以是同一工作表中的不同表格，也可以是同一工作簿的不同工作表，还可以是不同工作簿中的表格。

**1．"按位置"进行合并计算**

在图 9-12 中有两个结构完全相同的数据表"11 月汇总数量和金额"和"10 月汇总数量和金额"，利用"合并计算"命令可以轻松地对这两个区域的数据进行汇总，方法如下。

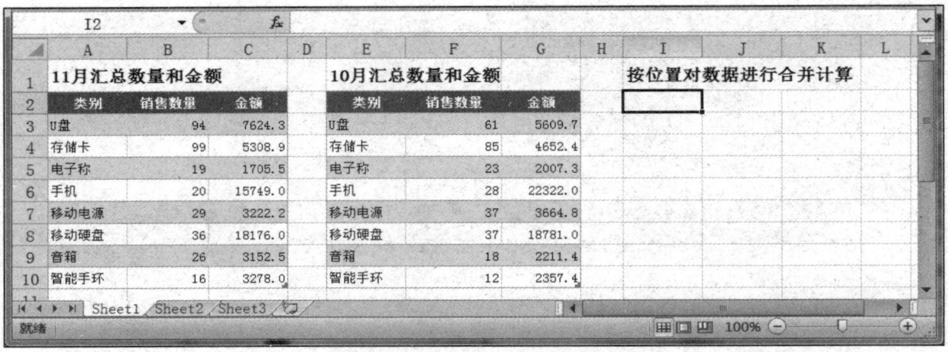

图 9-12　两个结构完全相同的简单数据表

① 首先选择 I2 单元格，作为合并计算后结果的存放起始位置，再单击"数据"选项卡"数据工具"功能组的"合并计算"命令按钮，打开"合并计算"对话框，如图 9-13 所示。

图 9-13　"合并计算"对话框（按位置合并）

② 在"函数"下拉列表中选择"求和"，在"引用位置"文本框中依次添加"11 月汇总数量和金额"和"10 月汇总数量和金额"的数据所在区域 A2:C10、E2:G10，单击右侧的"添加"按钮，将其添加到"所有引用位置"列表框中，如图 9-13 所示。

③ 单击"确定"按钮进行合并计算，得到按位置合并的计算结果，如图 9-14 所示。按位置合并的结果仅显示合并后的数据内容，不包含列标题和行标题。

在按位置合并的方式中，Excel 不关心多个数据源的行列标题是否相同，而只是将源数据区域相同位置上的数据进行简单合并计算。这种合并计算多用于数据源结构完全相同的数据合并。如果数据源的行列标题排列顺序有所差异，例如，如图 9-15 所示的两个源数据区域的行排列顺序有所不同，但最后的合并结果仍为 A3:C10 区域和 E3:G10 区域对应单元格数据的简单相加，而不会根据它们的行标题内容进行分类汇总计算。

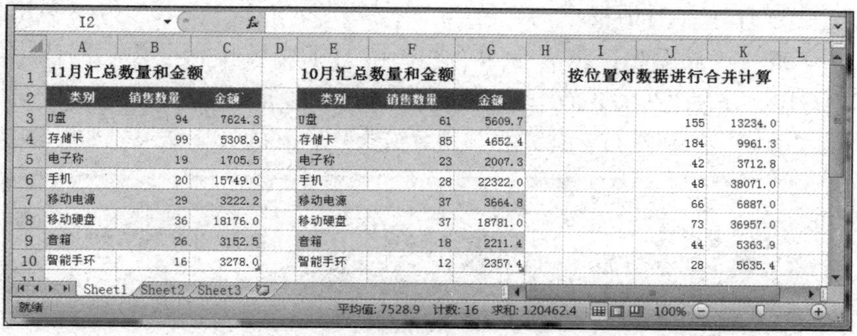

图 9-14　按位置进行合并计算的结果

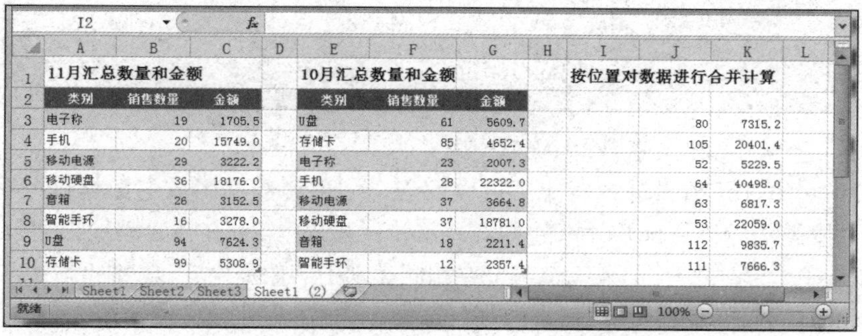

图 9-15　按位置进行合并计算时不能按行标题分类汇总计算

如果要让 Excel 能够根据行列标题的内容智能地识别分类并按分类进行汇总计算，则可使用"按类别"合并的方式。

2.　"按类别"进行合并计算

使用"按类别"方式进行合并，需要在"合并计算"对话框中的"标签位置"处选中"首行"或"最左列"复选框，或者同时选中两个复选框。例如，需要合并的源数据区域如图 9-16 所示，两个源数据区域的"类别"的排列顺序不一致，同时，两个源数据区域的"销售数量"列和"金额"列的排列顺序也不同。

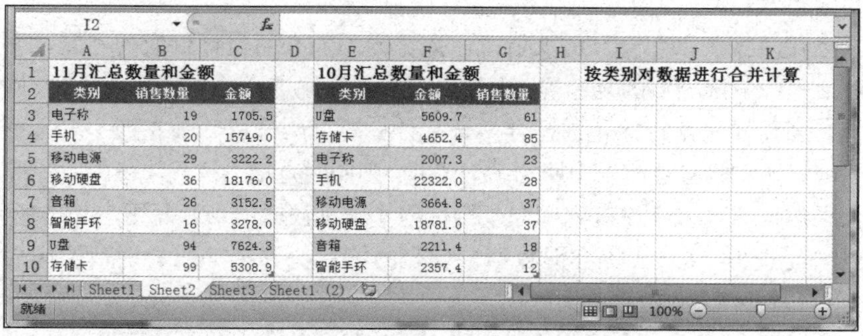

图 9-16　行列顺序都不同的两个源数据区域

对图 9-16 中的两个源数据区域"按类别"进行合并计算的步骤如下。

① 选择 I2 单元格，作为合并计算后结果的存放起始位置。

　　② 单击"数据"选项卡"数据工具"功能组的"合并计算"命令按钮，打开"合并计算"对话框。

　　③ 在"合并计算"对话框中的"函数"下拉列表中选择"求和"，"引用位置"文本框中依次添加"11 月汇总数量和金额"和"10 月汇总数量和金额"的数据所在区域 A2:C10、E2:G10，并在"标签位置"组合框中同时选中"首行"和"最左列"复选框。

　　④ 单击"确定"按钮进行合并计算，得到按类别合并的计算结果，如图 9-17 所示。

| | A | B | C | D | E | F | G | H | I | J | K |
|---|---|---|---|---|---|---|---|---|---|---|---|
| 1 | 11月汇总数量和金额 | | | | 10月汇总数量和金额 | | | | 按类别对数据进行合并计算 | | |
| 2 | 类别 | 销售数量 | 金额 | | 类别 | 金额 | 销售数量 | | | 销售数量 | 金额 |
| 3 | 电子称 | 19 | 1705.5 | | U盘 | 5609.7 | 61 | | 电子称 | 42 | 3712.8 |
| 4 | 手机 | 20 | 15749.0 | | 存储卡 | 4652.4 | 85 | | 手机 | 48 | 38071.0 |
| 5 | 移动电源 | 29 | 3222.2 | | 电子称 | 2007.3 | 23 | | 移动电源 | 66 | 6887.0 |
| 6 | 移动硬盘 | 36 | 18176.0 | | 手机 | 22322.0 | 28 | | 移动硬盘 | 73 | 36957.0 |
| 7 | 音箱 | 26 | 3152.5 | | 移动电源 | 3664.8 | 37 | | 音箱 | 44 | 5363.9 |
| 8 | 智能手环 | 16 | 3278.0 | | 移动硬盘 | 18781.0 | 37 | | 智能手环 | 28 | 5635.4 |
| 9 | U盘 | 94 | 7624.3 | | 音箱 | 2211.4 | 18 | | U盘 | 155 | 13234.0 |
| 10 | 存储卡 | 99 | 5308.9 | | 智能手环 | 2357.4 | 12 | | 存储卡 | 184 | 9961.3 |

图 9-17　按类别进行合并计算的结果

　　与图 9-15 的合并结果进行对比后可以发现，如果源数据区域的数据排列顺序不同，需要使用"按类别"进行合并计算的方式。在计算过程中 Excel 会自动地根据数据记录的"首行"和（或）"最左列"的分类情况合并相同类别中的数据内容，合并的方式可以在"合并计算"对话框的"函数"下拉列表中进行选择，如求和、计数、平均值、最大值、最小值等。

　　在图 9-17 的合并结果表中包含行列标题，但同时选中"首行"和"最左列"复选框时缺失了第一列的列标题，并且合并后的结果数据表的行列排列顺序均是按第一个数据源表的顺序排列。

　　由以上两个例子，可以简单地总结出使用"合并计算"功能的一般性规律。

　　（1）在使用"按位置"合并的功能时，Excel 只是对源数据区域的相同位置上的数据进行简单合并计算，而非数值区域不参与计算，例如图 9-14 和图 9-15 中的行列标题虽然在计算区域内，但没有出现在合并结果中。"按位置"合并是不选取"首行"或"最左列"复选框时的合并方式。

　　（2）在使用"按类别"合并的功能时，数据源列表必须包含行或列标题，并且在"合并计算"对话框中勾选相应的复选框：当需要根据列标题进行分类合并计算时，则选取"首行"复选框；当需要根据行标题进行分类合并计算时，则选取"最左列"复选框；如果需要同时根据列标题和行标题进行分类合并计算时，则同时选取"首行"和"最左列"复选框。

　　（3）如果数据源列表中没有列标题或行标题（仅有数据记录），而用户又选择了"首行"和"最左列"复选框，Excel 将会把数据源列表的第一行和第一列分别默认作为列标题和行标题。

　　（4）"合并计算"命令的默认计算方式为求和，但可以在"合并计算"对话框的"函数"列表中进行选择，包含求和、计数、平均值、最大值、最小值等方式。

（5）在使用"按类别"合并的功能时，如果数据源表的行列标题顺序、内容不一致，合并操作时，会将不同的行或列的数据根据标题进行分类合并。相同标题的记录合并成一条记录、不同标题的则形成多条记录。最后形成的结果表中包含了数据源表中所有的行标题或列标题。

## 9.2.2 合并计算的应用

我们回到本节最初的任务：对于统计每种商品的销售总量和销售总额，只需要简单地使用"按类别"合并计算，设置合并的源数据区域，使用默认的计算方式，然后选取"首行"和"最左列"，即可得到每种商品的销售总量和销售总额，如图 9-18 所示。

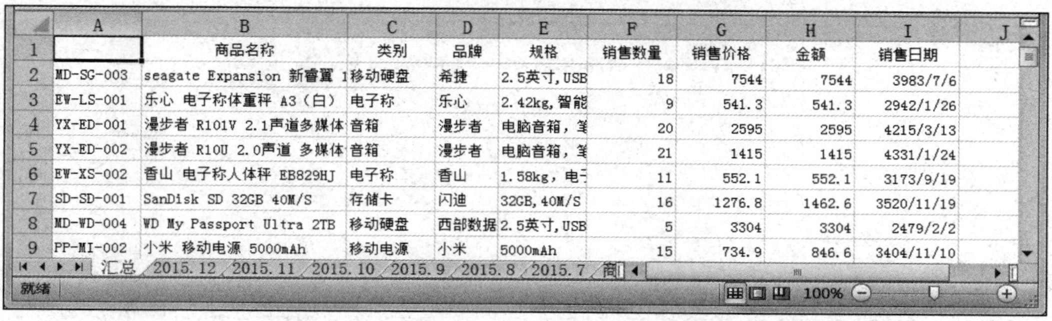

图 9-18　使用合并计算统计销售总量和销售总额

在图 9-18 中，合并计算是没有"商品名称"、"类别"、"品牌"、"规格"这 4 列的数据的，因为这 4 列的数据在数据源表中是非数值类型的数据，不能参与合并计算；"销售价格"和"销售日期"也参与了合并计算，计算方式也是"求和"，可以忽略这 2 列数据。读者可以自行验证：使用"合并计算"命令与使用公式和函数计算销售总量和销售总额得到的结果是相同的。

本节另外一个任务是要汇总分析每个商品从 7 月到 12 月的销售数量变化情况或者销售价格变化情况，这些变化趋势可以为店铺的经营方向或者定价提供一个决策支持。要完成这个任务，需要对源数据表做一些改动。按照 9.2.1 总结的使用"合并计算"功能的一般性规律中的第 5 条，对各分月工作表的"销售数量"和"销售价格"标题加上独特标志，例如将"2015.10"工作表中的"销售数量"和"销售价格"标题改为"2015 年 10 月销售数量"和"2015 年 10 月销售价格"，如图 9-19 所示。

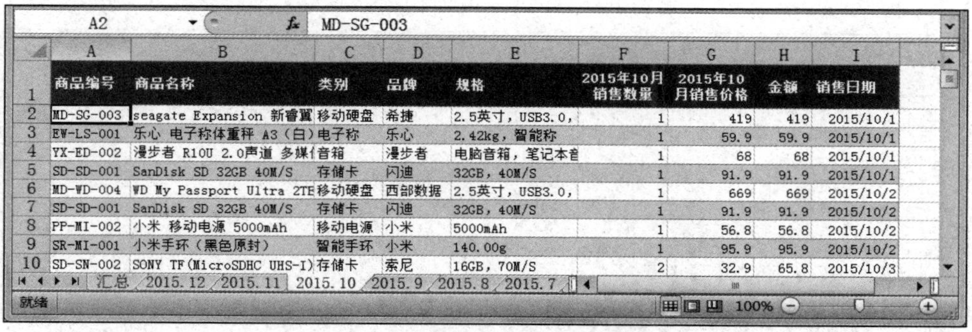

图 9-19　改动列标题的源数据表

以获得商品逐月"销售数量"变化趋势为例，具体操作如下。

① 选择"销售数量变化趋势表"的 A1 单元格，作为合并计算后结果的存放起始位置。

② 单击"数据"选项卡"数据工具"功能组的"合并计算"命令按钮，打开"合并计算"对话框。

③ 在"合并计算"对话框中的"函数"下拉列表中选择"求和"，在"引用位置"文本框中依次添加各个月份的销售数据所在区域，并在"标签位置"组合框中同时选中"首行"和"最左列"复选框，如图 9-20 所示。

图 9-20　设置"合并计算"对话框

④ 单击"确定"按钮进行合并计算，得到按类别合并的计算结果，整理后如图 9-21 所示。

| | A | 商品名称 | 类别 | 品牌 | 规格 | 2015年7月销售数量 | 2015年8月销售数量 | 2015年9月销售数量 | 2015年10月销售数量 | 2015年11月销售数量 | 2015年12月销售数量 |
|---|---|---|---|---|---|---|---|---|---|---|---|
| 2 | MD-SG-003 | seagate Expansion 新暂 | 移动硬盘 | 希捷 | 2.5英寸,USB | 1 | 6 | 2 | 4 | 3 | 2 |
| 3 | EW-LS-001 | 乐心 电子称体重秤 A3（ | 电子称 | 乐心 | 2.42kg,智能称 | | 1 | 2 | 3 | 3 | 1 |
| 4 | YX-ED-001 | 漫步者 R101V 2.1声道多 | 音箱 | 漫步者 | 电脑音箱,莹 | 4 | 4 | 3 | | 5 | 5 |
| 5 | YX-ED-002 | 漫步者 R10U 2.0声道 多 | 电子称 | 漫步者 | 电脑音箱,莹 | 4 | 4 | 3 | 3 | | |
| 6 | EW-XS-002 | 香山 电子称人体秤 EB82 | 电子称 | 香山 | 1.58kg,电子 | 2 | 1 | 2 | 2 | 2 | |
| 7 | SD-SD-001 | SanDisk SD 32GB 40M/S | 存储卡 | 闪迪 | 32GB,40M/S | | 4 | 4 | 2 | 3 | 2 |
| 8 | MD-WD-004 | WD My Passport Ultra | 移动硬盘 | 西部数据 | 2.5英寸,USB | 1 | | | 1 | 1 | 1 |
| 9 | PP-MI-002 | 小米 移动电源 5000mAh | 移动电源 | 小米 | 5000mAh | 1 | 2 | 2 | 2 | 2 | 1 |

图 9-21　使用合并计算汇总各月销售数量

与图 9-18 类似，在图 9-21 中，合并计算是没有"商品名称"、"类别"、"品牌"、"规格"这 4 列的数据的。用类似的方法，可以汇总商品逐月的销售价格变化情况，这里考虑到一个月可能有多个销售记录，在设置"函数"列表框时可以选择"平均值"的计算方式，合并计算后整理的结果如图 9-22 所示。

| | A | B | 类别 | 品牌 | 规格 | 2015年7月销售价格 | 2015年8月销售价格 | 2015年9月销售价格 | 2015年10月销售价格 | 2015年11月销售价格 | 2015年12月销售价格 |
|---|---|---|---|---|---|---|---|---|---|---|---|
| 1 | | 商品名称 | | | | | | | | | |
| 2 | MD-SG-003 | seagate Expansion 新 | 移动硬盘 | 希捷 | 2.5英寸,USB | 425.0 | 425.0 | 419.0 | 419.0 | 412.3 | 409.0 |
| 3 | EW-LS-001 | 乐心 电子称体重秤 A3 | 电子称 | 乐心 | 2.42kg,智能秤 | | 60.9 | 60.9 | 60.4 | 59.6 | 59.0 |
| 4 | YX-ED-001 | 漫步者 R101V 2.1声道 | 音箱 | 漫步者 | 电脑音箱,莹 | 134.0 | 132.7 | 129.0 | | 129.0 | 125.8 |
| 5 | YX-ED-002 | 漫步者 R10U 2.0声道 | 音箱 | 漫步者 | 电脑音箱,莹 | 69.0 | 69.0 | 68.0 | 67.6 | 66.9 | 65.6 |
| 6 | EW-XS-002 | 香山 电子称人体秤 EB8 | 电子称 | 香山 | 1.58kg,电子 | 50.9 | 50.9 | 50.9 | | 49.9 | 49.0 |
| 7 | SD-SD-001 | SanDisk SD 32GB 40M/ | 存储卡 | 闪迪 | 32GB,40M/S | | 93.9 | 91.9 | 91.2 | 89.9 | 88.6 |
| 8 | MD-WD-004 | WD My Passport Ultra | 移动硬盘 | 西部数据 | 2.5英寸,USB | 678.0 | | | 669.0 | 659.0 | 648.0 |
| 9 | PP-MI-002 | 小米 移动电源 5000mAh | 移动电源 | 小米 | 5000mAh | 58.0 | 58.0 | 57.6 | 56.8 | 54.9 | 54.9 |

图 9-22　使用合并计算汇总各月销售价格

利用 Excel 的“合并计算”命令，还可以实现分类汇总、对多表筛选不重复值、进行数值型数据的核对或文本型数据的核对等功能，读者可自行学习并实践。

# 9.3 数据透视表

数据透视表是一种可以快速汇总大量数据的交互式方法。可以对数值数据进行分类汇总和聚合，按分类和子分类对数据进行汇总；也可以展开或折叠要关注结果的数据级别，查看感兴趣区域汇总数据的明细；还可以根据需要，对特定数据子集进行筛选、排序、分组和有条件地设置格式；并且还可以针对行或列的数据值构造新的行或列标签（或“透视”），从不同的角度查看源数据的不同汇总结果。

创建好数据透视表后，可以对数据透视表重新排列，以便从不同的角度查看、分析数据。数据透视表的名字来源于它具有“透视”表格的能力，从大量看似无关的数据中寻找背后的联系，从而将纷繁的数据转化为有价值的信息，帮助用户分析、研究和决策。

## 9.3.1 数据透视表概述

图 9-23 即为在“销售清单”的基础上制作的数据透视表。利用 Excel 提供的数据透视表功能，只需几步简单操作，就可以将“销售清单”中的源数据表的行、列重新排列，提供多角度的数据汇总信息。

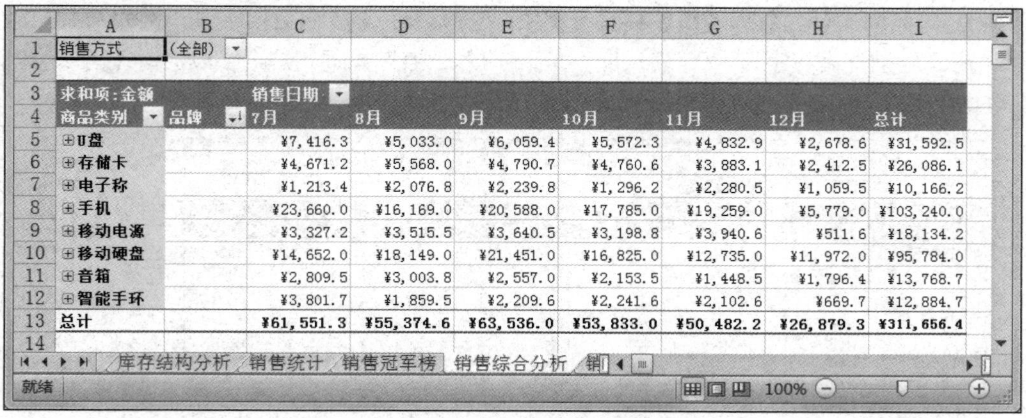

| | A | B | C | D | E | F | G | H | I |
|---|---|---|---|---|---|---|---|---|---|
| 1 | 销售方式 | (全部) | | | | | | | |
| 2 | | | | | | | | | |
| 3 | 求和项:金额 | | 销售日期 | | | | | | |
| 4 | 商品类别 | 品牌 | 7月 | 8月 | 9月 | 10月 | 11月 | 12月 | 总计 |
| 5 | ⊞U盘 | | ¥7,416.3 | ¥5,033.0 | ¥6,059.4 | ¥5,572.3 | ¥4,832.9 | ¥2,678.6 | ¥31,592.5 |
| 6 | ⊞存储卡 | | ¥4,671.2 | ¥5,568.0 | ¥4,790.7 | ¥4,760.6 | ¥3,883.1 | ¥2,412.5 | ¥26,086.1 |
| 7 | ⊞电子称 | | ¥1,213.4 | ¥2,076.8 | ¥2,239.8 | ¥1,296.2 | ¥2,280.5 | ¥1,059.5 | ¥10,166.2 |
| 8 | ⊞手机 | | ¥23,660.0 | ¥16,169.0 | ¥20,588.0 | ¥17,785.0 | ¥19,259.0 | ¥5,779.0 | ¥103,240.0 |
| 9 | ⊞移动电源 | | ¥3,327.2 | ¥3,515.5 | ¥3,640.5 | ¥3,198.8 | ¥3,940.6 | ¥511.6 | ¥18,134.2 |
| 10 | ⊞移动硬盘 | | ¥14,652.0 | ¥18,149.0 | ¥21,451.0 | ¥16,825.0 | ¥12,735.0 | ¥11,972.0 | ¥95,784.0 |
| 11 | ⊞音箱 | | ¥2,809.5 | ¥3,003.8 | ¥2,557.0 | ¥2,153.5 | ¥1,448.5 | ¥1,796.4 | ¥13,768.7 |
| 12 | ⊞智能手环 | | ¥3,801.7 | ¥1,859.5 | ¥2,209.6 | ¥2,241.6 | ¥2,102.6 | ¥669.7 | ¥12,884.7 |
| 13 | 总计 | | ¥61,551.3 | ¥55,374.6 | ¥63,536.0 | ¥53,833.0 | ¥50,482.2 | ¥26,879.3 | ¥311,656.4 |
| 14 | | | | | | | | | |



图 9-23　根据销售数据创建的数据透视表

图 9-23 中的数据透视表显示了各类别商品在不同月份销售金额的汇总，最后一行还汇总出了所有类别各月份的销售额总计。

经过进一步调整，还可以将销售方式、销售日期、商品类别放至报表筛选区域，销售数量和销售金额并排显示，并显示详细的商品名称信息。调整后，只需简单地从销售方式、销售日期、商品类别标题右侧的下拉列表框中选择相应的数据，即可查看不同销售方式下、不同时期内、指定商品类别下各品牌销售汇总信息及各商品的详细销售情况，如图 9-24 所示。

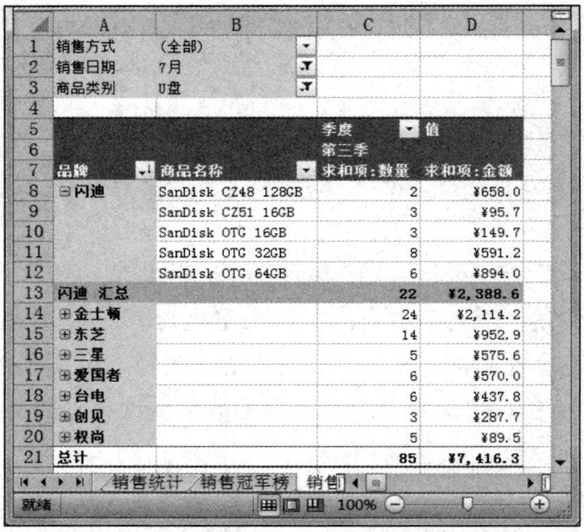

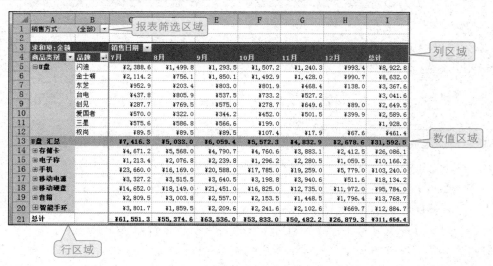

图 9-24　从数据源中提炼出符合特定视角的数据

数据透视表有机地综合了数据排序、筛选、分类汇总等数据分析的优点，可方便地调整分类汇总的方式，灵活地以多种方式展示数据的特征。在利用数据透视表进行数据统计和分析之前，我们先来看看制作和使用数据透视表时需要掌握的术语。

### 1．数据源

数据透视表的数据来源，可以为数据区域或数据表格等，例如，"销售清单"表格。

### 2．字段

数据区域或数据表格中的列。每个字段有描述字段内容的标志，即字段标题，例如"商品类别"、"品牌"等。数据透视表具有行字段、列字段、页字段和数据字段。例如，在图 9-23 中，"商品类别"是行字段，"销售日期"是列字段，"销售方式"是页字段，"求和项：金额"是数据字段，对应于典型数据透视表的 4 个区域，如图 9-25 所示。

图 9-25　数据透视表的 4 个区域

### 3．项

也叫项目，组成字段的成员，即某列单元格中的内容。在数据透视表中，项也可看成是字段的子分类。例如，"销售日期"列字段有"7月"、"8月"等项，"商品类别"行字段有"U盘"、"存储卡"等8项。

**4．组**

一组项目的集合，可以自动或手动地为项目组合。例如，图 9-23 中的"7月"即是对所有的 7 月份销售日期的组合。

**5．透视**

利用数据透视表工具对源数据的字段重新排列，从不同的角度汇总并显示数据。在创建好的数据透视表中，也可以通过改变一个或多个字段的位置来重新计算并显示数据。

**6．汇总函数**

Excel 中用来计算表格中数据的值的函数。默认的汇总函数是用于数值类型的 SUM 函数和用于文本类型的 COUNT 函数。

**7．分类汇总**

数据透视表中对一行或一列单元格的分类汇总。例如，图 9-23 中第 13 行是所有商品销售额的汇总。

在数据透视表中，源数据表中的列或字段的值都成为汇总多行信息的数据透视表字段。例如，在图 9-23 中，源数据表的"商品类别"列的每个商品类别组成数据透视表的"商品类别"行字段，源数据表中的 U 盘类商品的每条销售记录在单个 U 盘项中进行汇总。数据字段（如"求和项：金额"）提供要汇总的值，例如，图 9-23 中 C5 单元格包含的"求和项：金额"的值来自于对源数据表中"商品类别"列包含"U 盘"，且"销售日期"列是"7月"的每一行的"金额"的和。典型数据透视表的详细结构如图 9-26 所示。

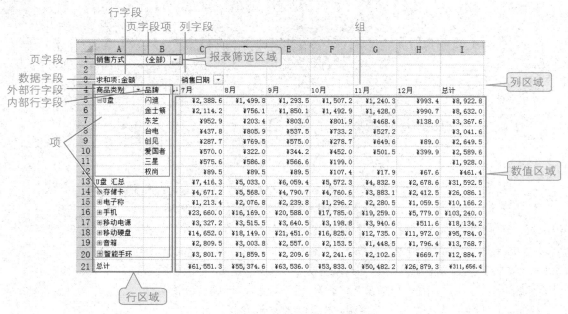

图 9-26　数据透视表的结构

## 9.3.2 创建数据透视表

在 Excel 2010 中，用户通常从以下几种类型的数据源中获取数据来创建数据透视表。

### 1．工作表数据

可以将 Excel 工作表中的数据作为数据透视表的数据来源。这些数据应采用列表格式或者就是表格，其列标签应位于第一行。后续行中的每个单元格都应包含与其列标题相对应的数据。目标数据中不得出现任何空行或空列。Excel 会将列标签用作数据透视表中的字段名称。此外，使用表格作为数据透视表的数据源的一个好处是表格能提供动态变化的数据源。

### 2．外部数据源

可以从数据库、联机分析处理（OLAP）、多维数据集或文本文件等 Excel 外部的数据源检索数据创建数据透视表。

### 3．多重合并数据区域

可以使用来自不同工作表，但结构完全相同的数据源创建数据透视表，这些工作表可以是同一工作簿中的，也可以是不同工作簿中的。

下面以"销售清单"表格为数据源，在"销售清单"的基础上创建数据透视表，统计各个类别与各个品牌每个月的销售额，效果如图 9-27 所示，具体操作如下。

| 商品类别 | 品牌 | 7月 | 8月 | 9月 | 第三季 求和 | 10月 | 11月 | 12月 | 第四季 求和 | 总计 |
|---|---|---|---|---|---|---|---|---|---|---|
| U盘 | 爱国者 | ¥401.20 | ¥322.00 | ¥344.20 | ¥1,067.20 | ¥452.00 | ¥501.50 | ¥399.90 | ¥1,353.40 | ¥2,420.60 |
|  | 创见 | ¥287.70 | ¥769.50 | ¥575.00 | ¥1,632.20 | ¥278.70 | ¥649.60 | ¥89.00 | ¥1,017.30 | ¥2,649.50 |
|  | 东芝 | ¥919.00 | ¥203.40 | ¥803.00 | ¥1,925.40 | ¥801.90 | ¥468.40 | ¥138.00 | ¥1,408.30 | ¥3,333.70 |
|  | 金士顿 | ¥1,961.50 | ¥756.10 | ¥1,850.10 | ¥4,567.70 | ¥1,492.90 | ¥1,428.00 | ¥990.70 | ¥3,911.60 | ¥8,479.30 |
|  | 权尚 | ¥89.50 | ¥89.50 | ¥89.50 | ¥268.50 | ¥107.40 | ¥17.90 | ¥67.60 | ¥192.90 | ¥461.40 |
|  | 三星 | ¥371.60 | ¥586.80 | ¥566.60 | ¥1,525.00 | ¥199.00 |  |  | ¥199.00 | ¥1,724.00 |
|  | 闪迪 | ¥1,952.90 | ¥1,499.80 | ¥1,293.50 | ¥4,746.20 | ¥1,507.20 | ¥1,240.30 | ¥993.40 | ¥3,740.90 | ¥8,487.10 |
|  | 台电 | ¥437.80 | ¥805.90 | ¥537.50 | ¥1,781.20 | ¥733.20 | ¥527.20 |  | ¥1,260.40 | ¥3,041.60 |
| **U盘 汇总** |  | ¥6,421.00 | ¥5,033.00 | ¥6,059.40 | ¥17,513.40 | ¥5,572.30 | ¥4,832.90 | ¥2,678.60 | ¥13,083.80 | ¥30,597.20 |
| 存储卡 |  | ¥3,769.90 | ¥5,568.00 | ¥4,790.70 | ¥14,128.60 | ¥4,760.60 | ¥3,883.10 | ¥2,412.50 | ¥11,056.20 | ¥25,184.80 |
| 电子秤 |  | ¥1,213.40 | ¥2,076.80 | ¥2,239.80 | ¥5,530.00 | ¥1,296.20 | ¥2,280.50 | ¥1,059.50 | ¥4,636.20 | ¥10,166.20 |
| 手机 |  | ¥22,034.00 | ¥16,169.00 | ¥20,588.00 | ¥58,791.00 | ¥17,785.00 | ¥19,259.00 | ¥5,779.00 | ¥42,823.00 | ¥101,614.00 |
| 移动电源 |  | ¥2,741.40 | ¥3,515.50 | ¥3,640.50 | ¥9,897.40 | ¥3,198.80 | ¥3,940.60 | ¥511.60 | ¥7,651.00 | ¥17,548.40 |
| 移动硬盘 |  | ¥12,030.00 | ¥18,149.00 | ¥21,451.00 | ¥51,630.00 | ¥16,825.00 | ¥12,735.00 | ¥11,972.00 | ¥41,532.00 | ¥93,162.00 |
| 音箱 |  | ¥2,219.60 | ¥3,003.80 | ¥2,557.00 | ¥7,780.40 | ¥2,153.50 | ¥1,448.50 | ¥1,796.40 | ¥5,398.40 | ¥13,178.80 |
| 智能手环 |  | ¥3,701.80 | ¥1,859.50 | ¥2,209.60 | ¥7,770.90 | ¥2,241.60 | ¥2,102.60 | ¥669.70 | ¥5,013.90 | ¥12,784.80 |
| 总计 |  | ¥54,131.10 | ¥55,374.60 | ¥63,536.00 | ¥173,041.70 | ¥53,833.00 | ¥50,482.20 | ¥26,879.30 | ¥131,194.50 | ¥304,236.20 |

图 9-27　"销售综合分析"数据透视表

① 单击"销售清单"表格中的任意单元格，选择"插入"选项卡，单击"表格"组内的"数据透视表"按钮，弹出"创建数据透视表"对话框，如图 9-28 所示。

② 选择数据源，指定数据透视表要放置的位置。本例中，要分析的数据源是在第①步中选中单元格所在的表格，即"销售清单"表格，放置位置使用默认值"新工作表"，表示要将数据透视表放置在新工作表中，并以单元格 A1 为起始位置。如果要将数据透视表放在现有工作表中的特定位置，则需选择"现有工作表"，然后在"位置"输入框中输入指定放置数据透视表的单元格区域的第一个单元格。

③ 单击"确定"按钮，Excel 会在指定位置创建一个空的数据透视表并显示"数据透视表字段列表"，如图 9-29 所示。

图 9-28 "创建数据透视表"对话框

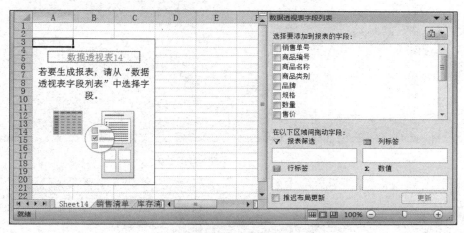

图 9-29 创建一个空的数据透视表

④ 向数据透视表添加字段。"数据透视表字段列表"包含字段节和区域节,其中区域节包含报表筛选、列标签、行标签和数值 4 个区域,这 4 个区域与图 9-25 中数据透视表的 4 个部分一一对应。在字段节中,字段列表中的字段可以通过以下 2 种常用方式放至区域节的 4 个局部区域中。

● 方法 1:直接勾选。在"选择要添加到报表的字段"列表框中勾选复选框,可将相应的字段添加到默认的区域中。默认情况下,非数值字段会添加到"行标签"区域,数值字段会添加到"数值"区域。

● 方法 2:拖动选择。在字段列表中单击并按住相应的字段名称,然后将它拖动到所需的局部区域中。

4 个局部区域的具体含义如下。

● 行标签:放至"行标签"中的字段的每一个数据项将组成数据透视表的行区域。本例中,在"选择要添加到报表的字段"列表框中依次勾选"商品类别"、"品牌",将"商品类别"和"品牌"字段添加到"行标签"区域,同时它们也被添加到了数据透视表中,如图 9-30 所示。

● 列标签:与"行标签"对应,放至"列标签"的字段中的每一个数据项将组成数据透视表的列区域。本例中,在"选择要添加到报表的字段"列表框中,单击并按住"销售日期"字段,将其拖动至"列标签"区域,"销售日期"也作为列字段出现在数据透视表中,如图 9-31 所示。

图 9-30　添加字段到行标签区域

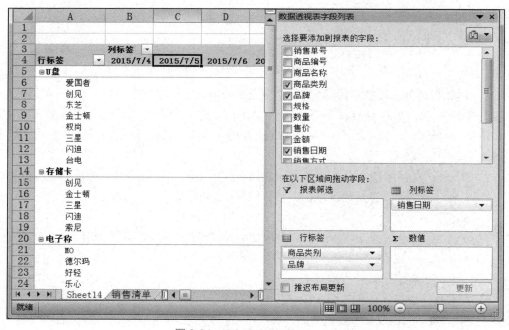

图 9-31　添加字段到列标签区域

- 数值：放至"数值"区域的字段会进行相应计算或汇总，然后组成数据透视表中的数值区域，在数据透视表中被称为"数据字段"或"值字段"。值字段对于数值类型数据的默认汇总方式为"求和"，对于文本类型数据默认汇总方式为"计数"。本例中，我们需要统计出各个类别与各个品牌商品的销售金额，因此，直接将"金额"字段拖动至"数值区域"中即可，如图 9-32 所示。

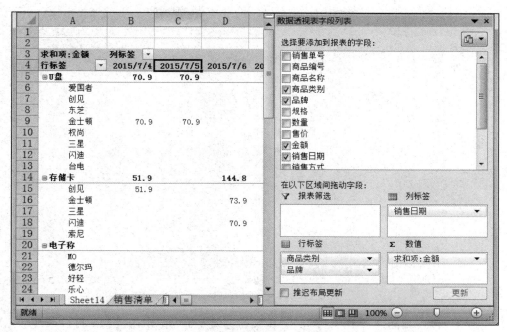

图 9-32　添加字段到数值区域

　　如果需要修改值字段默认的汇总方式，可在"数值"区域中单击相应的值字段，在弹出的快捷菜单中选择"值字段设置"选项，在弹出的"值字段设置"对话框中选择要采用的汇总方式，如"平均值"、"最大值"、"最小值"等，最后单击"确定"按钮完成设置，如图 9-33 所示。

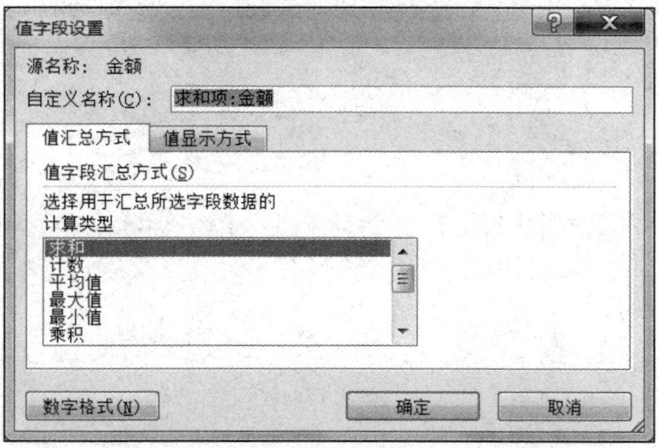

图 9-33　"值字段设置"对话框

　　此外，在数据透视表的数据区域中相应字段的单元格单击鼠标右键，在弹出的快捷菜单中选择"值汇总依据"，选择要采用的汇总方式也可以快速地对值字段进行汇总方式设置。

　　还可以对同一字段使用多种汇总方式，这只需要将值字段多次拖动到数值区域，然后利用"值字段设置"对话框选择不同汇总方式，即可实现对同一字段进行多种方式的汇总。

- 报表筛选：Excel 将按拖动到"报表筛选"中的字段的数据项对透视表进行筛选。本例中，将"销售方式"拖动到"报表筛选"中，实现对数据透视表按"线上"、"线下"两种方式进行筛选与查看，如图 9-34 所示。

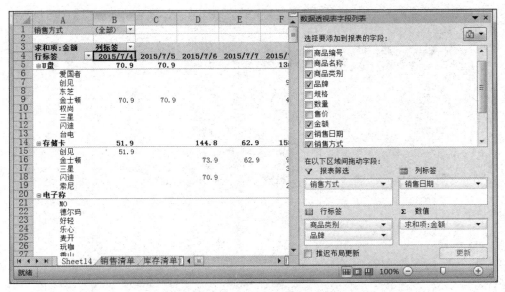

图 9-34　添加字段到报表筛选区域

⑤ 为"销售日期"列字段创建组。在数据透视表中右键单击任意销售日期，在打开的快捷菜单中选择"创建组"命令，打开"分组"对话框。"步长"选择"月"、"季"，对销售日期按月、季度进行分组，结果如图 9-35 所示。分组时，若日期跨越年，"步长"还可同时选择"年"。

| | A | B | C | D | E | F | G | H |
|---|---|---|---|---|---|---|---|---|
| 1 | 销售方式 | (全部) | | | | | | |
| 2 | | | | | | | | |
| 3 | 求和项:金额 | 列标签 | | | | | | |
| 4 | | ⊟第三季 | | | ⊟第四季 | | | 总计 |
| 5 | 行标签 | 7月 | 8月 | 9月 | 10月 | 11月 | 12月 | |
| 6 | ⊟U盘 | 7416.3 | 5033 | 6059.4 | 5572.3 | 4832.9 | 2678.6 | 31592.5 |
| 7 | 爱国者 | 570 | 322 | 344.2 | 452 | 501.5 | 399.9 | 2589.6 |
| 8 | 创见 | 287.7 | 769.5 | 575 | 278.7 | 649.6 | 89 | 2649.5 |
| 9 | 东芝 | 952.9 | 203.4 | 803 | 801.9 | 468.4 | 138 | 3367.6 |
| 10 | 金士顿 | 2114.2 | 756.1 | 1850.1 | 1492.9 | 1428 | 990.7 | 8632 |
| 11 | 权尚 | 89.5 | 89.5 | 89.5 | 107.4 | 17.9 | 67.6 | 461.4 |
| 12 | 三星 | 575.6 | 586.8 | 566.6 | 199 | | | 1928 |
| 13 | 闪迪 | 2388.6 | 1499.8 | 1293.5 | 1507.2 | 1240.3 | 993.4 | 8922.8 |
| 14 | 台电 | 437.8 | 805.9 | 537.5 | 733.2 | 527.2 | | 3041.6 |
| 15 | ⊟存储卡 | 4671.2 | 5568 | 4790.7 | 4760.6 | 3883.1 | 2412.5 | 26086.1 |
| 16 | 创见 | 559.9 | 1067.6 | 389.3 | 493.2 | 1039.3 | 526.4 | 4075.7 |
| 17 | 金士顿 | 1849.3 | 1281 | 987.4 | 1582.3 | 1385.5 | 614.4 | 7699.9 |
| 18 | 三星 | 841.9 | 851.6 | 1323 | 1043.3 | | 63.8 | 4123.6 |
| 19 | 闪迪 | 1094.7 | 1727.1 | 1582.5 | 1065.7 | 1245.5 | 768.7 | 7484.2 |
| 20 | 索尼 | 325.4 | 640.7 | 508.5 | 576.1 | 212.8 | 439.2 | 2702.7 |
| 21 | ⊟电子称 | 1213.4 | 2076.8 | 2239.8 | 1296.2 | 2280.5 | 1059.5 | 10166.2 |
| 22 | MO | 509 | 998 | 499 | 499 | 993 | | 3498 |
| 23 | 德尔玛 | 40.9 | 196.6 | 132.7 | | 99.8 | 166 | 636 |
| 24 | 好轻 | 61.9 | | 117.3 | 118 | | | 421.5 |

图 9-35　按销售日期分组

虽然数据透视表提供了强大的分类汇总功能，但数据分析需求的多样性使得数据透视表的常规分类方式并不能适用于所有的应用场景。因此，数据透视表还提供了项目组合功能，可以对数字、日期时间、文本等不同数据类型的数据项进行组合，满足对数据透视表分类汇总的需求。本例中，由于销售日期跨度较大，我们使用"创建组"命令在列字段上对销售日期按季、月分组，使得报表可读性更强，更有意义，层次更清晰。

值得注意的是，行标签和列标签区域中的字段顺序确定了组的层次关系。如本例中，商品类别组包含的是品牌项，季度组包含的是销售日期项，如图 9-35 所示。

⑥ 为"季度"字段设置汇总方式。由于商品类别、品牌、销售日期等字段来自于源数据表中的字段，在创建数据透视表时它们都有"自动"的汇总方式，均是对值字段"求和项：金额"进行"求和"计算，而"季度"列字段是组合生成的字段，其默认的汇总方式是"无"。

若需要按季度对"金额"进行汇总，可在"列标签"区域中单击"季度"字段，在弹出的快捷菜单中选择"字段设置"菜单选项，在弹出的"字段设置"对话框中选择"自定义"汇总方式，然后在"选择一个或多个函数"列表框中选择"求和"，如图 9-36 所示。

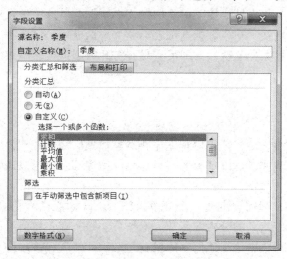

图 9-36 "字段设置"对话框

完成字段设置之后，单击"确定"按钮，即可在数据透视表中实现按"季度"对"金额"进行汇总，如图 9-37 所示。

| | A | B | C | D | E | F | G | H | I | J |
|---|---|---|---|---|---|---|---|---|---|---|
| 1 | 销售方式 | (全部) | | | | | | | | |
| 2 | | | | | | | | | | |
| 3 | 求和项:金额 | 列标签 | | | | | | | | |
| 4 | | ⊟第三季 | | | 第三季 求和 | ⊟第四季 | | | 第四季 求和 | 总计 |
| 5 | 行标签 | 7月 | 8月 | 9月 | | 10月 | 11月 | 12月 | | |
| 6 | ⊟U盘 | 7416.3 | 5033 | 6059.4 | 18508.7 | 5572.3 | 4832.9 | 2678.6 | 13083.8 | 31592.5 |
| 7 | 爱国者 | 570 | 322 | 344.2 | 1236.2 | 452 | 501.5 | 399.9 | 1353.4 | 2589.6 |
| 8 | 创见 | 287.7 | 769.5 | 575 | 1632.2 | 278.7 | 649.6 | 89 | 1017.3 | 2649.5 |
| 9 | 东芝 | 952.9 | 203.4 | 803 | 1959.3 | 801.9 | 468.4 | 138 | 1408.3 | 3367.6 |
| 10 | 金士顿 | 2114.2 | 756.1 | 1850.1 | 4720.4 | 1492.9 | 1428 | 990.7 | 3911.6 | 8632 |
| 11 | 权尚 | 89.5 | 89.5 | 89.5 | 268.5 | 107.4 | 17.9 | 67.6 | 192.9 | 461.4 |
| 12 | 三星 | 575.6 | 586.8 | 566.6 | 1729 | 199 | | | 199 | 1928 |
| 13 | 闪迪 | 2388.6 | 1499.8 | 1293.5 | 5181.9 | 1507.2 | 1240.3 | 993.4 | 3740.9 | 8922.8 |
| 14 | 台电 | 437.8 | 805.9 | 537.5 | 1781.2 | 733.2 | 527.2 | | 1260.4 | 3041.6 |
| 15 | ⊟存储卡 | 4671.2 | 5568 | 4790.7 | 15029.9 | 4760.6 | 3883.1 | 2412.5 | 11056.2 | 26086.1 |
| 16 | 创见 | 559.9 | 1067.6 | 389.3 | 2016.8 | 493.2 | 1039.3 | 526.4 | 2058.9 | 4075.7 |
| 17 | 金士顿 | 1849.3 | 1281 | 987.4 | 4117.7 | 1582.1 | 1385.5 | 614.4 | 3582.2 | 7699.9 |
| 18 | 三星 | 841.9 | 851.6 | 1323 | 3016.5 | 1043.3 | | 63.8 | 1107.1 | 4123.6 |
| 19 | 闪迪 | 1094.7 | 1727.1 | 1582.5 | 4404.3 | 1065.7 | 1245.5 | 768.7 | 3079.9 | 7484.2 |
| 20 | 索尼 | 325.4 | 640.7 | 508.5 | 1474.6 | 576.1 | 212.8 | 439.2 | 1228.1 | 2702.7 |
| 21 | ⊟电子称 | 1213.4 | 2076.8 | 2239.8 | 5530 | 1296.2 | 2280.5 | 1059.5 | 4636.2 | 10166.2 |
| 22 | MO | 509 | 998 | 499 | 2006 | 499 | 993 | | 1492 | 3498 |
| 23 | 德尔玛 | 40.9 | 196.6 | 132.7 | 370.2 | | 99.8 | 166 | 265.8 | 636 |

Sheet14 销售清单 库存清单复本 库存清单 库存查询 销

就绪 100%

图 9-37 按"季度"对"金额"进行汇总

事实上，在数据透视表中，每个行字段或列字段都可对值字段设置各自的汇总方式，只要该汇总方式存在实际意义。而值字段上的汇总方式始终会在最低一级（如"品牌"、"销售日期"）的字段和总计行（列）上进行计算并显示。

⑦ 最后，修改数据透视表外观。为创建好的数据透视表启用经典数据透视表布局，并应用数据透视表样式，为数值区域的数据设置货币形式的数字格式，将数据透视表所在的工作表重命名为"销售综合分析"，即可得到图 9-27 所示效果的数据透视表。

如果创建好的数据透视表的数据源内容发生了变化，用户可以使用"数据透视表工具"中的"刷新"命令实现数据透视表中数据的及时更新。也可以在数据透视表的任意一个区域中单击鼠标右键，在弹出的快捷菜单中选择"刷新"菜单选项进行更新。用户还可以设置数据透视表的自动更新，在"数据透视表选项"对话框中，切换到"数据"选项卡，勾选"打开文件时刷新数据"复选框，即可实现在打开数据透视表所在的工作簿时自动更新数据透视表数据。

### 9.3.3 更改值字段的显示方式

创建好数据透视表之后，还可以根据需要调整数据区域的数据显示方式，以便从各个侧面观察汇总数据。例如，可以观察各分类商品的销售额占比，以及各品牌商品在同类商品的销售额占比。

在 Excel 2010 中，只需要通过一个简单的操作，即设置"值显示方式"，便可实现此种功能，而不需要使用复杂的公式与函数。操作方法是：在"数值"区域中单击相应的值字段，在弹出的快捷菜单中选择"值字段设置"选项，然后在弹出的"值字段设置"对话框中切换到"值显示方式"选项卡，如图 9-38 所示，从中选择合适的显示方式即可。

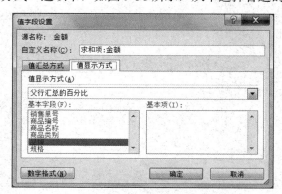

图 9-38　更改值字段的显示方式

本例中，将数据显示方式设置为"父行汇总的百分比"，即可实现将数值区域字段显示为每个数值项占该行父级项总和的百分比，也就是将数据更改显示为各类商品的汇总行数值项占总计行数值项的百分比和各品牌销售额占其同类商品的汇总行数值项的百分比，如图 9-39 所示。

此外，在数据透视表的数据区域中相应字段的单元格单击鼠标右键，在弹出的快捷菜单中选择"值显示方式"。选择要采用的显示方式也可以快速地对值字段进行显示方式设置。各显示方式的简要说明如表 9-1 所示。

图 9-39　将数据显示方式设置为"父行汇总的百分比"

表 9-1　值显示方式功能描述

| 值显示方式 | 功　能　描　述 |
| --- | --- |
| 无计算 | 数据区域字段显示为数据透视表中的原始数据 |
| 总计的百分比 | 数据区域字段显示为每个数值项占该字段所有项总和的百分比 |
| 列汇总的百分比 | 数据区域字段显示为每个数值项占该列所有项总和的百分比 |
| 行汇总的百分比 | 数据区域字段显示为每个数值项占该行所有项总和的百分比 |
| 百分比 | 数据区域字段显示为基本字段和基本项的百分比 |
| 父行汇总的百分比 | 数据区域字段显示为每个数值项占该行父级项总和的百分比 |
| 父列汇总的百分比 | 数据区域字段显示为每个数值项占该列父级项总和的百分比 |
| 父级汇总的百分比 | 数据区域字段显示为每个数值项占该数据项父级项总和的百分比 |
| 差异 | 数据区域字段显示为与指定的基本字段和基本项的差值 |
| 差异百分比 | 数据区域字段显示为与指定基本字段项的差异百分比 |
| 按某一字段汇总 | 数据区域字段显示为指定基本字段项的汇总 |
| 按某一字段汇总的百分比 | 数据区域字段显示为指定基本字段项的汇总百分比 |
| 升序排列 | 数据区域字段显示为按升序排列的序号 |
| 降序排列 | 数据区域字段显示为按降序排列的序号 |
| 指数 | 使用公式：（（单元格的值）*（总体汇总之和）/（（行汇总）*（列汇总）） |

## 9.3.4　在数据透视表中排序

　　为了更好地分析和查看数据透视表中的汇总数据，有时需要调整数据项显示的位置。

在 Excel 2010 中，数据透视表中字段顺序的调整方法及排序与常规数据区域和表格类似，可以实现大多数排序效果。

**1. 调整字段的排列顺序**

如果只需要局部调整字段的显示顺序，方法比较简单，拖动字段到合适的位置释放即可。例如，要把图 9-27 中的"移动硬盘"放至"存储卡"之后，可以先单击"移动硬盘"所在的单元格，然后将鼠标指针指向单元格的边框线，待鼠标指针变成四向箭头时，按下鼠标左键将"移动硬盘"拖动到"存储卡"与"电子称"之间并释放鼠标即可，如图 9-40 所示。

| | A | B | C | D | E | F | G | H | I | J | K |
|---|---|---|---|---|---|---|---|---|---|---|---|
| 1 | 销售方式 | 线上 | | | | | | | | | |
| 2 | | | | | | | | | | | |
| 3 | 求和项:金额 | | 季度 | 销售日期 | | | | | | | |
| 4 | | | ⊟第三季 | | | 第三季 求和 | ⊟第四季 | | | 第四季 求和 | 总计 |
| 5 | 商品类别 | 品牌 | 7月 | 8月 | 9月 | | 10月 | 11月 | 12月 | | |
| 6 | ⊟U盘 | 爱国者 | ¥401.00 | ¥322.00 | ¥344.20 | ¥1,067.20 | ¥452.00 | ¥501.50 | ¥399.90 | ¥1,353.40 | ¥2,420.60 |
| 7 | | 创见 | ¥287.70 | ¥769.50 | ¥575.00 | ¥1,632.20 | ¥278.70 | ¥649.60 | ¥89.00 | ¥1,017.30 | ¥2,649.50 |
| 8 | | 东芝 | ¥919.00 | ¥203.40 | ¥803.00 | ¥1,925.40 | ¥801.90 | ¥468.40 | ¥138.00 | ¥1,408.30 | ¥3,333.70 |
| 9 | | 金士顿 | ¥1,961.50 | ¥756.10 | ¥1,850.10 | ¥4,567.70 | ¥1,492.90 | ¥1,428.00 | ¥990.70 | ¥3,911.60 | ¥8,479.30 |
| 10 | | 权尚 | ¥89.50 | ¥89.50 | ¥89.50 | ¥268.50 | ¥107.40 | ¥17.90 | ¥67.60 | ¥192.90 | ¥461.40 |
| 11 | | 三星 | ¥371.60 | ¥586.80 | ¥566.60 | ¥1,525.00 | ¥199.00 | | | ¥199.00 | ¥1,724.00 |
| 12 | | 闪迪 | ¥1,952.90 | ¥1,499.80 | ¥1,293.50 | ¥4,746.20 | ¥1,507.20 | ¥1,240.30 | ¥993.40 | ¥3,740.90 | ¥8,487.10 |
| 13 | | 台电 | ¥437.80 | ¥805.90 | ¥537.50 | ¥1,781.20 | ¥733.20 | ¥527.20 | | ¥1,260.40 | ¥3,041.60 |
| 14 | U盘 汇总 | | ¥6,421.00 | ¥5,033.00 | ¥6,059.40 | ¥17,513.40 | ¥5,572.30 | ¥4,832.90 | ¥2,678.60 | ¥13,083.80 | ¥30,597.20 |
| 15 | ⊞存储卡 | | ¥3,769.90 | ¥5,568.00 | ¥4,790.70 | ¥14,128.60 | ¥4,760.60 | ¥3,883.10 | ¥2,412.50 | ¥11,056.20 | ¥25,184.80 |
| 16 | ⊞移动硬盘 | | ¥12,030.00 | ¥18,149.00 | ¥21,451.00 | ¥51,630.00 | ¥16,825.00 | ¥12,735.00 | ¥11,972.00 | ¥41,532.00 | ¥93,162.00 |
| 17 | ⊞电子称 | | ¥1,213.40 | ¥2,076.80 | ¥2,239.80 | ¥5,530.00 | ¥1,296.20 | ¥2,280.50 | ¥1,059.50 | ¥4,636.20 | ¥10,166.20 |
| 18 | ⊞手机 | | ¥22,034.00 | ¥16,169.00 | ¥20,588.00 | ¥58,791.00 | ¥17,785.00 | ¥19,259.00 | ¥5,779.00 | ¥42,823.00 | ¥101,614.00 |
| 19 | ⊞移动电源 | | ¥2,741.40 | ¥3,515.50 | ¥3,640.50 | ¥9,897.40 | ¥3,198.80 | ¥3,940.60 | ¥511.60 | ¥7,651.00 | ¥17,548.40 |
| 20 | ⊞音箱 | | ¥2,219.60 | ¥3,003.80 | ¥2,557.00 | ¥7,780.40 | ¥2,153.50 | ¥1,448.50 | ¥1,796.40 | ¥5,398.40 | ¥13,178.80 |
| 21 | ⊞智能手环 | | ¥3,701.80 | ¥1,859.50 | ¥2,209.60 | ¥7,780.40 | ¥2,452.00 | ¥1,758.40 | ¥802.60 | ¥5,013.90 | ¥12,812.80 |
| 22 | 总计 | | ¥54,131.10 | ¥55,374.60 | ¥63,536.00 | ¥173,041.70 | ¥53,833.00 | ¥50,482.20 | ¥26,879.30 | ¥131,194.50 | ¥304,236.20 |

图 9-40　调整字段排列顺序后的数据透视表

**2. 按字段排序**

在数据透视表中，可按行字段或列字段进行排序，默认的方式是按字母排序。例如，如果需要对图 9-40 中的数据透视表按商品类别的各数据项降序排列，可使用以下两种操作方法。

（1）单击数据透视表中行字段"商品类别"右侧的下拉按钮，在弹出的下拉列表中选择"降序"命令。

（2）选中行字段"商品类别"后，在"数据透视表工具"的"排序和筛选"组内单击"降序"按钮。

这两种方式都可实现将数据透视表按行字段"商品类别"的各数据项降序排列，默认的排序规则是按字母排序，若要修改排序规则，操作步骤如下。

① 单击数据透视表中行字段"商品类别"右侧的下拉按钮，在弹出的下拉列表中选择"其他排序选项"命令，打开"排序（商品类别）"对话框，如图 9-41 所示。

② 在"排序（商品类别）"对话框中，单击"其他选项"按钮，打开"其他排序选项（商品类别）"对话框。

③ 在"其他排序选项（商品类别）"对话框中，取消勾选"自动排序"下的复选框。此时，"主关键字排序次序"和"方法"选项皆可用。在"主关键字排序次序"下拉列表框中可选择按自定义序列对"商品类别"排序（自定义序列可通过单击"文件 | 菜单中"选项 | 高级 | 常规 | 编辑自定义列表"命令按钮，打开"自定义序列"对话框，然后进行定义），在"方法"组中可选择按笔划或字母对"商品类别"排序。本例中"次序"选择"无计算"，

即不指定序列，则按笔划对"商品类别"排序，选择"笔划排序"单选按钮，如图 9-42 所示。

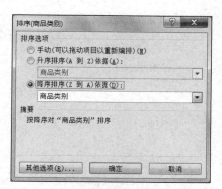

图 9-41 数据透视表中的按字段排序对话框

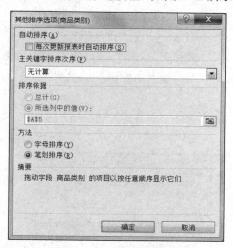

图 9-42 设置其他排序规则

④ 单击"确定"按钮，返回"排序（商品类别）"对话框，在排序选项中选中"降序排序（Z 到 A）依据：",再单击"确定"按钮，即可实现将数据透视表按行字段"商品类别"的各数据项的笔划数降序排列，如图 9-43 所示。

| | A | B | C | D | E | F | G | H | I | J | K |
|---|---|---|---|---|---|---|---|---|---|---|---|
| 1 | 销售方式 | 线上 |
| 2 | | | |
| 3 | 求和项:金额 | | 季度 | | 销售日期 |
| 4 | | | ⊟第三季 | | | 第三季 求和 | ⊟第四季 | | | 第四季 求和 | 总计 |
| 5 | 商品类别 | 品牌 | 7月 | 8月 | 9月 | | 10月 | 11月 | 12月 | |
| 6 | ⊞智能手环 | | ¥3,701.80 | ¥1,859.50 | ¥2,209.60 | ¥7,770.90 | ¥2,241.60 | ¥2,102.60 | ¥669.70 | ¥5,013.90 | ¥12,784.80 |
| 7 | ⊞移动硬盘 | | ¥12,030.00 | ¥18,149.00 | ¥21,451.00 | ¥51,630.00 | ¥16,825.00 | ¥12,735.00 | ¥11,972.00 | ¥41,532.00 | ¥93,162.00 |
| 8 | ⊞移动电源 | | ¥2,741.40 | ¥3,515.50 | ¥3,640.50 | ¥9,897.40 | ¥3,198.80 | ¥3,940.60 | ¥511.60 | ¥7,651.00 | ¥17,548.40 |
| 9 | ⊞音箱 | | ¥2,219.60 | ¥3,003.80 | ¥2,557.00 | ¥7,780.40 | ¥2,153.50 | ¥1,448.50 | ¥1,796.40 | ¥5,398.40 | ¥13,178.80 |
| 10 | ⊞存储卡 | | ¥3,769.90 | ¥5,568.00 | ¥4,790.70 | ¥14,128.60 | ¥4,760.60 | ¥3,883.10 | ¥2,412.50 | ¥11,056.20 | ¥25,184.80 |
| 11 | ⊞电子称 | | ¥1,213.40 | ¥2,076.80 | ¥2,239.80 | ¥5,530.00 | ¥1,296.20 | ¥3,281.50 | ¥1,059.50 | ¥4,636.20 | ¥10,166.20 |
| 12 | ⊞手机 | | ¥22,034.00 | ¥16,169.00 | ¥20,588.00 | ¥58,791.00 | ¥17,785.00 | ¥19,259.00 | ¥5,779.00 | ¥42,823.00 | ¥101,614.00 |
| 13 | ⊟U盘 | 爱国者 | ¥401.00 | ¥322.00 | ¥344.20 | ¥1,067.20 | ¥452.00 | ¥501.50 | ¥399.90 | ¥1,353.40 | ¥2,420.60 |
| 14 | | 创见 | ¥287.70 | ¥769.50 | ¥575.00 | ¥1,632.20 | ¥278.70 | ¥649.60 | ¥89.00 | ¥1,017.30 | ¥2,649.50 |
| 15 | | 东芝 | ¥919.00 | ¥203.40 | ¥803.00 | ¥1,925.40 | ¥801.90 | ¥468.40 | ¥138.00 | ¥1,408.30 | ¥3,333.70 |
| 16 | | 金士顿 | ¥1,961.50 | ¥756.10 | ¥1,850.10 | ¥4,567.70 | ¥1,492.90 | ¥1,428.00 | ¥990.70 | ¥3,911.60 | ¥8,479.30 |
| 17 | | 权尚 | ¥89.50 | ¥89.50 | ¥89.50 | ¥268.50 | ¥107.40 | ¥17.90 | ¥67.60 | ¥192.90 | ¥461.40 |
| 18 | | 三星 | ¥371.60 | ¥587.80 | ¥566.60 | ¥1,525.00 | ¥199.00 | | | ¥199.00 | ¥1,724.00 |
| 19 | | 闪迪 | ¥1,952.90 | ¥1,499.80 | ¥1,293.50 | ¥4,746.20 | ¥1,507.20 | ¥1,240.30 | ¥993.40 | ¥3,740.90 | ¥8,487.10 |
| 20 | | 台电 | ¥437.80 | ¥805.90 | ¥537.50 | ¥1,781.20 | ¥733.20 | ¥527.20 | | ¥1,260.40 | ¥3,041.60 |
| 21 | U盘 汇总 | | ¥6,421.00 | ¥5,033.00 | ¥6,059.40 | ¥17,513.40 | ¥5,572.30 | ¥4,832.90 | ¥2,678.60 | ¥13,083.80 | ¥30,597.20 |
| 22 | 总计 | | ¥54,131.10 | ¥55,374.60 | ¥63,536.00 | ¥173,041.70 | ¥53,833.00 | ¥50,482.20 | ¥26,879.30 | ¥131,194.50 | ¥304,236.20 |

销售综合分析 销售清单 库存清单复本 库存清单 库存查询 销售统计

就绪 ⊞ ▢ ▥ 100% ⊖ ⊕

图 9-43 对数据透视表按"商品类别"的各数据项的笔划数降序排列

用同样的方法，可按其他行、列字段对数据透视表进行排列。需要注意的是下级行（列）字段的排序是在上一级行（列）字段内部的局部区域进行的。

3. 按值排序

除了按行、列字段的数据项重新排列数据透视表之外，还可以根据数据区域的数据值项对数据透视表排序。例如，如果想要对图 9-43 中的数据透视表按"商品类别"的"总计"列降序排列，在各类别组中按"品牌"的"总计"降序排列，可参考如下操作步骤。

① 打开"排序"对话框。单击数据透视表中行字段"商品类别"右侧的下拉按钮，在弹出的下拉列表中选择"其他排序选项"命令，打开"排序（商品类别）"对话框。

② 选择排序选项。在"排序（商品类别）"对话框中的排序选项中选中"降序排序

（Z 到 A）依据：”，从下拉列表框中选择“求和项：金额”，如图 9-44 所示。

③ 设置排序依据。单击“其他选项”按钮，打开“其他排序选项（商品类别）”对话框，如图 9-45 所示，在“排序依据”中选中“总计”单选按钮，表示将使用“总计”列中的值，依据“求和项：金额”按降序对“商品类别”排序。若要使用其他列中的值作为排序依据，则选择“所选列中的值”选项按钮，然后指定该列中该字段所在的一个单元格引用。

图 9-44　设置按“求和项：金额”排序

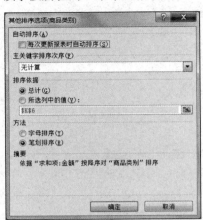

图 9-45　设置排序依据

④ 单击“确定”按钮，返回“排序（商品类别）”对话框，确保排序选项是降序，然后单击“确定”按钮，即可实现对数据透视表依据“求和项：金额”使用“总计”列中的值按降序对“商品类别”排序，如图 9-46 所示。

| 商品类别 | 品牌 | 7月 | 8月 | 9月 | 第三季 求和 | 10月 | 11月 | 12月 | 第四季 求和 | 总计 |
|---|---|---|---|---|---|---|---|---|---|---|
| ⊞ 手机 | | ¥22,034.00 | ¥16,169.00 | ¥20,588.00 | ¥58,791.00 | ¥17,785.00 | ¥19,259.00 | ¥5,779.00 | ¥42,823.00 | ¥101,614.00 |
| ⊞ 移动硬盘 | | ¥12,030.00 | ¥18,149.00 | ¥21,451.00 | ¥51,630.00 | ¥16,825.00 | ¥12,735.00 | ¥11,972.00 | ¥41,532.00 | ¥93,162.00 |
| ⊞ U盘 | | ¥6,421.00 | ¥5,033.00 | ¥6,059.40 | ¥17,513.40 | ¥5,572.30 | ¥4,832.90 | ¥2,678.60 | ¥13,083.80 | ¥30,597.20 |
| ⊞ 存储卡 | | ¥3,769.90 | ¥5,568.00 | ¥4,790.70 | ¥14,128.60 | ¥4,760.60 | ¥3,883.10 | ¥2,412.50 | ¥11,056.20 | ¥25,184.80 |
| ⊞ 移动电源 | | ¥2,741.40 | ¥3,515.50 | ¥3,640.50 | ¥9,897.40 | ¥3,198.80 | ¥3,940.60 | ¥511.60 | ¥7,651.00 | ¥17,548.40 |
| ⊞ 音箱 | | ¥2,219.60 | ¥3,003.80 | ¥2,557.00 | ¥7,780.40 | ¥2,153.50 | ¥1,448.50 | ¥1,796.40 | ¥5,398.40 | ¥13,178.80 |
| ⊞ 智能手环 | | ¥3,701.80 | ¥1,859.50 | ¥2,209.60 | ¥7,770.90 | ¥2,241.60 | ¥2,102.60 | ¥669.70 | ¥5,013.90 | ¥12,784.80 |
| ⊞ 电子称 | | ¥1,213.40 | ¥2,076.80 | ¥2,239.80 | ¥5,530.00 | ¥1,296.20 | ¥2,280.50 | ¥1,059.50 | ¥4,636.20 | ¥10,166.20 |
| 总计 | | ¥54,131.10 | ¥55,374.60 | ¥63,536.00 | ¥173,041.70 | ¥53,833.00 | ¥50,482.20 | ¥26,879.30 | ¥131,194.50 | ¥304,236.20 |

图 9-46　依据“求和项：金额”使用“总计”列中的值按降序对“商品类别”排序

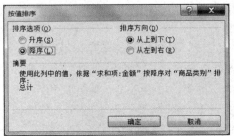

图 9-47　“按值排序”对话框

从图 9-46 可以看出，“手机”类商品的销售额最高，其次是“移动硬盘”类商品，销售额最低的是“电子称”类商品。

实现按值排序的更快速便捷的方法是：首先单击作为排序依据列的任意数据项，即“商品类别”行字段数据项与“总计”列交叉的单元格，例如 K6，然后在“数据透视表工具”的“排序和筛选”组内单击“排序”按钮，打开“按值排序”对话框，如图 9-47 所示。

在“按值排序”对话框中，“排序选项”选择

"降序","排序方向"选择"从上到下",然后单击"确定"按钮即可完成排序。其中,"排序方向"组的"从左到右"单选按钮指的是对列字段的排序。

⑤ 选择"品牌"行字段,重复步骤①~④,即可实现在各类别组内按品牌的"总计"降序排列,排序结果如图 9-48 所示。

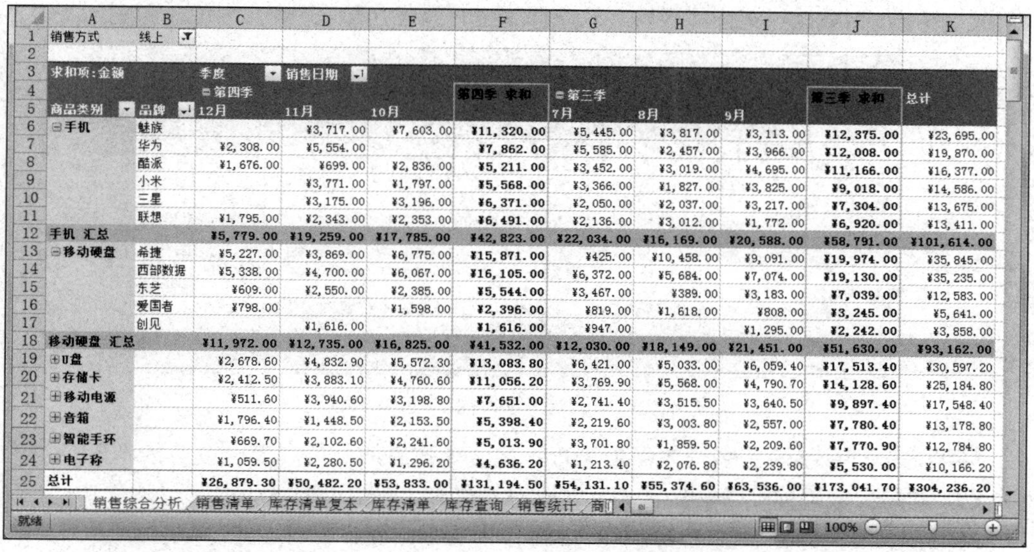

| | A | B | C | D | E | F | G | H | I | J | K |
|---|---|---|---|---|---|---|---|---|---|---|---|
| 1 | 销售方式 | 线上 | | | | | | | | | |
| 2 | | | | | | | | | | | |
| 3 | 求和项:金额 | | 季度 | 销售日期 | | | | | | | |
| 4 | | | ⊟第四季 | | | 第四季 求和 | ⊟第三季 | | | 第三季 求和 | 总计 |
| 5 | 商品类别 | 品牌 | 12月 | 11月 | 10月 | | 7月 | 8月 | 9月 | | |
| 6 | ⊟手机 | 魅族 | | ¥3,717.00 | ¥7,603.00 | ¥11,320.00 | ¥5,445.00 | ¥3,817.00 | ¥3,113.00 | ¥12,375.00 | ¥23,695.00 |
| 7 | | 华为 | ¥2,308.00 | ¥5,554.00 | | ¥7,862.00 | ¥5,585.00 | ¥2,457.00 | ¥3,966.00 | ¥12,008.00 | ¥19,870.00 |
| 8 | | 酷派 | ¥1,676.00 | ¥699.00 | ¥2,836.00 | ¥5,211.00 | ¥3,452.00 | ¥3,019.00 | ¥4,695.00 | ¥11,166.00 | ¥16,377.00 |
| 9 | | 小米 | | ¥3,771.00 | ¥1,797.00 | ¥5,568.00 | ¥3,366.00 | ¥1,827.00 | ¥3,825.00 | ¥9,018.00 | ¥14,586.00 |
| 10 | | 三星 | | ¥3,175.00 | ¥3,196.00 | ¥6,371.00 | ¥2,050.00 | ¥2,037.00 | ¥3,217.00 | ¥7,304.00 | ¥13,675.00 |
| 11 | | 联想 | ¥1,795.00 | ¥2,343.00 | ¥2,353.00 | ¥6,491.00 | ¥2,136.00 | | ¥1,772.00 | ¥6,920.00 | ¥13,411.00 |
| 12 | 手机 汇总 | | ¥5,779.00 | ¥19,259.00 | ¥17,785.00 | ¥42,823.00 | ¥22,034.00 | ¥16,169.00 | ¥20,588.00 | ¥58,791.00 | ¥101,614.00 |
| 13 | ⊟移动硬盘 | 希捷 | ¥5,227.00 | ¥3,869.00 | ¥6,775.00 | ¥15,871.00 | ¥425.00 | ¥10,458.00 | ¥9,091.00 | ¥19,974.00 | ¥35,845.00 |
| 14 | | 西部数据 | ¥5,338.00 | ¥4,700.00 | ¥6,067.00 | ¥16,105.00 | ¥6,372.00 | ¥5,684.00 | ¥7,074.00 | ¥19,130.00 | ¥35,235.00 |
| 15 | | 东芝 | ¥609.00 | ¥2,550.00 | ¥2,385.00 | ¥5,544.00 | ¥3,467.00 | ¥389.00 | ¥3,183.00 | ¥7,039.00 | ¥12,583.00 |
| 16 | | 爱国者 | ¥798.00 | | ¥1,598.00 | ¥2,396.00 | ¥819.00 | ¥1,618.00 | ¥808.00 | ¥3,245.00 | ¥5,641.00 |
| 17 | | 创见 | | ¥1,616.00 | | ¥1,616.00 | | ¥947.00 | ¥1,295.00 | ¥2,242.00 | ¥3,858.00 |
| 18 | 移动硬盘 汇总 | | ¥11,972.00 | ¥12,735.00 | ¥16,825.00 | ¥41,532.00 | ¥12,030.00 | ¥18,149.00 | ¥21,451.00 | ¥51,630.00 | ¥93,162.00 |
| 19 | ⊞U盘 | | ¥2,678.60 | ¥4,832.90 | ¥5,572.30 | ¥13,083.80 | ¥6,421.00 | ¥5,033.00 | ¥6,059.40 | ¥17,513.40 | ¥30,597.20 |
| 20 | ⊞存储卡 | | ¥2,412.50 | ¥3,883.10 | ¥4,760.60 | ¥11,056.20 | ¥3,769.90 | ¥5,568.00 | ¥4,790.70 | ¥14,128.60 | ¥25,184.80 |
| 21 | ⊞移动电源 | | ¥511.60 | ¥3,940.60 | ¥3,198.80 | ¥7,651.00 | ¥2,741.40 | ¥3,515.50 | ¥3,640.50 | ¥9,897.40 | ¥17,548.40 |
| 22 | ⊞音箱 | | ¥1,796.40 | ¥1,448.50 | ¥2,153.50 | ¥5,398.40 | ¥2,219.60 | ¥3,003.80 | ¥2,557.00 | ¥7,780.40 | ¥13,178.80 |
| 23 | ⊞智能手环 | | ¥669.70 | ¥2,102.60 | ¥2,241.60 | ¥5,013.90 | ¥3,701.80 | ¥1,859.50 | ¥2,209.60 | ¥7,770.90 | ¥12,784.80 |
| 24 | ⊞电子称 | | ¥1,059.50 | ¥2,280.50 | ¥1,296.20 | ¥4,636.20 | ¥1,213.40 | ¥2,076.80 | ¥2,239.80 | ¥5,530.00 | ¥10,166.20 |
| 25 | 总计 | | ¥26,879.30 | ¥50,482.20 | ¥53,833.00 | ¥131,194.50 | ¥54,131.10 | ¥55,374.60 | ¥63,536.00 | ¥173,041.70 | ¥304,236.20 |

销售综合分析　销售清单　库存清单复本　库存清单　库存查询　销售统计　商

图 9-48　依据"求和项:金额"使用"总计"列中的值按降序对"商品类别"、"品牌"排序

从图 9-48 可以看出,在"手机"类商品中,魅族手机销售金额最高,其次是华为手机,销售额最低的手机是联想。

用类似的方法选择列字段,可实现在列方向按值排序,如图 9-49 为依据"求和项:金额"使用"总计"行中的值按降序对"季度"、"销售日期"排序。

| | A | B | C | D | E | F | G | H | I | J | K |
|---|---|---|---|---|---|---|---|---|---|---|---|
| 1 | 销售方式 | 线上 | | | | | | | | | |
| 2 | | | | | | | | | | | |
| 3 | 求和项:金额 | | 季度 | 销售日期 | | | | | | | |
| 4 | | | ⊟第三季 | | | 第三季 求和 | ⊟第四季 | | | 第四季 求和 | 总计 |
| 5 | 商品类别 | 品牌 | 9月 | 8月 | 7月 | | 10月 | 11月 | 12月 | | |
| 6 | ⊞手机 | | ¥20,588.00 | ¥16,169.00 | ¥22,034.00 | ¥58,791.00 | ¥17,785.00 | ¥19,259.00 | ¥5,779.00 | ¥42,823.00 | ¥101,614.00 |
| 7 | ⊞移动硬盘 | | ¥21,451.00 | ¥18,149.00 | ¥12,030.00 | ¥51,630.00 | ¥16,825.00 | ¥12,735.00 | ¥11,972.00 | ¥41,532.00 | ¥93,162.00 |
| 8 | ⊞U盘 | | ¥6,059.40 | ¥5,033.00 | ¥6,421.00 | ¥17,513.40 | ¥5,572.30 | ¥4,832.90 | ¥2,678.60 | ¥13,083.80 | ¥30,597.20 |
| 9 | ⊞存储卡 | | ¥4,790.70 | ¥5,568.00 | ¥3,769.90 | ¥14,128.60 | ¥4,760.60 | ¥3,883.10 | ¥2,412.50 | ¥11,056.20 | ¥25,184.80 |
| 10 | ⊞移动电源 | | ¥3,640.50 | ¥3,515.50 | ¥2,741.40 | ¥9,897.40 | ¥3,198.80 | ¥3,940.60 | ¥511.60 | ¥7,651.00 | ¥17,548.40 |
| 11 | ⊞音箱 | | ¥2,557.00 | ¥3,003.80 | ¥2,219.60 | ¥7,780.40 | ¥2,153.50 | ¥1,448.50 | ¥1,796.40 | ¥5,398.40 | ¥13,178.80 |
| 12 | ⊞智能手环 | | ¥2,209.60 | ¥1,859.50 | ¥3,701.80 | ¥7,770.90 | ¥2,241.60 | ¥2,102.60 | ¥669.70 | ¥5,013.90 | ¥12,784.80 |
| 13 | ⊞电子称 | | ¥2,239.80 | ¥2,076.80 | ¥1,213.40 | ¥5,530.00 | ¥1,296.20 | ¥2,280.50 | ¥1,059.50 | ¥4,636.20 | ¥10,166.20 |
| 14 | 总计 | | ¥63,536.00 | ¥55,374.60 | ¥54,131.10 | ¥173,041.70 | ¥53,833.00 | ¥50,482.20 | ¥26,879.30 | ¥131,194.50 | ¥304,236.20 |

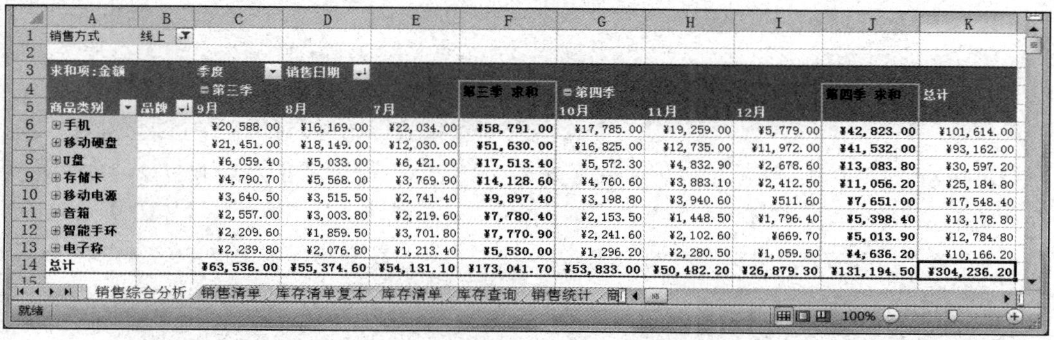

销售综合分析　销售清单　库存清单复本　库存清单　库存查询　销售统计　商

图 9-49　依据"求和项:金额"使用"总计"行中的值按降序对"季度"、"销售日期"排序

从图 9-49 可以看出,第三季度的销售金额高于第四季度,在第三季度中,9 月份的销售额最高,在第四季度中,10 月份的销售额最高。

## 9.3.5　在数据透视表中进行数据筛选

如果不想在数据透视表中显示某些数据行或数据列,可以通过在数据透视表中使用筛选器筛选出符合指定条件的数据,达到隐藏其他数据的目的。Excel 2010 提供了报表字段筛选器和行、列字段筛选器，进行常规筛选，另外还可使用切片器筛选器进行数据筛选。

### 1．按报表字段筛选

位于报表筛选区域的页字段的所有数据项都是数据透视表的筛选条件。单击页字段右侧的下拉箭头，在弹出的下拉列表中会显示该页字段的所有数据项，选中其中一项并单击"确定"按钮，则数据透视表将根据此页字段项进行筛选，如图 9-50 所示。

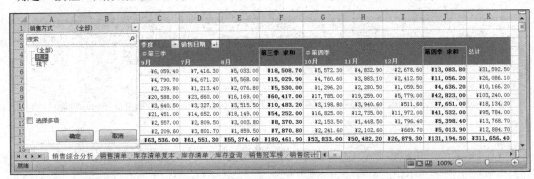

图 9-50　报表筛选字段的下拉列表项目

如果希望对页字段的多个数据项进行筛选，在弹出的下拉列表框中勾选"选择多项"复选框，然后依次去掉不需要显示的页字段项，单击"确定"按钮即可。

通过选择报表筛选字段的项目，可以对整个数据透视表的内容进行筛选，但筛选结果仍然显示在一张表格中，即每次只能进行一种筛选。利用数据透视表的"显示报表筛选页"功能，可以创建一系列链接在一起的数据透视表，每一张工作表显示报表筛选字段中的一

图 9-51　"显示报表筛选页"对话框

项。例如，如果想要将"线上"和"线下"的销售统计数据分别显示在不同的工作表中，可按如下步骤操作。

① 单击数据透视表中的任意一个单元格，选择"数据透视表工具"项下的"选项"选项卡，单击"选项"的下拉按钮，选择"显示报表筛选页"命令，弹出"显示报表筛选页"对话框，如图 9-51 所示。

② 在"显示报表筛选页"对话框中选择"销售方式"字段，单击"确定"按钮就可以将"销售方式"字段中的每种销售方式下的数据分别显示在不同的工作表中，并且按照"销售方式"字段中的各数据项对工作表命名，如图 9-52 所示。

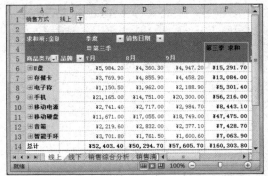

图 9-52　利用"显示报表筛选页"功能分页显示报表

**2．按行、列字段筛选**

行、列字段上数据项的筛选方法与表格中筛选类似，可以对其包含的数据项进行筛选。例如，如果我们想要筛选出存储类商品，并且销售额超过5000元的品牌的数据，可参考如下操作。

① 首先单击"商品类别"右侧的下拉列表箭头，将显示如图9-53所示的"商品类别"行字段筛选下拉菜单，勾选存储类数据项"移动硬盘"、"U盘"和"存储卡"，清除其他数据项的复选标志，然后单击"确定"按钮，数据透视表将只显示存储类数据项所在的数据行。

在图9-53所示的对话框中，还可以通过搜索框搜索需要筛选出来的数据项。此外，还可以利用"标签筛选"对"商品类别"数据项进行自定义条件筛选；利用"值筛选"对"商品类别"数据项按其"求和项：金额"总计列进行自定义条件筛选。

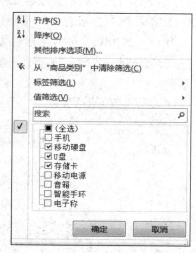

图9-53 按"商品类别"行字段筛选

② 单击"品牌"右侧的下拉列表箭头，在弹出的"品牌"行字段筛选下拉菜单中单击"值筛选"中的"大于"按钮，打开"值筛选（品牌）"对话框，分别设置为"求和项：金额"、"大于"、"5000"，如图9-54所示。

图9-54 行字段"品牌"的"值筛选"对话框

③ 单击"确定"按钮，即完成了对"存储类商品并且销售额超过5000元的品牌"数据的筛选，结果如图9-55所示。

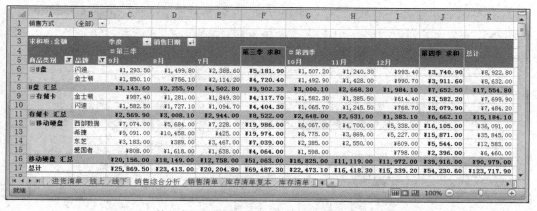

图9-55 按行字段"商品类别"和"品牌"进行数据筛选的结果

**3．使用切片器进行筛选**

利用常规的报表字段筛选器和行、列字段筛选器对字段进行筛选后，数据透视表显示的只是筛选后的结果，如果需要查看对哪些数据项进行了筛选，必须打开各字段的下拉列表，才能找到有关筛选的详细信息，很不直观。

Excel 2010 版本的数据透视表新增的"切片器"是一个易于使用的筛选组件，它不仅能够对数据透视表字段进行筛选操作，还可以非常直观地显示已应用的筛选器，查看该字段的所有数据项信息，以便我们轻松地了解显示在已筛选的数据透视表中的数据。

图 9-56　"插入切片器"对话框

下面使用切片器对图 9-27 中创建的数据透视表进行快速筛选，以便更加直观地显示各种销售方式下各类别、各品牌商品在不同日期的销售统计情况，操作步骤如下。

① 单击选中数据透视表的任意单元格，选择"数据透视表工具 | 选项"选项卡，单击"排序和筛选"组的"插入切片器"按钮，或者选择单击"插入"选项卡下的"筛选器"组的"切片器"按钮，打开"插入切片器"对话框，如图 9-56 所示。

② 选择"商品类别"、"品牌"、"销售日期"和"销售方式"4个字段，单击"确定"按钮，生成 4 个筛选器，完成切片器的插入，如图 9-57 所示。

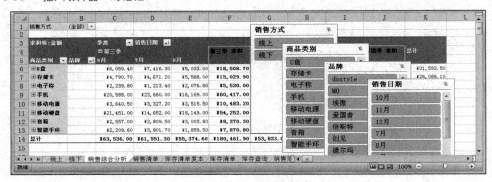

图 9-57　插入的 4 个切片器

③ 插入切片器后，选择各切片器中相应数据项，则数据透视表会立即显示筛选结果，如图 9-58 中显示的即是"线上"销售方式，"存储类"品牌商品"爱国者"、"东芝"、"金士顿"在"7 月"的销售统计情况。

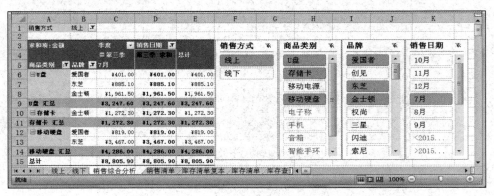

图 9-58　切片器筛选结果

切片器支持多选,可按住【Shift】键的同时使用鼠标左键连续选取多个值,或按住【Ctrl】键的同时选取多个不连续的值。如果要清除切片器的筛选,可以单击切片器右上角的"清除筛选器"按钮,即可快速清除该筛选器中的筛选选项。

## 9.3.6 创建数据透视图

数据透视图建立在数据透视表的基础上,以图形的方式展示数据,使得数据透视表的结果更加生动、形象。与数据透视表相对应,数据透视图包含了报表筛选字段、数据字段、坐标轴字段和图例字段,其中,轴字段(分类)对应于数据透视表中的"行字段",图例字段(系列)对应于数据透视表中的"列字段",图表区按数据透视表中显示的最低一级的行、列字段的数据字段值进行绘制。如图 9-59 所示的数据透视图即是根据图 9-57 中显示的数据透视表创建的,其中列出了数据透视图与数据透视表相对应的各元素。

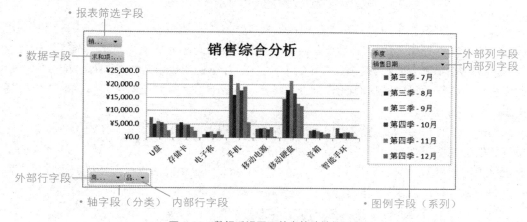

图 9-59　数据透视图及其中特殊结构元素

以图 9-57 的数据透视表为数据源,创建数据透视图的方法如下。

① 单击数据透视表中的任意单元格,在"数据透视表工具"的"工具"组中单击"数据透视图"按钮,弹出"插入图表"对话框,如图 9-60 所示。

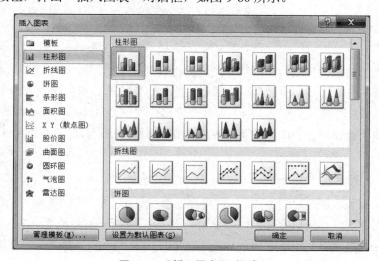

图 9-60　"插入图表"对话框

② 在"插入图表"对话框中为所要创建的数据透视图选择一种图表类型。本例中，采用默认的"簇状柱形图"图表类型，然后单击"确定"按钮即可生成如图 9-61 所示的数据透视图。

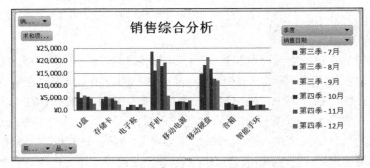

图 9-61　根据数据透视表生成的数据透视图

除了以数据透视表作为数据源创建数据透视图之外，还可以在创建数据表的同时创建数据透视图。首先单击数据源"销售清单"表格中的任意单元格，再单击"插入"选项卡的"表格"组内的"数据透视表"右侧的下拉箭头，在下拉列表中选择"数据透视图"命令，在弹出的对话框中设置数据源区域和放置位置，最后单击"确定"按钮即可同时生成数据透视图和数据透视表。

在 Excel 2010 中，生成的数据透视图和数据透视表默认是在同一个工作表中，如果希望将数据透视图单独存放在一张工作表中，可在数据透视图上单击鼠标右键，在弹出的快捷菜单中选择"移动图表"菜单选项，打开如图 9-62 所示的对话框，选择"新工作表"单选按钮，即可将新创建的数据透视图移动到一个新的工作表中。

图 9-62　"移动图表"对话框

在创建数据透视图表之后，可以像使用数据透视表一样，修改数据透视图的布局、对各字段进行排序、筛选各字段数据项、更改数据显示方式等，对数据透视图的操作会对数据透视表做出相应的修改。反之，对数据透视表的任何修改也会反映到数据透视图上。

此外，如同普通图表一样，创建好的数据透视图也可以更改图表类型和图表样式。

## 9.3.7　使用迷你图

与普通图表和数据透视图不同，迷你图是显示在工作表单元格中的一个微型图表背景，提供数据的直观表示。使用迷你图可以快速查看一系列数值的趋势，例如，销售金额的增加或减少，还可以突出显示最大值和最小值，而且当迷你图的数据源发生更改时，在迷你图中也可以立即反映出相应的变化，如图 9-63 所示。

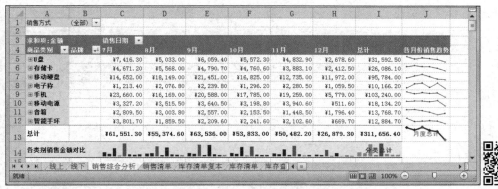

图 9-63　使用迷你图展示数据

如图 9-63 所示，在 J5:J13 单元格区域中显示了一组折线迷你图，在 C14:I14 单元格区域中显示了一组柱形迷你图。J5:J13 区域中各单元格显示的是各类商品从 7 月到 12 月销售金额变化趋势图，其中以"红点"标记了最高点，"绿点"标记了最低点。C14:I14 区域中各单元格显示的是各类商品的月度销售金额对比柱形图，其中用"红色柱形"标记了最高点，"绿色柱形"标记最低点。J13 单元格中显示的是总计行 C13:H13 单元格区域的销售变化图。可以看出，除了 12 月份，其他月度销售金额相差不大。

与传统图表相比，迷你图具有以下鲜明特点。

- 迷你图是一个嵌入在单元格中的微型图表，可以在单元格中输入文本并使用迷你图作为其背景，除此之外，可以像编辑普通单元格那样对嵌入了迷你图的单元格进行填充色、边框、字体格式等设置。
- 迷你图图形简洁，没有纵坐标轴、图表标题、图例、数据标志、网格线等图表元素，主要体现数据的变化趋势或者数据对比，但可以根据需要突出显示最大和最小值。
- 迷你图仅提供 3 种常用图表类型：折线迷你图、柱形迷你图和盈亏迷你图，并且不能制作 2 种以上图表类型的组合图。
- 迷你图提供了 36 种常用样式，并可以根据需要自定义颜色和线条。
- 通常，一个单元格中的迷你图为一行或一列数据创建，但可以通过选择与基本数据相对应的多个单元格来同时创建若干个迷你图，还可以像填充公式一样通过在包含迷你图的相邻单元格上使用填充柄创建一组迷你图。
- 迷你图占用空间小，可以方便地进行页面设置和打印。

下面为图 9-63 中所示的"销售综合分析"工作表中的数据透视表建立迷你图，以便更加直观地显示销售情况，具体操作步骤如下。

（1）为工作表中的一行数据创建一个迷你图。

① 单击"销售综合分析"工作表中 J5 单元格，选择"插入"选项卡"迷你图"组中的"折线图"命令，打开"创建迷你图"对话框，如图 9-64 所示。

② 输入或选择 C5:H5 单元格区域作为"数据范围"，输入或选择 J5 单元格作为"位置范围"，单击"确定"按钮，即可在 J5 单元格中创建一个折线

图 9-64　"创建迷你图"对话框

迷你图，显示 U 盘类商品 6~12 月的销售趋势，如图 9-65 所示。

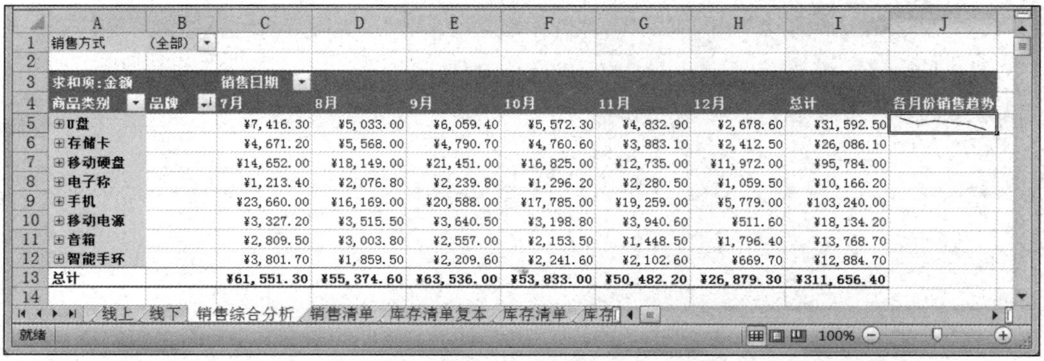

| | A | B | C | D | E | F | G | H | I | J |
|---|---|---|---|---|---|---|---|---|---|---|
| 1 | 销售方式 | (全部) | | | | | | | | |
| 2 | | | | | | | | | | |
| 3 | 求和项:金额 | | 销售日期 | | | | | | | |
| 4 | 商品类别 | 品牌 | 7月 | 8月 | 9月 | 10月 | 11月 | 12月 | 总计 | 各月份销售趋势 |
| 5 | ⊞U盘 | | ¥7,416.30 | ¥5,033.00 | ¥6,059.40 | ¥5,572.30 | ¥4,832.90 | ¥2,678.60 | ¥31,592.50 | |
| 6 | ⊞存储卡 | | ¥4,671.20 | ¥5,568.00 | ¥4,790.70 | ¥4,760.60 | ¥3,883.10 | ¥2,412.50 | ¥26,086.10 | |
| 7 | ⊞移动硬盘 | | ¥14,652.00 | ¥18,149.00 | ¥21,451.00 | ¥16,825.00 | ¥12,735.00 | ¥11,972.00 | ¥95,784.00 | |
| 8 | ⊞电子称 | | ¥1,213.40 | ¥2,076.80 | ¥2,239.80 | ¥1,296.20 | ¥2,280.50 | ¥1,059.50 | ¥10,166.20 | |
| 9 | ⊞手机 | | ¥23,660.00 | ¥16,169.00 | ¥20,588.00 | ¥17,785.00 | ¥19,259.00 | ¥5,779.00 | ¥103,240.00 | |
| 10 | ⊞移动电源 | | ¥3,327.20 | ¥3,515.50 | ¥3,640.50 | ¥3,198.80 | ¥3,940.60 | ¥511.60 | ¥18,134.20 | |
| 11 | ⊞音箱 | | ¥2,809.50 | ¥3,003.80 | ¥2,557.00 | ¥2,153.50 | ¥1,448.50 | ¥1,796.40 | ¥13,768.70 | |
| 12 | ⊞智能手环 | | ¥3,801.70 | ¥1,859.50 | ¥2,209.60 | ¥2,241.60 | ¥2,102.60 | ¥669.70 | ¥12,884.70 | |
| 13 | 总计 | | ¥61,551.30 | ¥55,374.60 | ¥63,536.00 | ¥53,833.00 | ¥50,482.20 | ¥26,879.30 | ¥311,656.40 | |
| 14 | | | | | | | | | | |



图 9-65　折线迷你图

（2）创建迷你图组。Excel 2010 可以为多行（或多列）创建迷你图组，迷你图组中的每个迷你图具有相同的图表特征。创建迷你图组的方法主要有如下 2 种。

① 填充法。与 Excel 公式填充一样，可以通过在包含迷你图的相邻单元格上使用填充柄创建一组迷你图。本例中，需要为 J5:J13 单元格区域创建一组迷你图。选中已创建好迷你图的 J5 单元格的右下角的填充柄，向下拖动到 J13 单元格，释放鼠标左键，即完成了迷你图的填充，创建了 J5:J13 单元格区域的迷你图组，如图 9-66 所示。

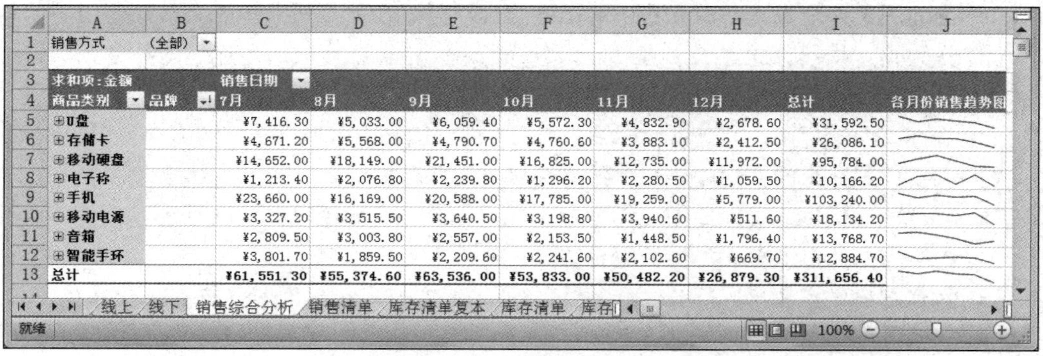

| | A | B | C | D | E | F | G | H | I | J |
|---|---|---|---|---|---|---|---|---|---|---|
| 1 | 销售方式 | (全部) | | | | | | | | |
| 2 | | | | | | | | | | |
| 3 | 求和项:金额 | | 销售日期 | | | | | | | |
| 4 | 商品类别 | 品牌 | 7月 | 8月 | 9月 | 10月 | 11月 | 12月 | 总计 | 各月份销售趋势图 |
| 5 | ⊞U盘 | | ¥7,416.30 | ¥5,033.00 | ¥6,059.40 | ¥5,572.30 | ¥4,832.90 | ¥2,678.60 | ¥31,592.50 | |
| 6 | ⊞存储卡 | | ¥4,671.20 | ¥5,568.00 | ¥4,790.70 | ¥4,760.60 | ¥3,883.10 | ¥2,412.50 | ¥26,086.10 | |
| 7 | ⊞移动硬盘 | | ¥14,652.00 | ¥18,149.00 | ¥21,451.00 | ¥16,825.00 | ¥12,735.00 | ¥11,972.00 | ¥95,784.00 | |
| 8 | ⊞电子称 | | ¥1,213.40 | ¥2,076.80 | ¥2,239.80 | ¥1,296.20 | ¥2,280.50 | ¥1,059.50 | ¥10,166.20 | |
| 9 | ⊞手机 | | ¥23,660.00 | ¥16,169.00 | ¥20,588.00 | ¥17,785.00 | ¥19,259.00 | ¥5,779.00 | ¥103,240.00 | |
| 10 | ⊞移动电源 | | ¥3,327.20 | ¥3,515.50 | ¥3,640.50 | ¥3,198.80 | ¥3,940.60 | ¥511.60 | ¥18,134.20 | |
| 11 | ⊞音箱 | | ¥2,809.50 | ¥3,003.80 | ¥2,557.00 | ¥2,153.50 | ¥1,448.50 | ¥1,796.40 | ¥13,768.70 | |
| 12 | ⊞智能手环 | | ¥3,801.70 | ¥1,859.50 | ¥2,209.60 | ¥2,241.60 | ¥2,102.60 | ¥669.70 | ¥12,884.70 | |
| 13 | 总计 | | ¥61,551.30 | ¥55,374.60 | ¥63,536.00 | ¥53,833.00 | ¥50,482.20 | ¥26,879.30 | ¥311,656.40 | |



图 9-66　利用填充柄创建迷你图组

② 插入法。与创建一个迷你图的方法类似，可以为工作表的多行（或多列）数据创建迷你图组。本例中需要为 C14:I14 单元格区域创建一组迷你图，显示的是各类商品的月度销售金额对比情况。首先选中需要创建迷你图组的单元格区域 C14:I14，选择“插入”选项卡中“迷你图”组的“柱形图”命令，打开“创建迷你图”对话框，输入或选择 C5:I12 单元格区域作为“数据范围”，单击“确定”按钮，即可在 C14:I14 单元格区域创建一个柱形迷你图组，如图 9-67 所示。

**【提示】**

（1）如果是一组迷你图，选择其中一个迷你图时，整组迷你图会显示蓝色的外框线，而独立迷你图则没有相应的外框线。

（2）迷你图组中的所有迷你图具有相同的图表特征，可同时进行“类型”、“样式”、“坐标轴”等设置。

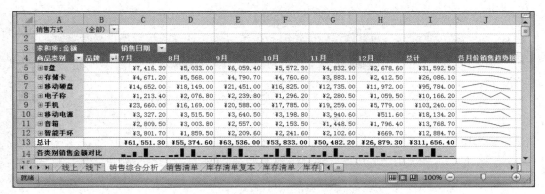

图 9-67　利用插入法创建一组柱形迷你图

（3）为迷你图设置格式。单击任意迷你图单元格，Excel 2010 将会出现"迷你图工具"，并显示"设计"选项卡。"设计"选项卡上包含了"迷你图"、"类型"、"显示"、"样式"和"分组"组，如图 9-68 所示。

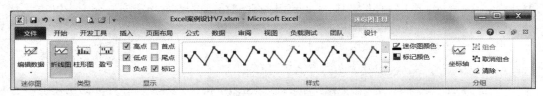

图 9-68　"迷你图工具"选项卡

使用这些命令可以对创建好的迷你图进行修改和美化，具体说明如下。

①"迷你图"组：其中"编辑数据"命令可用于更改迷你图的"数据范围"和"位置范围"，以及设置隐藏单元格中数据在迷你图中显示。

②"类型"组：更改迷你图的类型为折线图、柱形图或盈亏图。

③"显示"组：在迷你图中突出各个数据标记（值），包括高点、低点、首点、尾点、负点和标记。

④"样式"组：Excel 2010 为每种类型的迷你图提供了 36 种不同的预定义样式，可以从库中直接应用预定义样式，也可以单独设置各个格式选项，主要包括设置"迷你图颜色"和"标记颜色"。

⑤"坐标轴"命令：用于设置迷你图的坐标范围，控制坐标轴的显示，主要包括如下几项。

- 设置迷你图纵坐标：为迷你图或迷你图组中的垂直轴设置最小值和最大值。可以为一组迷你图设置垂直轴范围，以便真实地反映一组数据的差异量和趋势。
- 更改绘制数据的方向：使用"从右到左的绘图数据"选项来更改在迷你图或迷你图组中绘制数据的方向。
- 显示迷你图横坐标：默认情况下迷你图是不显示坐标轴的，可以利用"显示坐标轴"命令使包含负数数据点的迷你图显示横坐标轴。
- 使用日期坐标轴：如果数据区域包含日期，可以选择"日期坐标轴类型"，将迷你图上的各个数据点进行排列，以反映任何不规则的时间段。例如，如果前 3 个数据点正好每个相隔 1 周，而第 4 个数据点相隔 1 个月，则第 3 个和第 4 个数据点之间的间距将按比例增加以反映更长的时间段。

⑥ 组合及取消组合：如果创建迷你图时"位置范围"选择了单元格区域或者使用填充柄建立了一个迷你图组，可以通过使用此项功能进行组的拆分或将多个不同组的迷你图组合为一组。

本例中，J13 和 I14 单元格中的迷你图分别根据总计行和总计列创建，与创建其他迷你图的数据值不在一个数量级别，因此将 J13 和 I14 单元格中的迷你图取消组合，并在这 2 个单元格中输入文本说明。

此外，对"各月份销售趋势图"迷你图组显示了"标记"、"高点"和"低点"，并对"高点"和"低点"设置了不同的标记颜色；对"各类别销售金额对比"迷你图组显示了"高点"和"低点"，并设置了不同的标记颜色。

同时，也为"各类别销售金额对比"迷你图组及 I14 单元格中的迷你图设置了纵坐标轴的最大值和最小值，其"各类别销售金额对比"迷你图组和 I14 单元格中的迷你图最小值设置为 0，最大值设置为该迷你图组的数据区域中最大数据值，用于在同一数量级别观察该组迷你图。由于"各月份销售趋势图"迷你图组和 J13 单元格中的迷你图主要用于观察趋势，所以采用默认的设置即可。

设置好格式的迷你图显示效果如图 9-63 所示。

（4）清除迷你图。清除迷你图的方法主要有以下 2 种。

① 右键命令清除。选中迷你图所在的单元格，单击鼠标右键，在弹出的快捷菜单上依次单击"迷你图"，选择子菜单项"清除所选的迷你图"，可清除所选的迷你图，若选择"清除所选的迷你图组"，则将清除所选的迷你图所在的迷你图组。

② 菜单命令清除。选中迷你图所在的单元格，单击"迷你图工具 | 设计"选项卡下"分组"中"清除"命令右侧的下拉列表箭头，在下拉列表中选择"清除所选的迷你图"或"清除所选的迷你图组"，即可清除所选的迷你图或迷你图组。

# 第 10 章 数据的保护与输出

## 10.1 数据的保护

在小孟制作好店铺的进销存管理系统工作簿后，出于安全性和保密性的考虑，希望只有团队的少数几个人才能查看并使用该销售工作簿，此时可以简单地为该工作簿添加一个密码。但是，如果需要进一步保护工作表，例如指定特定的工作表只能由特定的成员查看，或者不希望某些精心设计的格式与公式被有意或无意地破坏，这又该如何操作呢？

Excel 对于工作簿的保护分为如下 4 个层次。

（1）文件级的保护

主要是使用密码阻止其他人打开或修改工作簿。

（2）工作簿级的保护

主要是针对工作簿的结构和窗口的保护。可以锁定工作簿的结构，以禁止用户添加、删除工作表，或显示隐藏的工作表。同时还可禁止用户更改工作表窗口的大小或位置。工作簿结构和窗口的保护可应用于整个工作簿。

（3）工作表级的保护

通过指定可以更改的信息，以避免对工作表中的数据进行不必要的更改。默认情况下，在进行工作表保护时，该工作表中的所有单元格都会被锁定，用户不能对锁定的单元格进行任何更改。例如，用户不能在锁定的单元格中插入、修改、删除数据或者设置数据格式。

（4）单元格级的保护

如果只想保护特定的工作表元素而不是整张工作表，例如特定的单元格、特定行、列或隐藏公式，则为单元格级的保护。

下面举例说明各个级别的数据保护方法。

1. 保护电子表格文件

为 Excel 2010 电子表格设置打开或修改工作簿的密码有 2 个途径。第 1 个途径是在 Backstage 视图中设置"用密码进行加密"，具体步骤如下。

① 在打开的电子表格中，单击"文件"选项卡，此时将打开 Backstage 视图。

② 在 Backstage 视图中，选择"信息"命令。

③ 在"权限"中，单击"保护工作簿"按钮。在弹出列表中选择"用密码进行加密"选项，弹出"加密文档"对话框。

④ 在"加密文档"对话框中输入密码，单击"确定"按钮，弹出"确认密码"对话框。

⑤ 在"确认密码"对话框重新输入密码，单击"确定"按钮，即完成了打开 Excel 2010 电子表格时的密码设置。

⑥ 关闭表格之后再次打开，就必须先输入密码。注意：Microsoft 不能取回丢失或忘记的密码，因此应牢记密码，或者将密码和相应文件名的列表存放在安全的地方。

⑦ 如果想要取消或者更换密码，需要输入密码打开文件后重复前 3 步。如果是取消密码，则将原有密码删除后单击"确定"按钮即可，如果是更换密码，则直接输入后重复第④、⑤步即可。

在 Backstage 视图中只能设置"打开文件"的密码，如果需要同时设置打开文件和修改密码，则需要用到第 2 种方法，即"另存为"法，具体步骤如下。

① 在打开的电子表格中，单击"文件"选项卡。

② 在 Backstage 视图中，单击"另存为"，打开"另存为"对话框。

③ 在"另存为"对话框中，单击右下角的"工具"按钮，在弹出的列表中选择"常规选项"，如图 10-1 所示。

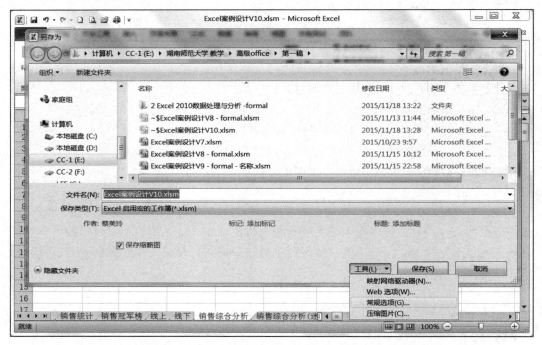

图 10-1　利用"另存为"对话框的"工具|常规选项"命令设置密码

④ 在弹出的"常规选项"对话框中输入打开权限密码和修改权限密码，单击"确定"按钮，弹出"确认密码"对话框，要求重新输入修改权限密码。

⑤ 在"确认密码"对话框重新输入修改权限密码，单击"确定"按钮，则返回"另存为"对话框，单击"保存"按钮，即完成了打开和修改电子表格的密码设置。

图 10-2　以"只读"方式打开工作簿

⑥ 关闭表格之后再次打开，必须先输入密码。如果同时设置了修改权限密码，则还会弹出另外一个"密码"对话框，在该对话框中可以不用密码，选择用"只读"方式打开查看工作簿，而如果需要修改就必须输入修改权限密码，如图 10-2 所示。

⑦ 以只读方式打开后修改内容，再保存时就会提示只能保存副本，原有的工作簿不会被改动。

【设置密码的技巧】

（1）对于普通用户来说，密码设置不可低于 6 位。具体应根据文件的重要性程度，设置足够长的密码来保护文件的安全。

（2）密码元素应多样化，不要仅使用一种元素进行密码设置，特别是数字。Excel 密码支持字母（区分大小写）、数字、符号（区分全半角）。在设置密码时应尽可能地使用多种元素，因为密码里每多一种元素，将给破解工作增加数倍乃至数十倍的工作量。

（3）避免使用英文单词、生日、电话号码等类似信息做密码，这样的密码即使不是被人为猜出，也会很容易地被采用字典攻击方式的软件破解。

### 2. 保护工作簿

通过设置保护工作簿，可以锁定工作簿的结构，以禁止用户添加或删除工作表，或显示隐藏的工作表。同时还可禁止用户更改工作表窗口的大小或位置。工作簿结构和窗口的保护可应用于整个工作簿，具体操作如下。

① 在"审阅"选项卡上的"更改"组中，单击"保护工作簿"按钮，打开"保护结构和窗口"对话框，如图 10-3 所示。

图 10-3 "保护结构和窗口"对话框

② 在"保护结构和窗口"对话框中进行如下设置。

● 若要保护工作簿的结构，防止用户查看已隐藏的工作表，移动、删除、隐藏或更改工作表的名称，插入新工作表或图表工作表，则应选中"结构"复选框。

● 若要防止用户更改工作簿窗口的大小和位置，移动窗口、调整窗口大小或关闭窗口，则应选中"窗口"复选框。

● 在密码输入框中输入密码。如果不提供密码，则任何用户都可以取消对工作簿的保护并更改受保护的元素。

③ 设置好"保护结构和窗口"对话框后，单击"确定"按钮，弹出"确认密码"对话框，重新输入密码后单击"确定"按钮即可。

④ 设置好"保护工作簿"后，当有人要对工作簿的结构或窗口进行编辑时，系统就会发出警告。

### 3. 保护工作表

默认情况下，如果为某个工作表设置了"保护工作表"，则用户不能对该工作表中的单元格进行任何更改。例如，用户不能在该工作表的任何单元格中插入、修改、删除数据或者设置数据格式，具体操作如下。

① 切换到需要保护的工作表，在"审阅"选项卡上的"更改"组中，单击"保护工作表"按钮，打开"保护工作表"对话框，如图 10-4 所示。

② 在"保护工作表"对话框中，选中"保护工作表及锁定的单元格内容"复选框，然后在"取消工作表保护时使用的密码"文本框中输入密码，并选中"允许此工作

图 10-4 "保护工作表"对话框

表的所有用户进行"列表框中的"选定锁定单元格"和"选定未锁定的单元格"复选框，如图 10-4 所示。

③ 设置完毕单击"确定"按钮，弹出"确认密码"对话框，在"重新输入密码"文本框中输入刚刚设置的密码，然后单击"确定"按钮。

④ 设置好"保护工作表"后，当用户编辑该工作表时，系统就会发出警告。

⑤ 还可以在图 10-4 中"允许此工作表的所有用户进行"列表框中选择某些其他选项，对工作表进行其他操作。例如，可以选择"设置单元格格式"复选框，允许用户在此工作表上对单元格进行格式设置。

### 4．保护单元格元素

设置好"保护工作表"后，该工作表的所有单元格都得到了相同的保护，若要区别对待不同的单元格，如仅仅想保护我们设计的公式不被有意或无意的破坏，就需要单元格级的保护。以保护"商品信息表"工作表中设计的公式模型为例，设置隐藏其中的公式，防止查看并修改公式，具体操作如下。

① 选中"商品信息表"工作表，打开"设置单元格格式"对话框，切换到"保护"选项卡，把"锁定"前面的钩去掉，如图 10-5 所示。然后单击"确定"按钮，取消"商品信息表"工作表的所有单元格的"锁定"。（注：只有"锁定"了单元格才会受到保护，此处取消"锁定"是为了只保护第 ② 步中设置了"锁定"的单元格区域。）

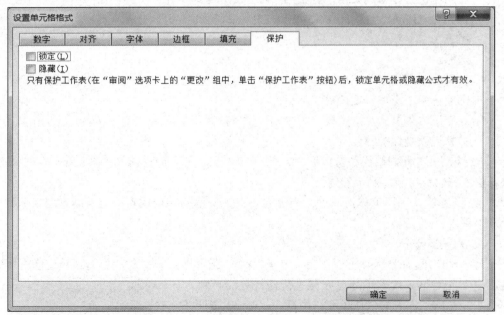

图 10-5　取消工作表的所有单元格的"锁定"

② 选中"商品信息表"工作表中包含公式数据的单元格区域 F2:K119，打开"设置单元格格式"对话框，切换到"保护"选项卡，选中"锁定"和"隐藏"复选框，如图 10-6 所示。然后单击"确定"按钮关闭"设置单元格格式"对话框。

③ 在"审阅"选项卡上的"更改"组中，单击"保护工作表"按钮，打开"保护工作表"对话框，如图 10-4 所示，进行"保护工作表"设置即可。

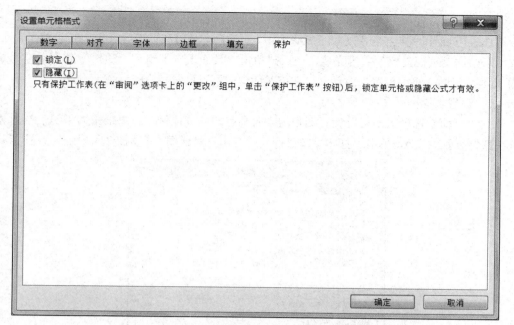

图 10-6 "锁定"和"隐藏"包含公式数据的单元格区域

④ 设置好"保护工作表"后，在"商品信息表"工作表中单击包含公式数据的单元格区域 F2:K119 中任何单元格，在公式的编辑框中都不会显示计算该数据的公式，也无法查看和编辑相应的公式，如图 10-7 所示。（注：除了公式数据所在的单元格区域 F2:K119，其他区域是可以更改的。）

| | A | B | C | D | E | F | G | H | I | J | K |
|---|---|---|---|---|---|---|---|---|---|---|---|
| | 商品编号 | 商品名称 | 商品类别 | 品牌 | 规格 | 最高进货价 | 最低进货价 | 进货批次数 | 最后进货日期 | 最后进货价 | 成本进价 |
| 2 | SD-KS-001 | Kingston SD 16GB 30M/S | 存储卡 | 金士顿 | 16GB,30M/S | 38 | 35 | 6 | 2015/12/3 | 35 | 36.8 |
| 3 | SD-KS-002 | Kingston SD 32GB 30M/S | 存储卡 | 金士顿 | 32GB,30M/S | 63 | 58 | 6 | 2015/12/3 | 58 | 60.9 |
| 4 | SD-KS-003 | Kingston SD 64GB 30M/S | 存储卡 | 金士顿 | 64GB,30M/S | 119 | 111 | 6 | 2015/12/3 | 111 | 116.3 |
| 5 | SD-KS-004 | Kingston TF(MicroSD) 16GB 48M | 存储卡 | 金士顿 | 16GB,48M/S | 29 | 26 | 6 | 2015/12/4 | 26 | 27.7 |
| 6 | SD-KS-005 | Kingston TF(MicroSD) 32GB 48M | 存储卡 | 金士顿 | 32GB,48M/S | 56 | 52 | 6 | 2015/12/4 | 52 | 54.4 |
| 7 | SD-KS-006 | Kingston TF(MicroSD) 8GB 48M/ | 存储卡 | 金士顿 | 8GB,48M/S | 25 | 22 | 6 | 2015/12/4 | 22 | 23.8 |
| 8 | SD-SD-001 | SanDisk SD 32GB 40M/S | 存储卡 | 闪迪 | 32GB,40M/S | 81 | 78 | 5 | 2015/11/22 | 78 | 79.9 |
| 9 | SD-SD-002 | SanDisk SD 64GB 40M/S | 存储卡 | 闪迪 | 64GB,40M/S | 171 | 165 | 5 | 2015/11/22 | 165 | 168.7 |
| 10 | SD-SD-003 | SanDisk TF(MicroSDHC UHS-I) 1 | 存储卡 | 闪迪 | 16GB,48M/S | 37 | 34 | 7 | 2015/12/5 | 34 | 36.1 |

图 10-7 隐藏公式数据所在单元格区域 F2:K119 的公式模型

# 10.2 数据的输出

Excel 的数据输出可以为打印输出，也可以为另存为其他文件格式输出。

## 1. 打印输出

与 Word 文档相比，Excel 文件的打印要复杂一些。在打印工作表之前，一般还需要进行页面方向设置、页边距设置、页眉 / 页脚设置、工作表设置等。

（1）页面设置

Excel 页面设置包括纸张方向、纸张大小、页边距、页眉和页脚等，可以在"页面布局"选项卡中的"页面设置"组内完成，也可以单击"页面设置"组右侧的扩展箭头，打开如图 10-8 所示的"页面设置"对话框，在该对话框中可以设置相应的参数。

① 设置页面

在"页面"选项卡上可以设置纸张的方向和打印缩放比例，在"纸张大小"下拉列表框中选择纸张的大小，单击"打印"按钮打开"打印"对话框，可设置打印的份数、范围等。

图 10-8　"页面设置—页面"对话框

② 设置页边距

在如图 10-9 所示的"页面设置"对话框的"页边距"选项卡中，可设置页面的上、下边距，左、右边距和页眉、页脚的距离。选择"居中方式"中的"水平"和"垂直"复选框，可将表格居中打印。

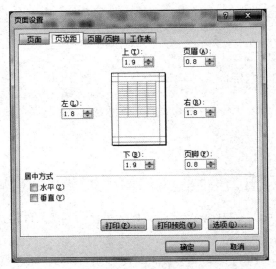

图 10-9　"页面设置—页边距"对话框

③ 设置页眉和页脚

在"页面设置"对话框中单击"页眉 / 页脚"选项卡，如图 10-10 所示，在"页眉"下拉列表框中预存了常用的页眉方式，选择所需页眉的形式，从上方预览框中可以看到所选页眉的效果。同样，页脚也可以这样设置。除了预定义的几种页眉和页脚，用户也可以自定义页眉和页脚，若要自定义页脚，具体操作步骤如下。

图 10-10 "页面设置—页眉 / 页脚"对话框

单击"自定义页脚"按钮，打开如图 10-11 所示的"页脚"对话框。从图 10-11 中可以看出页脚的设置分为左、中、右三个部分，光标停留在左边的输入框中。用户可改变光标位置，在左、中、右三个文本框中输入所需的文本，或直接单击上方相应按钮，插入"页码"、"页数"、"时间"、"日期"等，选定输入的文本或插入的数据，单击"字体"按钮，可打开"字体"对话框，设置文本所需格式，单击"确定"按钮即返回到"页脚"对话框，在下方预览区可浏览到刚开始的设置效果。

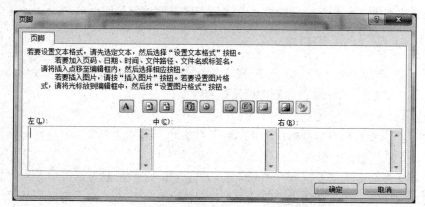

图 10-11 "页脚"对话框

④ 设置工作表

在一个工作表中经常会有很多条记录，Excel 在处理表格时，若直接打印，按默认的方式分页，一般只有在第一页中包含表的标题，其他页面中都没有，这往往不符合要求，浏览起来也很不方便。通过给工作表设置一个打印标题区即可在每页上打印出所需标题。

在"页面设置"对话框中选择"工作表"选项卡,如图 10-12 所示。单击"顶端标题行"中的拾取按钮,对话框变成了一个小的输入条,在工作表中选择表格最上方的几行作为表的标题,单击输入框中的"返回"按钮,或直接在"顶端标题行"文本框中输入要作为表的标题的数据区(如需要将第一行和第二行作为每页标题,则输入 $1:$2 即可),单击"确定"按钮回到"页面设置"对话框。成功设置后,在打印预览或打印过程中,所有页面中都会有表格标题。另外,在"工作表"选项卡中还可以设置打印区域、打印顺序和其他一些有关打印的参数。

图 10-12 "页面设置—工作表"对话框

(2)打印

打印文稿时一般会在打印之前预览打印效果,审查文稿编排是否符合要求。如果有些设置不符合要求或效果不太理想(如页边距太窄、分页位置不恰当和一些不合理的排版等),可在预览模式下进一步调整打印效果,直到符合要求再进行打印,节约时间且避免浪费纸张。

① 打印预览

选择"文件"菜单的"打印"命令,或在前面的"页面设置"对话框中单击"打印预览"按钮切换到"文件",在该窗口右侧即可预览其效果。

② 打印

完成对工作表的文本信息格式、页边距、页眉和页脚等设置后,通过打印预览调整排版效果后,就可开始打印输出。

单击"文件"菜单的"打印"按钮,也可在图 10-12 所示的对话框中单击"打印"按钮切换到打印页面,在该页面中可以设置打印机的名称、打印范围、打印份数等,最后单击"打印"按钮即可打印工作表中的所有页面内容。

如不采用 Excel 默认的打印区域,则应先选定需要打印的区域。具体操作步骤为:先选定需要打印的区域,在"页面布局"选项卡的"页面设置"组中,单击"打印区域"按钮,选择"设置打印区域"选项,再按上述方法打印即可。若要取消已设置好的打印区域,可单击"页面设置"组内的"打印区域"按钮,选择"取消打印区域"选项即可。

### 2. 其他文件格式输出

Excel 2010 提供了非常丰富的数据交换功能,既可以从 Web 页面、Access、文本文件等数据源导入数据,也可以将 Excel 工作表内容导出为文本文件、PDF 文件、Web 页面等文件格式,这可以通过"另存为"功能来实现。

# 习题 2

**一、思考题**

1. 在"序列输入"一节中,如果增加了一个商品分类及其对应的品牌数据,需要如何操作才能将该分类数据项及其对应的品牌数据项体现到商品信息表中已经设置好的下拉列表框中?有没有不需要增加任何操作就可以直接应用的方法?

2. 在"商品信息表"工作表中,商品的编号是唯一的,长度固定为 9 位,第 1 位和第 2 位是类别代码,第 4 位和第 5 位是品牌代码,最后 3 位是序号,第 3 位和第 6 位用短横线"-"分割三部分的值。请为"商品编号"列的商品编号增加有效性验证,确保输入的商品编号是正确的。其中,假设商品的类别代码和品牌代码按习题图 1 的形式存储在工作表"基本信息表"中。

| | A | B | C | D | E | F | G | H | I | J | K |
|---|---|---|---|---|---|---|---|---|---|---|---|
| 1 | 商品分类 | 手机 | 移动硬盘 | U盘 | 储存卡 | 音箱 | 移动电源 | 智能手环 | 电子称 | | |
| 2 | 商品分类代码 | PH | MD | UD | SD | YX | PP | SR | EW | | |
| 3 | | | | | | | | | | | |
| 4 | 手机品牌 | 华为 | 小米 | 魅族 | 三星 | 联想 | 酷派 | | | | |
| 5 | 手机品牌代码 | HW | MI | MX | SX | LN | CP | | | | |
| 6 | 移动硬盘品牌 | 西部数据 | 希捷 | 东芝 | 创见 | 爱国者 | | | | | |
| 7 | 移动硬盘品牌代码 | WD | SG | TO | TR | AG | | | | | |
| 8 | U盘品牌 | 金士顿 | 闪迪 | 东芝 | 台电 | 权尚 | 创见 | 三星 | 爱国者 | | |
| 9 | U盘品牌代码 | KS | SD | TO | TE | QS | TR | SX | AG | | |
| 10 | 储存卡品牌 | 闪迪 | 索尼 | 金士顿 | 三星 | 创见 | | | | | |
| 11 | 储存卡品牌代码 | SD | SN | KS | SX | TR | | | | | |
| 12 | 音箱品牌 | 小米 | 华为 | 羽博 | dostyle | 三星 | 飞利浦 | 漫步者 | 惠威 | 麦博 | |
| 13 | 音箱品牌代码 | MI | HW | YB | DO | SX | PH | ED | HW | MB | |
| 14 | 移动电源品牌 | 小米 | 倍斯特 | 飞毛腿 | 三星 | 品胜 | 爱国者 | | | | |
| 15 | 移动电源品牌代码 | MI | BT | FO | SX | PS | AG | | | | |
| 16 | 智能手环品牌 | 小米 | 华为 | 埃微 | 佳明 | 乐心 | 咕咚 | 玩咖 | 三星 | 卓棒 | |
| 17 | 智能手环品牌代码 | MI | HW | IW | JM | LS | GD | WK | SX | JB | |
| 18 | 电子秤品牌 | 小米 | 好轻 | 有品 | 乐心 | 云康宝 | 麦开 | 玩咖 | 香山 | 德尔玛 | MO |
| 19 | 电子秤品牌代码 | MI | HQ | YP | LS | YK | MK | WK | XS | DM | MO |

习题图 1　包含商品分类代码和品牌代码的"基本信息表"

3. 在计算进货清单中商品的最高进货价时,可以采用数组公式"=MAX(( 进货清单 [ 商品编号 ]=[@ 商品编号 ])*( 进货清单 [ 进货价格 ]))"吗?为什么?

**二、操作题**

1. 将"销售统计"表格中数据按商品分类排序,顺序依次为"手机"、"移动硬盘"、"U盘"、"存储卡"、"音箱"、"移动电源"、"智能手环"、"电子称"。

2. 从"销售统计"表格中找出销售数量 >=30 或者利润金额 >=20%,并且利润金额高于中值利润金额的所有商品。

3．对"销售清单"按销售单进行分类汇总，然后利用 FREQUENCY 函数统计销售单金额分布情况，并以饼图图表形式进行展示。

4．使用数据透视表，以"商品类别"作为"报表筛选"字段，求出各品牌的销售总量、销售总金额、利润总金额及各品牌的总利润率，显示结果如习题图 2 所示。

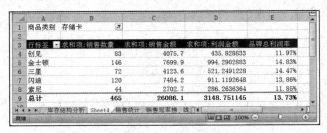

习题图 2　按"商品类别"筛选的数据透视表

# 第**3**篇

## PowerPoint 2010
## 演示文稿设计

PowerPoint 2010 提供了强大的演示文稿制作与设计功能，能够非常方便地应用文字、图形、音频、视频等对象设计出丰富多彩的演示文稿，将用户需要表达的主题通过一系列的幻灯片展现出来，广泛应用于企事业单位的项目交流、会议演示、产品宣传，教育行业的课件制作，以及各种形式的演讲、竞聘等。

本篇以毕业论文答辩演示文稿的制作为案例，主要介绍 PowerPoint 2010 的高级设计功能和技术，如设计原则、设计思路、主题应用，美化与修饰、效果设计等。

# 第 11 章　PowerPoint 2010 应用简介

　　通过努力，小王终于完成了毕业论文的编排。其论文格式规范、整齐，加上内容丰富、条理清晰，较好地体现了创新能力，获得了指导老师和同学们的一致赞赏，并且作为同学们参考的范本。小王不免有些沾沾自喜，幸好指导老师及时地给他提了个醒，毕业还有最后一关——毕业答辩。毕业答辩需要将毕业论文的内容、撰写的思想、所获得的研究成果等内容向评委老师们进行汇报，答辩的好坏当然与自己对论文的熟悉程度、答辩内容的组织及口才有极大的关系，但答辩演示文稿的好坏也是至关重要的。因此，小王的首要任务就是要制作出一个美观的毕业论文答辩演示文稿。

　　除了 PowerPoint 2010，还有很多其他专业的演示文稿制作软件或辅助软件，例如 Flash、Authorware、Focusky、iSpring 等，均可以制作出美轮美奂的演示文稿。但一方面由于时间紧，另一方面由于小王的计算机水平有限，并没有足够的时间和精力再去学一门专业软件。实际上，PowerPoint 2010 提供了强大的演示文稿制作与设计功能，能够非常方便地应用文字、图形、音频、视频等对象设计出丰富多彩的演示文稿，而且，小王已经学习过 PowerPoint 的一些基本操作，相信再花些功夫就能顺利地完成任务。

## 11.1　PowerPoint 2010 应用实例

　　PowerPoint 演示文稿，简称 PPT 演示文稿或 PPT，可以广泛应用于企事业单位的项目交流、会议演示、产品宣传，教育行业的课件制作，以及各种形式的演讲、竞聘等，精美的演讲稿配上出众的演讲口才，能够收到意想不到的效果。以下展示几个精美的演示文稿示例。

### 1. 教育教学

　　在教育教学领域，优秀的课件可以让课堂告别沉闷，其课件演示文稿示例如图 11-1 所示。

图 11-1　课件演示文稿示例

### 2．商业演讲

在商业领域，优秀的产品发布、商业推介等可以使项目交流更胜一筹，其演示文稿示例如图 11-2 所示。

图 11-2　商业推介演示文稿示例

### 3．其他场合

优秀的演示文稿，在会议、报告、培训等其他场合无处不在，其演示文稿示例如图 11-3 所示。

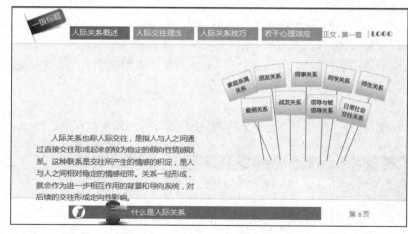

图 11-3　员工培训演示文稿示例

# 11.2　PowerPoint 2010 演示文稿设计基础

一个好的 PPT 演示文稿，能够缩短会议时间、增强报告说服力、提高订单成交率、取得良好的教学效果等，优秀的演示文稿会令演讲者与众不同。为什么使用这个模板？背景主题与论点是否协调？动画对沟通是否有帮助？有更合理的图表来表达观点吗？字体字型对观众有阅读影响吗？光影设置如何和现场灯光匹配？这些都是我们制作设计演示文稿时需要考虑的问题，是如何使 PPT 演示文稿更具有说服力的关键所在。

　　一个不成功的 PPT 演示文稿通常表现在内容繁杂，而一个成功的 PPT 演示文稿则是条理清晰，内容齐整的。千万要记住，观众的忍耐力是有限度的，不是展示的信息越多、越详细，观众就越容易记住，反而内容呈现需要简单明了、重点突出，才能让观众一目了然。那么，信息量大的文稿应如何处理？简单的方法就是去掉多余文字，提取关键词，或将一个 PPT 演示页拆成多个 PPT 页面。

## 11.2.1 PPT 设计一般原则

　　做好一个 PPT 演示文稿，一般应当遵循以下原则。

1．目标——恰当的 PPT，为恰当的人

PPT 要依据演讲目标的不同而采取不同的设计策略，需要注意如下原则。

- 对象：一个 PPT 只为一类人服务，要以观众为中心，更多地考虑观众的感受，针对不同的观众展示不同层次的内容。
- 场合：演讲 PPT 的场合十分重要，是一对一的讲述还是一对多？或者是公开演讲？
- 内容：优秀的 PPT 必须要有重点，不要试图在某个 PPT 中既讲述技术，又讲述管理。

2．逻辑——逻辑是 PPT 的灵魂，掌握着 PPT 的命运

PPT 要有清晰、简明的逻辑，通过不同层次的"标题"，展现 PPT 的整个逻辑关系。但最好不要超过三级，并且最好使用"并列"或"递进"两类逻辑，设计方法如下。

- 列出提纲，画出逻辑结构图。
- 将适合标题表达的内容列出来。
- 将提纲按一个标题一页整理出来，每张幻灯片仅突出一个主题。
- 把每页的内容做成带"项目编号"的要点。
- 若发现新的、有用的材料，整理后在合适的位置作为新页面添加。
- 演示的时候，顺序播放，切忌幻灯片回翻，使听者混淆。

3．风格——带上个人风格的 PPT，更让人记忆深刻

一般通过"母版"来定义你的 PPT 的风格，操作需要注意如下原则。

- 母版背景不要使用图片等，可使用空白背景或很淡的底色以凸显图文。
- 遵循能用图，不用表，能用表，不用字的原则，且不要使用太多的文字。
- 尽量少使用动画和声音，特别是在正规的场合。
- 多使用各类标准的图表工具。
- 把 PPT 中能做成图片的内容做成图片。

4．布局——让你的 PPT 更显结构化

- 单张幻灯片布局要有空余空间，要有均衡感。
- PPT 一般要有标题页、正文、结束页三类幻灯片，使内容更具结构化，体现逻辑性。
- 调整标题、文字大小和字体，再调整位置和对齐方式。
- 美化页面，修饰细节，添加装饰。

- 根据母版的色调，对图片进行美化。
- 整个 PPT 最好不要超过 30 张，单张页面最好不要超过 10 行。
- 完成 PPT 后，切换到"浏览视图"，浏览 PPT 是否存在不协调的地方。

### 5. 颜色——PPT 不是绘画，但演示很重要

- 整个 PPT，包括图表，建议不要使用超过 4 种颜色，以免使观众眼花缭乱。
- 整个 PPT 使用的颜色，一定要协调，建议使用同一色调。
- PPT 的背景色调要一致，不要一页一个背景色调。
- 不要自造颜色，如应用"屏幕取色器"，去随便拾取一种已经成功应用的颜色。
- 完成 PPT 之后，切换到"浏览视图"，整体检查全文颜色有无突兀之处。

### 6. 过程——PPT 的演讲不应是一种负担，而是一场表演

- 演讲结构：开场白、主体演讲、结束语。
- 最大的忌讳是演讲的时候对着 PPT 照本宣科。
- 主题—暂停—下一个主题，如此循环，注意使用"暂停"使演讲平滑过渡。
- 不要试图去用 PPT 阐述复杂的概念，永远记住，PPT 只说清晰、简明的事物。
- 善用比喻和象征，善于调动听者参与互动，但也要谨慎地使用幽默。

### 7. 工具——做一个聪明人，善用各种"利器"

- 善于学习借鉴优秀 PPT 的风格、布局和颜色。
- 善于搜集并使用咨询公司的 PPT 素材库，如麦肯锡、罗兰贝格等的素材库。
- 可借助各种制作工具，如 VISIO、PPT 美化大师、Focusky 等。
- 遵循咨询公司关于 PPT 制作的 9 个 Tips，如图 11-4 所示。

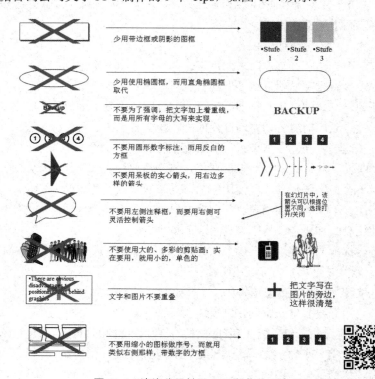

图 11-4　咨询公司关于 PPT 制作的 9 个 Tips

## 11.2.2 PPT 设计常规技巧

### 1. 提炼文字

文字是 PPT 页面的重要组成部分。无论在何种视觉媒体中，文字和图片都是 PPT 两大构成要素。PPT 里文字排列组合的好坏，直接影响着 PPT 页面的视觉表达效果。因此，PPT 的文字设计是增强视觉传达效果，提高 PPT 作品诉求力，赋予版面审美价值的一种重要构成技术。

不过，前文已经提过 PPT 设计的原则，即“能用图，不用表，能用表，不用字”。我们不能把文章中的文字整段地搬过来，必须简明扼要，突出展现我们最想表达的内容。一方面，PPT 是形象化、可视化、生动化的演示工具，可以适当地将文字转化为图表、图片和动画；另一方面，如果不适合转化，就必须对文字进行提炼，去繁取简，去粗取精，去乱取顺。例如，如图 11-5 所示文字内容就可以提炼为如图 11-6 所示的文字。

> 所谓基于内容的图像检索（CBIR），是根据图像对象的语义进行检索，它具有如下特点：
>
> - 从图像内容中提取信息线索。基于内容的图像检索突破了传统的基于表达式检索的局限，它直接对图像进行分析，抽取特征，利用这些内容特征建立索引进行检索。
> - 基于内容的图像检索是一种近似匹配。在检索的过程中，它采用近似性匹配方法逐步求精来获得查询的结果。即查询是一个迭代过程，不断减少查询结果的范围，直到定位到目标。这一点与常规数据库检索的精确匹配方法有明显不同。
> - 大型数据库的快速检索。在实际的图像数据库中，不仅每幅图像的数据量巨大，而且图像的数量也繁多，因此要求 CBIR 技术也能象常规的信息检索技术一样，快速地实现图像信息检索。

图 11-5　原文字内容示例

> **CBIR的特点**
>
> - 从图像内容中提取信息线索（抽取特征）
> - 是一种近似匹配，逐步求精获得查询结果
> - 大型数据库的快速检索（数据量大，图像数量多，要求具有常规信息检索的速度）

图 11-6　提炼结果

一般来说，可以对以下几种情况进行提炼。

（1）原因性文字。为了体现逻辑关系，我们习惯在文章的论述中使用“因为”、“由于”、“基于”等词语表述原因，但在 PPT 中，我们强调的却是结果，也即“所以”、“于是”后面的文字。因此，原因性的文字一般都要删除，只保留结果性文字。

（2）解释性文字。我们通常在文章论述的一些关键词后面加上冒号、括号等，用以描述备注、补充、展开介绍等解释性文字，而在 PPT 中，这些话往往由演示者口头表达即可，不必占用 PPT 的篇幅。

（3）重复性文字。在文章的论述中，为了文章的连贯性和严谨性，我们常常使用一些重复性文字。例如，可能在第一段会提到“基于内容的图像检索……”，在第二段可能会继续提到“基于内容的图像检索……”，而在第三段可能还会提到“基于内容的图像检索……”。但这类相同的文字如果全部放在 PPT 里就变成了累赘。

（4）辅助性文字。在文章的论述中，经常会出现“截至目前”、“已经”、“终于”、“经过”、“但是”、“所以”等词语。这些都是辅助性文字，主要是为了让文章显得完整和严谨。

而 PPT 需要展现的是关键词、关键句，并不是整段的文字，当然也就不需要这些辅助性的文字了。

（5）铺垫性文字。在文章的论述中，我们还通常会看到诸如"在上级机关的正确领导下"、"经过 2013 年全体员工的团结努力"、"根据 2015 年年度规划"等语句，这些只是为了说明结论而进行的铺垫性说明，在 PPT 中，只需演讲者口头介绍即可。

例如，如图 11-7 所示文字可以提炼设计成如图 11-8 所示的效果。

图 11-7　原文字内容示例

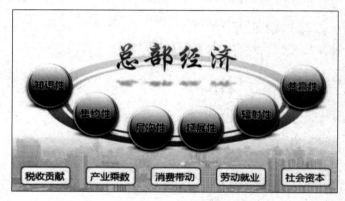

图 11-8　提炼效果

当然，在对文字进行提炼的过程中，有时需要进行适当的总结，补充一些描述性文字。

2．美化图片

在幻灯片上写满文字是一种费力不讨好的设计，而用图片来进行演讲能够达到更好的沟通效果，也能够产生更大的视觉冲击力，提供更丰富的信息，所谓"一幅好图胜过千言万语"。但在 PPT 中并不是图片越多越好，也不是图片越好看就越优秀，只有合理地使用图片才能达到图片的表达效果。为了使 PPT 图片的效果更加突出，下面介绍图片使用的一些技巧。

（1）图片色调与母版色调应相同或相近，统一的色调可以避免观众眼花缭乱。

（2）图片表达的主题与 PPT 所要阐述的主题应相同，使观众可以通过图片一眼看出 PPT 所要介绍的主题。

（3）注重画面的平衡感和空间感及色彩的冷暖感。

（4）利用网格快速对齐图片。

（5）规则化布局，便于阅读。

3．组织表格

一般来说，表格只是罗列信息，不会表述观点，这和 PPT 的陈述原则是有冲突的。因此，原则上来说，在演讲类的 PPT 中，没有必要插入表格。但在实际应用时，在 PPT 中还是经常会涉及表格内容。之所以附上表格，是因为希望提供详细的数据清单，用以说明问题。

通过表格列出数据，通常比单纯以文字罗列数据更能使问题一目了然。但我们不能只是简单地列出数据，还必须考虑怎样表达观点。设计开始前要问自己三个问题：（1）可否归类；（2）有无重点；（3）能否图形化。

例如，我们有一份名单，如表 11-1 所示，名单中有姓名、政治面貌、年龄和民族属性信息。那么到底哪类信息才是我们希望重点传达的呢？

表 11-1　成员名单示例

| 姓　　名 | 政　治　面　貌 | 年　　龄 | 民　　　族 |
| --- | --- | --- | --- |
| 张三 | 党员 | 30 | 汉族 |
| 李四 | 党员 | 45 | 苗族 |
| 王五 | 团员 | 24 | 汉族 |
| 钱六 | 团员 | 36 | 白族 |
| 孙七 | 群众 | 47 | 汉族 |
| 李八 | 群众 | 38 | 朝鲜族 |

假设我们想要传达给听众的信息是政治面貌，则可以归类成如图 11-9 所示的图片进行展示。

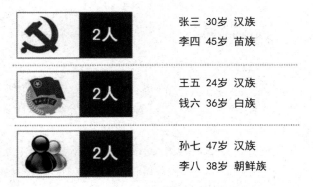

张三　30岁　汉族
李四　45岁　苗族

王五　24岁　汉族
钱六　36岁　白族

孙七　47岁　汉族
李八　38岁　朝鲜族

图 11-9　表 11-1 信息采用归类传达的方式

因此，在 PPT 中若想附上表格，需要对表格的内容及希望传达的信息进行分析。如果能够转化成图或图表，就一定要进行转化，实在不能转化时，也要对表格进行必要的美化。平淡的表格不会吸引观众的注意，一个精致的表格才能更好地传达信息。

4．设计图表

图表是表格的另一种转化方式。为了更直观地传递某些抽象的数字信息，如产品销售走势、销售额年度统计分析结果等，图表是一种非常好的展现方式。图表可以揭示、解释并阐明那些隐含的、复杂的和含糊的信息。但构造这样的直观呈现却不仅仅是把字里行间所表述的内容直接转化为可视化的信息。这一过程必然囊括筛选资料，建立关联，洞悉图案格调，然后以一种能够帮助需求者深刻认识信息的方法，将其描述出来。当然，如果能为这些图表设置序列动画，让数据演示动起来，则会使整个幻灯片更具活力，更能吸引观众的注意力。图表制作的一般规则如下。

（1）图表色彩应简洁、简单。

（2）保持图表与 PPT 整体风格的一致性。

（3）图表要服务于内容。

（4）明晰重点数据，每张图表都需表达一个明确的信息。

（5）一页 PPT 最好只放一个主要图表。

平淡无奇的内容，可以通过图表去修饰。我们需要熟悉 PowerPoint 提供的各种图表，如图 11-10 所示。

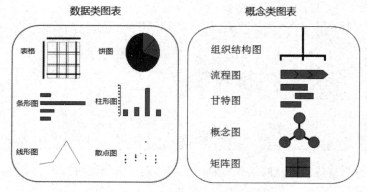

图 11-10　PowerPoint 提供的各种图表

## 11.2.3　PPT 制作一般流程

当需要制作 PPT 时，一般要经过以下几个流程。

1．构思

（1）明确中心思想，即制作这个 PPT 的目的是什么？想要传达什么样的中心思想？观众对象是什么群体？

（2）梳理结构，确定先展示什么，然后展示什么？如何展示 PPT 素材，是否需要用到多媒体元素或链接？

（3）如何绘制 PPT ？ PPT 在什么场合播放？应该采用什么放映方式更合适？如何展示才最生动、最吸引人？

2．设计

（1）对自己掌握的资料进行分析和归纳，找到一条清晰的逻辑主线，构建 PPT 的整体框架，确定 PPT 各部分的顺序安排。

（2）根据 PPT 使用场合确定整个 PPT 的风格，确定主题字体和主题配色，完成模板和导航系统的设计。

可以先在纸上画出每一页的设计样稿，从而可以确定自己还需要什么素材。能够通过绘画激发更多灵感，淘汰过于复杂的设计思路，筛选出比较简单的实现方式，体现"简洁即美"的 PPT 设计原则。

3．制作

制作阶段的任务是将 PPT 的内容视觉化，将表格中的数据信息转变为直观的图表，对文字进行提炼，按层次逻辑进行组织，将复杂的原理通过进程图和示意图等表达出来。

制作可以细分为 2 个任务：添加对象和美化修饰。添加对象为初步制作，就是将文本、图片、图表等对象输入或插入到相应的幻灯片中；美化修饰就是指为了达到更好的表达效果，除了在每张幻灯片上添加相应的对象元素以外，还需要对各个对象元素进行排版、美化，添加必要的动画等。

排版和美化是对信息进行进一步的组织与制作。根据接近、对齐、对比与重复 4 个原则，区分出信息的层次和要点，通过点、线、面 3 种要素对页面进行修饰，美化页面，提高页面的展示效果。

动画是引导观众思维的一种重要手段。应当根据演示场合的实际情况决定是否需要添加动画及确定添加何种类型的动画。如果需要添加动画，除了完成为对象元素添加合适的动画，通常还要根据实际需要设计自然、无缝的页面切换，提高 PPT 的动感。动画完成后，需要反复预演几遍，以检查动画的设置是否正确、播放是否流畅，保证在演讲时不会卡壳。

### 4. 预演

预演是最后的一步，也是非常重要的一个环节。如果对 PPT 的内容还不熟悉，记不清动画的先后顺序，而是寄希望于能够站在台上即兴发挥，那么，再好的 PPT 也帮不了你。在 PPT 制作完成之后，开始正式演讲之前，应该花足够的时间进行排练和计时，熟悉讲稿的内容，并且适当修改讲稿，直到能够熟练且自然地背诵出讲稿，这样，在正式演讲时才能得心应手，连贯流畅。此外，还需要注意演讲时的仪表、仪态、声调、语调和语速，提醒自己要克服身体的晃动、摇摆及其他不得体的行为，预想可能的突发情况及应对策略。

根据 PPT 制作的一般流程，小王开始进行构思。

毕业论文答辩演示文稿的目的是将自己撰写的毕业论文展示给评委老师和同学们，传达的是毕业论文的设计需求、设计思想、创新点、实现及实验结果与分析、结论等（假定小王学的是工科，以工科为例），要让评委老师认为论文的选题是有意义的，思路是可行的，内容是创新的，实验结果表明设计思想是正确的，方法是有效的，结论是正确的等。这样，演示文稿的目的就达到了，答辩也自然会通过。

毕业论文答辩的场合是非常正式的学术性场合，观众对象为评委老师和同学，一般在小会议室进行。因此，设计的主体风格应该保持庄重性，文字与背景设计应反差较大，结构清晰，逻辑性强，动画不宜过多，文字尽量少，字体放大，并且要添加适当的图和图表，采用手动翻页播放等。另外，最好准备好带有翻页功能的激光笔。

因为小王已经具备 PowerPoint 的基本操作技能，所以后续章节将逐步介绍毕业论文答辩演示文稿制作的设计思路和高级应用，而一些基本的制作方法，例如文本框、图片的插入等，将不再过多叙述。

# 第 12 章　PowerPoint 2010 演示文稿全局设计

所谓全局设计，也就是整体设计，即从全局考虑整个演示文稿的布局、背景、颜色、字体等。根据 PowerPoint 的控制逻辑，为提高效率，全局设计一般按主题应用、母版设计、背景设置等顺序进行组织。

## 12.1　主题应用

PowerPoint 中的幻灯片主题是指对幻灯片背景、版式、字符格式及颜色搭配等方案的预先定义。在幻灯片的制作过程中，用户可以根据幻灯片的制作内容及演示效果随时更改幻灯片的主题。既可以整个演示文稿应用一种主题，也可以对单张幻灯片应用单独的一种主题。

PowerPoint 提供了多种主题，包括内置的主题和来自 Office.com 的主题，其中内置主题就有 Office 主题、暗香扑面、奥斯汀等 44 种。为满足设计需求，用户还可以从网上搜索下载主题，也可以自定义主题。

毕业论文答辩演示文稿需要应用庄重的主题：背景适合选用深色调的，如深蓝色，文字用白色或黄色的黑体字；或者背景就用白色，文字用黑色。值得强调的是，无论使用哪种颜色，一定要使字体和背景具有明显的显示反差。

根据分析，如果使用 PowerPoint 的内置主题，建议使用"流畅"主题。当然，我们也不能千篇一律，要有自己的特色和风格，因此可以使用默认主题，即"Office 主题"，然后在遵守基本原则的前提下，根据自己的爱好及论文内容特点等实际情况，设计自己的主题。

下面介绍应用 PowerPoint 内置主题的方法。

### 12.1.1 新建 PPT 文档

启动 PowerPoint 将自动创建一个新的 PPT 空白文档，或新建一个 PPT 空白文档。新文档包含一张"标题幻灯片"版式的幻灯片，应用"Office 主题"默认主题，如图 12-1 所示。

通常，一个演示文稿的第一张幻灯片都是"标题幻灯片"版式，用以说明演示文稿的主标题（演讲题目）及演讲者的相关信息等，后续的幻灯片则可根据情况设置为"标题和内容"、"两栏内容"、"比较"等版式。对毕业论文答辩来说，第一张幻灯片应该给出论文题目、学生班级、学号、姓名、指导老师等相关信息，如图 12-2 所示。

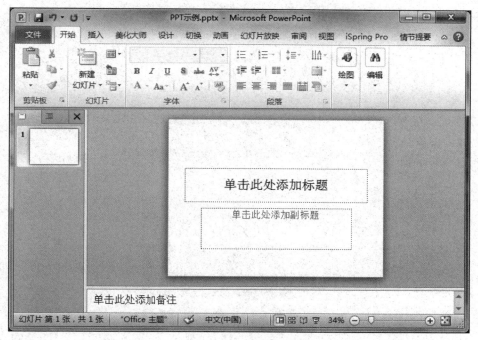

图 12-1　新建 PPT 文档

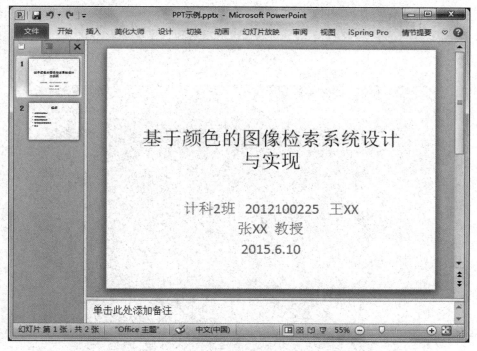

图 12-2　第一张"标题幻灯片"版式幻灯片

## 12.1.2 应用主题

选择"设计"功能选项卡，单击"主题"功能区的启动器，则弹出所有可选择的主题，如图 12-3 所示。将鼠标移到某主题上悬置时，就会在鼠标下方显示该主题的名称，同时可预览到将该主题应用于当前文档的效果。单击该主题，则会将该主题应用于当前文档。如果仅需将该主题应用于当前文档的当前选定的幻灯片，则需右击该主题框，在弹出的快捷菜单中选择"应用于选定幻灯片"命令。如图 12-4 所示为应用"流畅"主题后的效果。

图 12-3　所有主题列表

图 12-4　应用"流畅"主题后的效果

### 12.1.3 自定义主题

若对当前主题进行了修改，同时在以后制作的演示文稿中还可能使用到，则可将其另存为"Office Theme（*.thmx）"文件格式的自定义主题，保存到 Office 主题文件中。这样，在下次使用时只需在如图 12-3 所示的菜单中选择"浏览主题"命令，定位到该自定义主题文件应用即可。

## 12.2 母版设计

选择"母版"功能选项卡，在"母版视图"功能区中可以看到，母版有 3 种类型：幻灯片母版、讲义母版和备注母版。由于篇幅所限，我们在此仅介绍幻灯片母版，讲义母版和备注母版与幻灯片母版的使用方法类似，只在应用的对象上有所区别。

### 12.2.1 幻灯片母版

幻灯片母版是幻灯片层次结构中的顶层幻灯片，用于存储有关演示文稿的主题和幻灯片版式的信息，包括背景、颜色、字体、效果、占位符大小和位置等。

单击"幻灯片母版"按钮，进入"幻灯片母版"视图，可以对幻灯片母版进行编辑与设计，如图 12-5 所示。

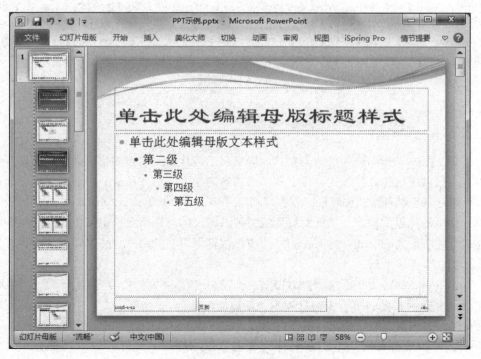

图 12-5　"幻灯片母版"视图

在图 12-5 中的左侧列出了一列母版，将鼠标悬置于第一个母版框上时会显示"流畅幻灯片母版：由幻灯片 1-2 使用"，这段文字说明了该母版是基于"流畅"主题创建的母版，且文稿中的第 1-2 张幻灯片是基于该母版创建的。

每个演示文稿包含至少一个幻灯片母版，也即每个演示文稿至少会应用一种主题，默认的主题为"Office 主题"。在一个演示文稿文档中可以对不同的幻灯片应用不同的主题，每个应用的主题都会在演示文稿中创建一个相应的幻灯片母版，即一个演示文稿中应用了几种不同的主题，就至少有几个母版。此外，在"幻灯片母版"视图中，还可以直接插入新的幻灯片母版，进行设计、保存后，就成为了一种主题，然后在普通视图中，可以应用该新建的母版所对应的主题，也可以不应用。在本例的演示文稿中只应用了一个主题，且只有 2 张幻灯片，所以"流畅"主题"由幻灯片 1-2 使用"。

设计幻灯片母版的好处在于，当修改母版中的内容时，可以统一地将该修改应用到所有基于该母版的幻灯片中，从而使得相应的幻灯片能够保持统一的风格和样式，而不需要一个个单独地去修改，不仅节省了时间，提高了效率，同时还避免了遗漏和误操作。如果在多张幻灯片上希望展现相同的信息或相同的样式，就可以考虑将该信息或样式在母版中进行设计，如 LOGO、导航按钮、颜色、背景等。

也就是说，PPT 文稿中幻灯片样式的控制采用层次控制逻辑，层次高的控制层次低的。幻灯片母版是幻灯片层次结构中的顶层幻灯片，因而具有上述功能和特点。

**【温馨提示】**

如果在幻灯片中对某个元素的样式进行了单独修改，例如修改文字的颜色，则该幻灯片对应母版中对应元素的相应样式在发生修改时，该修改不再自动应用到该幻灯片的对应元素的相应样式上。例如，假定母版中标题的颜色为黑色，如果将某幻灯片标题的颜色由黑色改成红色，然后根据需要，将母版中标题的颜色由黑色改为蓝色，则该幻灯片标题的颜色不会发生改变，仍为红色，而没有单独修改过标题颜色的幻灯片，其标题的颜色将自动统一修改为蓝色。

## 12.2.2 版式母版

幻灯片版式是指幻灯片的布局格式，即定义幻灯片显示内容的位置和格式信息，包括占位符。通过应用幻灯片版式，可以使幻灯片的制作更加整齐和简洁。演示文稿中的每张幻灯片都是基于某种版式创建的。在新建幻灯片时，可以从 PowerPoint 2010 提供的版式中选择一种，每种版式预定义了新幻灯片的各种占位符的布局情况，也可以在后续操作中随时对幻灯片应用新的版式，此时，幻灯片中占位符内内容的格式会按照新版式中占位符的情况自动进行相应更新。

PowerPoint 2010 提供了"标题幻灯片"、"标题和内容"、"两栏内容"、"比较"等 11 种版式。通常，一个演示文稿的第一张幻灯片为"标题幻灯片"。一个演示文稿中的幻灯片不能都使用相同的版式，应有所变化，以丰富幻灯片的内容，体现幻灯片的实用性、灵活性。

每一种版式都有对应的母版，称为版式母版，是幻灯片母版的组成部分，因此有 11 种版式母版，也即，每一种主题包含 11 种版式母版。

实际上，在图 12-5 的幻灯片母版列表中，第一个母版框为基础母版，其余的为版式母版。

从图中可以看出，第一个母版框大小比下面的母版框略大。基础母版也可以看成是版式母版的母版，基础母版的设置是对所有幻灯片进行控制生效的，包括版式母版，而各种版式母版则是在基础母版的基础上，根据各自版式的特点经过"个性化"设置之后的结果，对各自版式的幻灯片进行控制生效。基于同样的层次控制逻辑，如果版式母版中相对基础母版的对应元素的对应样式没有发生更改，则基础母版中该元素样式的变化会自动应用到版式母版及相应的幻灯片中，否则不会应用。

例如，在毕业论文答辩演示文稿的每一页，通常还要加上学校的有关信息，包括校名、校徽或学校标志性建筑等，以示尊重母校，此外，可能还需要设计导航按钮。这些信息是共同信息，因此应该放在母版中设计，当然，在不同版式的幻灯片上这些信息的放置位置有可能不同，以保证与当前版式相协调。

（1）首页"标题幻灯片"只有一张，因此，可以直接在幻灯片上添加相应信息，如直接添加校徽标志及"本科生毕业论文答辩"文本框，如图 12-6 所示。首页一般不加导航按钮及其他过多的修饰。由于毕业论文答辩的幻灯片张数也不是很多，一般控制在 10 ～ 20 张左右，为了保持版面的整洁，所以通常在其他幻灯片中也不添加导航按钮。

（2）其他幻灯片，如"标题和内容"版式幻灯片，需要展示的共同信息则可在版式母版中设计。例如，假设需要在"标题和内容"版式幻灯片的底端插入一横线，然后插入论文的标题，则可在"标题和内容"版式母版中进行设计，如图 12-7 所示，效果如图 12-8 所示。因为页脚一般不使用，所以在"标题和内容"版式母版设计中，去掉了"页脚"的勾选。

图 12-6　首页"标题幻灯片"直接插入相关信息

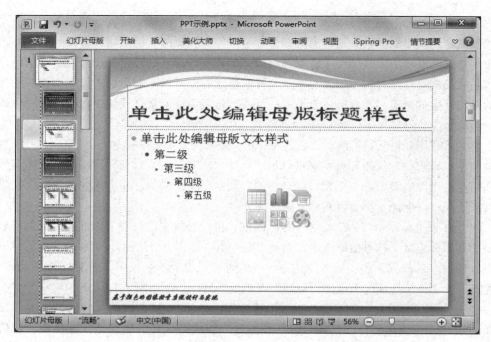

图 12-7 "标题和内容"版式母版中插入相关信息

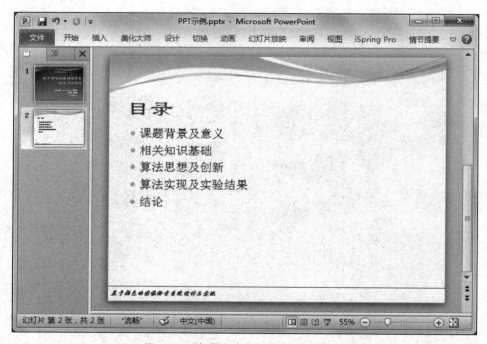

图 12-8 "标题和内容"版式幻灯片效果

## 12.2.3 占位符

所谓占位符，就是先占住一个固定的位置，等着用户的后续操作，再往里面添加内容，通常在母版或模板中定义。在具体表现上，占位符是一种带有虚线边缘的框，绝大部分幻灯片版式中都有这种框，在这些框内可以放置标题及正文，或者是图表、表格和图片等对象，虚线框内部往往有"单击此处添加标题"之类的提示语，一旦鼠标单击之后，提示语会自动消失。当我们要创建自己的母版或模板时，占位符能起到规划幻灯片结构的作用。

占位符和文本框的区别如下。

（1）PowerPoint 2010 提供了"内容"、"内容（竖排）"、"文本"等 10 种类型的占位符，可以放置文本、图表、SmartArt、媒体等。在"幻灯片母版"视图中，选择"幻灯片母版"功能选项卡"母版版式"功能组中的"插入占位符"下拉列表按钮，弹出如图 12-9 所示菜单，可选择插入相应的占位符。在幻灯片中不仅能对占位符进行相关设置，还可以在母版中进行格式、显示和隐藏等设置。而文本框的类型只有横排和竖排 2 种。

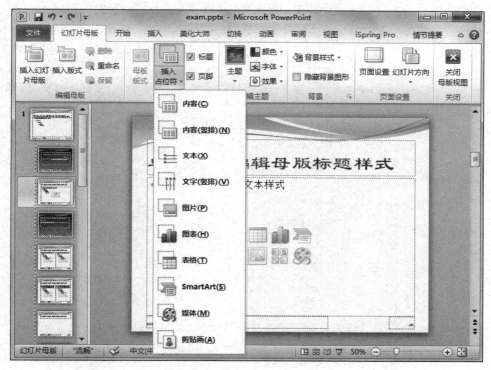

图 12-9 "插入占位符"下拉菜单

（2）占位符里可以没有内容，但文本框中不能没有内容。

（3）在母版中设定的格式能自动应用到占位符中，而文本框不能。

（4）切换到大纲视图的时候，凡是采用占位符输入的文本，在大纲视图中会列出其文字标题，而文本框则不能，这是一个很有用的功能，还有一个特别的地方，即用户可以直接在大纲视图中编辑文字，页面的文字也会随之变化。这在页数较多，文字杂乱的 PPT 中，进行修改、校对时非常有用。

（5）当幻灯片版式发生变化时，幻灯片中占位符内内容的格式会按照新版式中占位符的情况自动进行相应更新，但文本框不会。

（6）占位符还有一些其他功能，例如在缩放占位符框的时候，里面的文本内容会自动调整字号，而文本框则不会。

# 12.3 背景设置

一个好的演示文稿想要吸引人，不仅需要内容充实，外表的装饰也很重要，其中，背景的设置就非常重要。演示文稿的背景可谓是 PPT 幻灯片的灵魂，精美绚丽的背景能为 PPT 演示文稿锦上添花，一张漂亮或清新、淡雅的背景图片，能把 PPT 包装得更富有创意、更吸引观众。

## 12.3.1 背景设置方法

按设置场合的不同，演示文稿背景的设置有 2 种方法：一种是直接在 PPT 幻灯片中设置，另一种是在母版中设置。这 2 种设置方法的操作基本相同，但设置结果对幻灯片的应用方式不同。

### 1. 直接在 PPT 幻灯片中设置

在"设计"功能选项卡中单击"背景"功能组启动器，即可打开"设置背景格式"对话框，如图 12-10 所示，进行背景设置。

图 12-10　"设置背景格式"对话框

在这种设置方法下，设置结果只对当前选定的幻灯片进行应用，并且不论当前选定幻灯片的版式是否相同，一律应用生效，而其他未选定幻灯片，即使与当前选定幻灯片的版式相同，其背景也不受影响。但如果此时在"设置背景格式"对话框中单击"全部应用"按钮，则当前演示文稿中的所有幻灯片均应用该背景。

### 2. 在母版中设置

打开"幻灯片母版"视图，在"幻灯片母版"功能选项卡中单击"背景"功能组启动器，也可打开"设置背景格式"对话框，进行背景设置。

这种设置方法下，如果是在基础母版中设置，则这种背景在所有版式母版中都会被应用，即所有幻灯片都会被应用。而如果是在某个版式母版中设置，则这种背景只有该版式的幻灯片才会被应用。

【温馨提示】

（1）如果在母版和幻灯片中都设置了背景，则最后生效的是幻灯片中设置的背景。

（2）在母版中插入的图片，如果"置于底层"，则相当于背景。

（3）背景是幻灯片的最底层对象，不会遮住其他对象的展示，也不能将背景的层次提升。实际上，在母版和幻灯片中都是不能选定背景进行操作的。清除背景的方法为在图 12-10 所示"设置背景格式"对话框中单击"重置背景"按钮。

## 12.3.2 背景类型

背景设置是在如图 12-10 所示的"设置背景格式"对话框中，对背景格式的"填充"方式进行设置。从图中可以看到，可设置的背景类型有"纯色填充"、"渐变填充"等 4 种类型。"隐藏背景图形"复选框是指在设置了背景的情况下，取消背景的展示但又不删除背景，以便需要显示的时候可以再启用。

### 1. 纯色填充

"纯色填充"的设置界面如图 12-11 所示，是指应用一种颜色对背景进行填充，该颜色可通过颜色拾取器来指定。另外可以设置背景色的透明度：默认为 0%，不透明；最大为 100%，全透明，相当于背景不起作用。

图 12-11　纯色填充

### 2. 渐变填充

"渐变填充"的设置界面如图 12-12 所示，是比较复杂的一种填充方式，但如果设计得好，将会获得意想不到的效果。这种填充方式允许用户指定几种颜色及其关键帧位置，然后以线性、射线等类型方式，按指定方向进行渐变填充。

图 12-12　渐变填充

（1）预设颜色

预设颜色下拉列表中列出了系统预先设计好的 24 种渐变填充方式，包括颜色及填充的方式和方向等，可以任意选择应用，如图 12-13 所示。

（2）填充类型

填充类型是指填充的方式，共有线性、射线、矩形、路径、标题的阴影 5 种方式。前 4 种和形状中的颜色渐变填充是一致的，以三角形形状的填充为例来说明，则其填充效果如图 12-14 所示，对于背景来说则相当于矩形形状的填充。

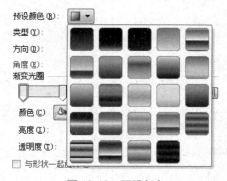

图 12-13　预设颜色

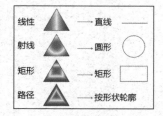

图 12-14　线性、射线、矩形、路径填充效果

"标题的阴影"是一种"动态"的填充效果，即颜色起点会根据幻灯片上的标题位置的变化而变化，如图 12-15 所示，随着标题的移动，颜色填充的起点会随之变化。

（3）填充方向

填充方向是指从填充起点开始，沿着什么方向进行渐变填充。不同的填充类型有相应的填充方向，例如，对于"线性"填充方式，有"线性对角 - 左上到右下"、"线性向下"

等 8 种填充方向；对于"矩形"填充方式，有"从右下角"、"从左下角"、"中心辐射"等
5 种填充方向。其中，对于"线性"填充方式，还可以设置角度。

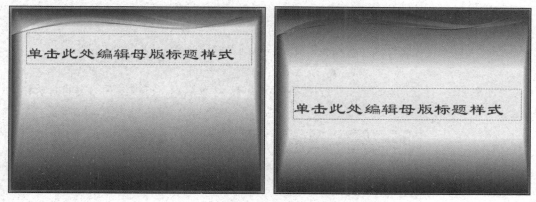

图 12-15　"标题的阴影"填充效果（标题移动前后对比）

（4）渐变光圈

渐变光圈用来设定渐变的颜色及关键帧位置。在每一个关键帧位置指定一种颜色，相
邻关键帧之间根据关键帧的距离进行渐变，从一种颜色均匀按填充类型和填充方向渐变到
另一种颜色。渐变光圈右侧的"＋"和"×"按钮可以在渐变光圈中实现增加或删除关键帧。
选定关键帧之后，可以在"颜色"下拉列表框中选定关键帧位置的颜色，拖动渐变光圈的
滑动按钮，可以改变关键帧之间的距离。

（5）亮度

亮度为 0% 时，表示为正常亮度，低于 0% 时为变暗，高于 0% 时为加亮。

3．图片或纹理填充

"图片或纹理填充"的设置界面如图 12-16 所示。

图 12-16　图片或纹理填充

（1）纹理填充

默认选择是"纹理填充"。PowerPoint 2010 提供了"纸莎草纸"、"画布"等 24 种纹理。纹理将平铺到整个背景上。

（2）图片填充

图片可以来自"文件"、"剪贴板"和"剪贴画"，通常会使用来自"文件"。

4．图案填充

"图案填充"的设置界面如图 12-17 所示，共有 48 种图案，可以设置图案的前景和背景色。

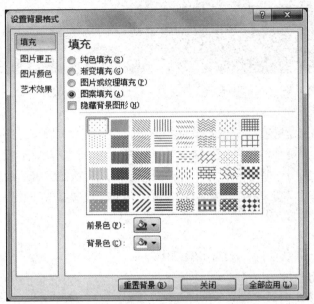

图 12-17　图案填充

【温馨提示】

　　背景设置中的"填充"与形状等的"填充"除了个别地方外，大部分的功能和操作方法基本上都是相同的。例如，形状"填充"中有"无填充"方式，而在形状"填充"的"渐变填充"方式中没有"标题的阴影"填充类型，因此，后续章节的相应知识点将不再赘述。

# 第13章　PowerPoint 2010 演示文稿内容设计

一个完整的 PPT 演示文稿一般包含片头动画、封面、前言、目录、正文页、过渡页（转场页）、封底、致谢（片尾动画）等几个部分，所应用的对象通常包括文字、艺术字、形状、SmartArt 图形、表格、图片、图表、音频、视频等。当然，根据 PPT 使用的不同目的及相应的应用场合，有些部分不是必需的，甚至是需要省略的。对于毕业论文答辩演示文稿来说，一般包含封面、目录、正文页、封底（总结）、致谢即可，尽量避免使用音频和视频。

本章主要介绍一些对象的高级美化技术，一些常规的操作将不再赘述。

## 13.1　版面布局

在介绍幻灯片内容的具体设计及美化前，首先需要了解一下幻灯片版面的相关知识及各元素布局的原则。

### 13.1.1　版面布局基础

在实际 PPT 演示文稿的设计中，我们经常会提到有一条"看不见的线"在引导着我们，其实看不见线的是观众，对于设计人员来说，这条线是必须要看见的。

#### 1. 版心线与留白

版心线是最基本的，如图 13-1 所示，与 Word 的编排一样，幻灯片的内容设计应该放置在版心线以内。

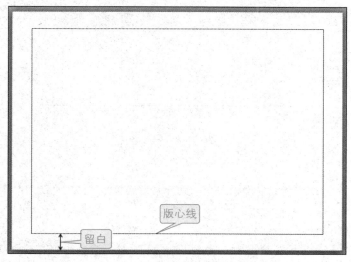

图 13-1　版心线示意图

### 2. 十字

十字天生给人以平和稳定的感觉，在医疗和宗教领域多使用这个结构。十字可以分为左十字、右十字、上十字和下十字，如图 13-2 所示。在 PowerPoint 2010 的一些内置主题中，我们也经常能够看到这种结构的使用。

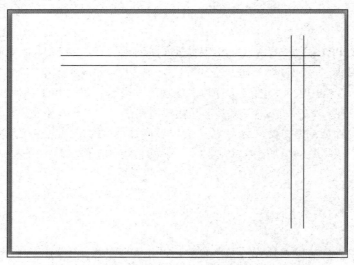

图 13-2　十字结构

### 3. 九宫格

九宫格是大家所熟知的构图原则，如图 13-3 所示。在摄影和网页设计中也被广泛应用。在 PPT 版面布局中，如果将图片放在九宫格的上方三分之一处，就有了"天"，放在九宫格的下方三分之一处，就有了"地"。

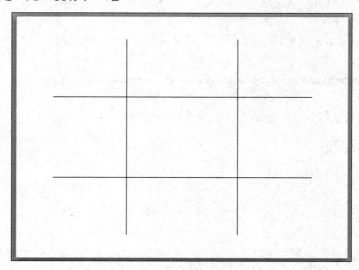

图 13-3　九宫格结构

### 4. 黄金分割

苹果公司的很多设计均参照黄金分割比率。实际上，黄金比率有很多种表现形式，九宫格的三分法在某种程度上也是黄金比率的一种。

5．收纳框

在有较多图片或文字的时候，设计 PPT 时不妨设定几个假象框把这些内容收纳起来，从而使得版面布局更加整洁。

## 13.1.2 版面布局原则

PPT 演示文稿自问世以来，就以其强大的信息展示功能得到了广大用户的青睐，优秀的 PPT 往往因为其合理的版面布局给读者带来舒适的视觉体验。所谓 PPT 的版面布局，指的是 PPT 中需要展示的各元素，包括文字、形状、图片等，在版面上进行大小、位置的调整，使版面变得清晰、有条理。那么，版面布局应该遵循哪些原则呢？

### 1．对齐原则

"对齐"很好理解，就是指相关内容在排版时运用对齐功能，使其上下居中对齐、左右居中对齐，或左对齐、右对齐等。一般来说，同一级标题或同一层次的内容在整个 PPT 放映过程中采取同样的对齐方式，以方便读者视线的快速移动，迅速发现最重要的信息。

### 2．留白原则

顾名思义，留白就是在作品中留下相应的空白，这也是传统绘画中的一种布局方法。在 PPT 页面中留出一定的空白，既可以分隔页面、减少压迫感，又能引导读者视线，凸显重点。

### 3．降噪原则

降噪，是指减少噪音对人的影响。运用到 PPT 设计中，就是指减少不必要的干扰因素，如避免使用过多的颜色，字数与段落应设计合理、分布错落有致，图形简繁得体，以避免分散观众的注意力。

### 4．对比原则

对比是指把具有可比性的元素放在一起，用比较的方法加以描述或说明。PPT 中运用对比，加大不同元素的视觉差异，给人以深刻的印象，使读者的注意力集中在特定的区域。同时，运用对比还可以增加页面的活泼性与美感。

### 5．聚拢原则

聚拢，即会聚合拢，就是在 PPT 中将内容分成 N 个区域，相关内容聚集在一个区域中，并且区域与区域之间的距离应该大于区域内各元素之间的距离，如段落间距应大于行间距。

### 6．重复原则

重复原则是指 PPT 设计中的某些方面要在整个作品中重复，这样可以使作品具有整体性。重复原则一般有两种应用，即使用固定的模板和在某一页或某个 PPT 中相同层次的内容使用相同的格式。重复原则的使用可以使 PPT 更具可读性。

## 13.1.3 常见版面布局

### 1．标准型

这是最常见的、简单而规则的版面编排类型，一般从上到下的排列顺序为：图片 / 图表、标题、说明文字、标志图形。自上而下符合人们认识的心理顺序和思维活动的逻辑顺序，能够产生良好的阅读效果。

**2．左置型**

这也是一种非常常见的版面编排类型，它往往将纵长型图片放在版面的左侧，使之与横向排列的文字形成有力对比。这种版面编排类型十分符合人们的视线流动顺序。

**3．斜置型**

构图时全部构成要素向右边或左边做适当的倾斜，使视线上下流动，画面产生动感。

**4．圆图型**

在安排版面时，以正圆或半圆构成版面的中心，在此基础上按照标准型顺序安排标题、说明文字和标志图形，这种布局更加吸引观众的注意力。

**5．中轴型**

一种对称的构成形态。标题、图片、说明文与标题图形放在轴心线或图形的两边，具有良好的平衡感。根据视觉流程的规律，在设计时要把诉求重点放在左上方或右下方。

**6．棋盘型**

在安排版面时，将版面全部或部分分割成若干等量的方块形态，相互区别，做棋盘式设计。

**7．文字型**

在这种编排中，文字是版面的主体，图片仅仅是点缀。一定要加强文字本身的感染力，同时所使用的字体是便于阅读的，并使图形起到锦上添花、画龙点睛的作用。

# 13.2　文本与 SmartArt 图形

在演示文稿的展示中，通常会有部分文本内容是具有一定层次或逻辑关系的。在 PowerPoint 2007 之前，只能在幻灯片中逐条展示它们，即使在 PowerPoint 2010 中，很多用户依然选择逐条展示它们。采用这种方法，不但文字效果不美观，还须依次为其设计动画，耗时费力。而利用"SmartArt 图形"，既能准确表达文字间的层次或逻辑关系，而且在展示时具有动感，美观大方。

在幻灯片中使用 SmartArt 图形有两种方法：一是在幻灯片中插入 SmartArt 图形之后输入文本，二是直接将幻灯片文字变成 SmartArt 图形。下面将详细介绍后一种方法的操作步骤。

首先，在幻灯片中插入一个文本框，把需要变为 SmartArt 图形的文字放入其中。接下来，选中文字所在的文本框，单击"开始"选项卡"段落"功能组中的"转换为 SmartArt 图形"下拉按钮，打开如图 13-4 所示的下拉列表，将鼠标悬置在一种图形上，即可在幻灯片的设计区预览到应用该图形的效果。选择合适的图形，则所选文本框中的文字将应用该 SmartArt 图形。

在第 12 章中，图 12-8 给出了毕业论文答辩 PPT 的目录页，由于采用的是文本框，设计效果比较平淡，因此我们可以对其应用 SmartArt 图形，具体的操作方法如下。

（1）选择文本框，单击"转换为 SmartArt 图形"下拉按钮，打开如图 13-4 所示下拉列表。

（2）效果预览。在某种图形上悬置鼠标，即可在幻灯片的设计区预览到应用该图形的效果，如图 13-5 所示。

下拉列表中仅列出了常用的 20 种图形，如果不满意或不合适，可以单击"其他 SmartArt 图形"按钮，打开"选择 SmartArt 图形"对话框，如图 13-6 所示，对话框中按类别给出了所有的 SmartArt 图形。

（3）确定选择。如图 13-7 所示给出了应用"梯形列表"SmartArt 图形后的效果。"梯形列表"用于显示等值的分组信息或相关信息。

图 13-4 "转换为 SmartArt 图形"下拉列表

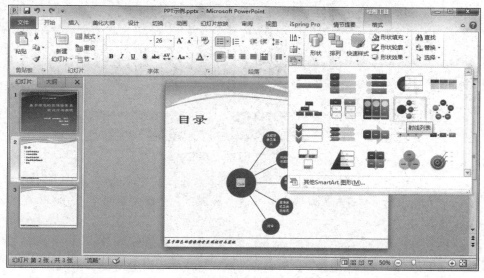

图 13-5 效果预览

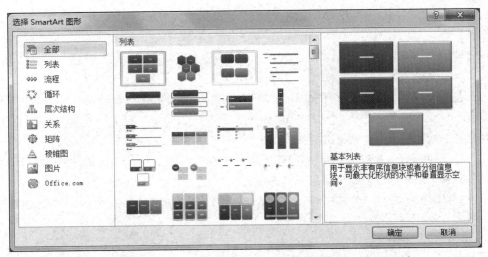

图 13-6　"选择 SmartArt 图形"对话框

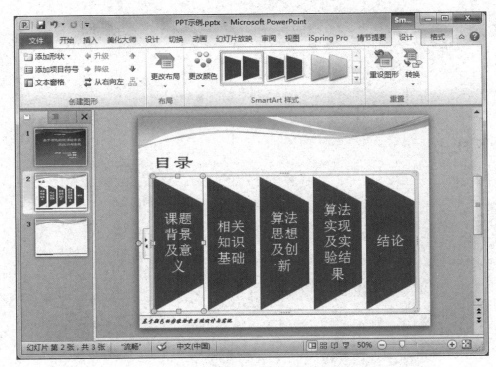

图 13-7　"梯形列表"应用效果

（4）进一步美化修饰。从图 13-7 中可以看到，当选定了"SmartArt 图形"对象后，功能区增加了"SmartArt 工具"选项卡，并包含"设计"和"格式"两个子选项，提供了进一步美化修饰的工具。

① 调整 SmartArt 样式。在"SmartArt 工具|设计"功能选项卡的"SmartArt 样式"功能组中，单击"SmartArt 样式"功能组启动器，打开样式列表，选择"嵌入"样式，如图 13-8 所示。

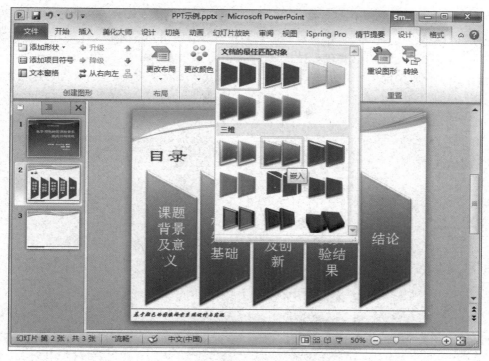

图 13-8　调整 SmartArt 样式

② 更改颜色。单击 "SmartArt 样式" 功能组中的 "更改颜色" 下拉按钮,打开颜色下拉列表,如图 13-9 所示,可根据需要选择合适的颜色。

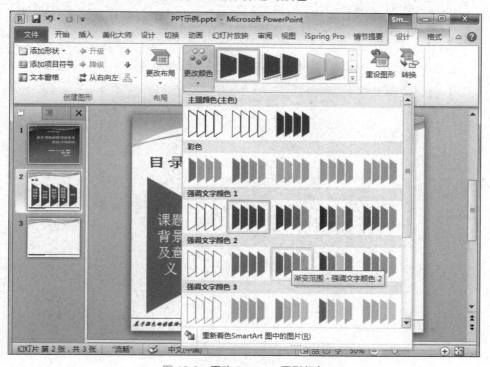

图 13-9　更改 SmartArt 图形颜色

③ 更改形状样式。在"SmartArt 工具 | 格式"功能选项卡中，可以对 SmartArt 图形的形状进行更改。选定需要修改的形状，可多选，然后应用合适的形状样式，或分别对形状填充、形状轮廓、形状效果进行设置，如图 13-10 所示。

④ 设置艺术字样式。可以将 SmartArt 图形中的文字转换为艺术字，并设置其样式。

⑤ 其他调整。可根据需要对其他细节进行调整，如大小、位置等，调整后的效果如图 13-11 所示。

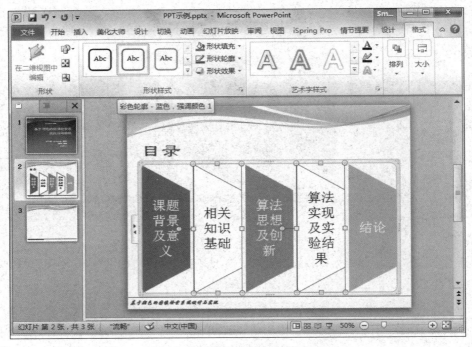

图 13-10　更改 SmartArt 形状样式

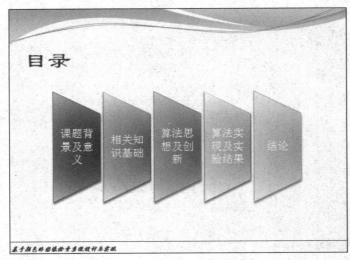

图 13-11　调整大小、位置后的效果

# 13.3 形状

PowerPoint 2010 提供了非常丰富的基本图形，统称为"形状"。"形状"可以使演示文稿更加绚丽多彩。

设计无处不在，在我们的生活中一个好的设计，其实也都是由点、线、面构成的，演示文稿的设计也不例外。

## 13.3.1 点

点是所有图形的基础，也可以理解为是构成一切的基础。点的作用主要是用来点缀，起到丰富画面、活跃气氛、给出指示等作用。

在演示文稿设计中，点是广义的点，点非"点"。点在版面上比线和面的面积更小、可以近似于圆形状或其他形状，也可以为文字、显示突出的单元等，无所谓方向、大小、形状。例如图 11-1 中，"信"、"誉"和"信誉"都属于点设计，突出重点，一目了然。

下面采用两种方法将"目录"设计出点的效果。

1. 应用 SmartArt 图形

应用 SmartArt 图形的操作步骤如下。

① 选中"目录"文本框。

② 应用"基本维恩图"样式，将文本框转换为 SmartArt 图形。

③ 更改 SmartArt 图形样式为"强烈效果"。

④ 更改 SmartArt 图形颜色为"中等效果 - 青绿，强调颜色 3"。

⑤ 将其移动到 SmartArt 图形框的最左端。

设计的中间流程如图 13-12 所示，最后效果如图 13-13 所示。

图 13-12　设计的中间流程

2. 应用形状叠加

应用形状叠加功能的操作步骤如下。

① 插入一个圆，无填充颜色，轮廓颜色为 RGB（153,24,0），粗细为 1.5 磅，实线，无形状效果。

② 插入一个略小的圆，填充颜色，轮廓颜色均为 RGB（153,24,0），无形状效果。圆心与第一个圆圆心重合，即"左右对齐"且"上下对齐"，然后将两个圆组合。

③ 插入一个文本框，文本内容为"目录"，文本颜色为白色，字体字号适中，居中对齐，文本框无填充颜色及轮廓颜色，将其置于顶层，以便反相显示，中心与组合圆圆心重合，然后再与组合圆组合，将三个形状组合为一个形状，以避免偶然或无意中的操作破坏其整体性。

设计的中间流程如图 13-14 所示，将组合形状放置于合适位置，最后效果如图 13-15 所示。

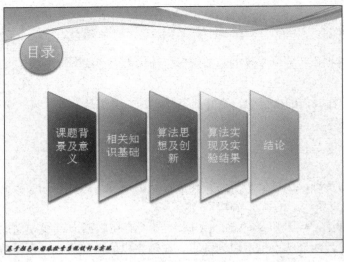

图 13-13　应用 SmartArt 图形点设计最终效果

图 13-14　设计的中间流程

图 13-15　应用形状叠加点设计最终效果

 **知识链接 ——— 如何插入圆**

　　在插入"椭圆"形状时，我们发现，当同时按住【Shift】键不动时，则绘制出的椭圆为圆，即限定长轴与短轴相等。

　　实际上，绘制形状时，如果同时按住【Shift】键不动，则会有很多意外的收获。

（1）插入形状时，同时按住【Shift】键不动，则绘制出的形状将按 45°角度的倍数方向绘制，这对于绘制水平、垂直、45°角直线非常方便。

（2）插入椭圆、矩形、三角形、五角星等多边形时，同时按住【Shift】键不动，则绘制出的是正圆、正方形、正三角形、正五角星等。

（3）如果已经绘制了一条直线，现在只想改变其长度，不想改变其方向，则可按住【Shift】键不动，然后拖动直线的控制点改变其长度即可。其实，对于任意形状，按住【Shift】键不动，然后拖动控制点改变大小，都可实现等比例缩放。

点的应用设计还有很多情况，例如，为了突出夜空的效果和气氛，可以在页面背景点缀一些星星；为了突出所列条目的顺序（条目不是以常规方式设计和排列的，其顺序无法一眼看出），可以在条目的合适位置配以序号信息等。

## 13.3.2 线

线是点移动的轨迹，无数的点密集排列就构成了线。线主要用来联系，起到引导指向、切割或贯穿画面的作用，如第 11 章中图 11-1、图 11-2、图 11-3 所示的 PPT 示例中都用到了线设计。

线有以下几种表现形式，如图 13-16 所示。

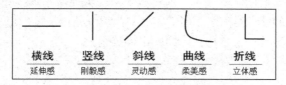

图 13-16　线的几种表现形式

（1）横线。横线通常使人想起广阔的地平线、田野、海平面等，给人静止、安定、舒展、延伸的感觉。

（2）竖线。竖线给人明确、严肃、下降、上升、刚毅、挺拔的感觉。过粗的竖线代表信心，过细的线给人细弱、渺小的感觉。

（3）斜线。斜线给人很强的方向感、运动感及速度感。

（4）曲线。曲线柔软、柔美、活泼、有弹性，给人以丰富感。

（5）折线。折线结合横线和竖线的特点，增加了立体感。

与"点"一样，线也可以非"线"，无数的点连接起来就是"线"。因此，在具体的设计中，可以通过若干"点"的隐形连接而构成"线"，例如图 13-15 所示目录页中毕业论文汇报的几个条目，每个条目均可以看成一个"点"，然后它们排成一行，形成一条"线"。同时，每个条目的形状在垂直高度上左宽右窄，从而整体形成一条方向"线"，展示出不断推进的层次关系。

图 13-15 所示目录页下方只有一条直线，看起来比较单调。受线设计的启发，增加两条直线，改变其长度，构成三条长短不一的直线，并改变其方向和颜色，同时在"目录"下方添加一短横线，接着改变页面最底端毕业论文题目文字的文本效果，最后设计效果如图 13-17 所示。

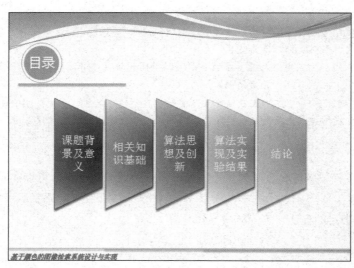

图 13-17　目录页设计效果

### 13.3.3 面

面是由无数条线组成的，当然也可以说，面是由无数个点组成的。相比较来说，面代表一个重点，是信息呈现的重要元素，而点和线主要是辅助元素，起装饰作用。面是演示文稿中最重要的表现部分，是整个版面中无可替代的部分，是整个画面的焦点。

面的设计在常规设计中经常用到，因此不再赘述。

# 13.4 图片

图片是 PPT 演示文稿设计中一个非常重要的元素，一个优秀的 PPT，有一半的成就归功于图片设计。在动手制作 PPT 前，通常要精心准备各种素材，其中首要任务就是准备图片。为了获得最佳的展示效果，我们甚至会使用专业的图形图像处理软件来加工处理图片，如 PhotoShop、Ulead COOL、美图秀秀等。

但是，通常情况下，我们并不需要使用专业的图形图像处理软件，也可以获得精美的图片展示效果。其实，PowerPoint 2010 本身就提供了较为丰富的图片处理功能，善用这些功能既可以提高我们的设计效率，也能够获得最佳的展示效果。

PowerPoint 2010 的图片处理功能在"图片工具"功能选项卡中。本节将主要介绍一些平时容易忽略，但又较为实用的高级技术。当然，对于毕业论文答辩演示文稿来说，图片只需朴实即可，不宜把图片处理得过于精美，以免喧宾夺主。

### 13.4.1 删除背景

PowerPoint 2010 具有简单的删除图片背景的功能，可实现抠图。下面以一个从图片中抠出校徽的实例介绍删除图片背景的功能。

（1）插入图片

在 PPT 演示文稿的适当位置插入图片，选择该图片，单击"图片工具"功能选项卡，打开功能面板，如图 13-18 所示。

（2）进入"删除背景"功能状态

单击"调整"功能区的"删除背景"按钮，进入"删除背景"功能状态，显示"删除背景"选项卡及其相关功能按钮，并且图片上会显示两个框，如图 13-19 所示。中间带有 8 个控制点的框为感兴趣区域框，可移动、调整大小，系统在该框内将自动检测前景和背景，玫红颜色覆盖的区域为背景，没有覆盖的为前景。

（3）调整感兴趣区域框

当移动感兴趣区域框或更改感兴趣区域框大小时，系统将重新自动检测前景和背景。"优化"功能区中的 3 个按钮可用于手工标记前景和背景区域。

（4）退出"删除背景"功能状态

当调整至检测出的前景和背景符合要求时，如图 13-20 所示，可单击"关闭"功能组中"保留更改"按钮，完成背景删除，如图 13-21 所示。否则，单击"放弃所有更改"按钮。

图 13-18　插入图片

图 13-19　进入"删除背景"功能状态

图 13-20　调整感兴趣区域框

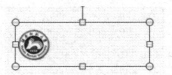

图 13-21　"保留更改"结果

## 13.4.2　图片样式

图片样式就是各种图片的外观格式，为了方便用户进行图片美化，PowerPoint 2010 提供了一个样式集，包含 28 种图片样式。

选择要改变样式的图片，单击"图片工具 | 格式"功能选项卡"图片样式"功能组启动器，打开图片样式列表，如图 13-22 所示，左边为应用前图片效果，右边为应用"旋转，白色"样式后的效果。

图 13-22　应用"旋转，白色"图片样式效果

## 13.4.3　图片效果

图片效果就是对图片进行各种效果处理，包括阴影、映像、发光、柔化边缘、棱台、三维旋转等 6 个方面，通过合适的处理产生特定视觉效果，使图片更加美观，富有感染力。其中，预设效果为系统设计好的一些效果组合，共有 12 种，可以方便用户直接选用。

如图 13-23 所示，左边为应用前，右边为先应用"棱台透视"图片样式，再应用"全映像，4 pt 偏移量"映像效果后的图片效果。

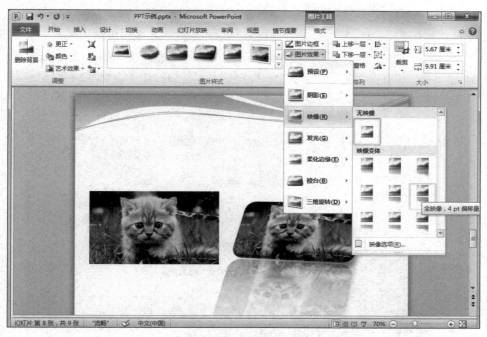

图 13-23　应用"全映像，4 pt 偏移量"图片效果

## 13.4.4　图片与 SmartArt 图形

有时在 PPT 演示文稿的同一页面中需要展示多张照片，如果不精心组织、布局，就会让版面显得非常凌乱。这时，我们就可以使用 13.1 节中介绍的"收纳框"方法进行组织。在这里，我们介绍一种具体的"收纳框"方法，将图片与 SmartArt 图形结合起来，应用适当的 SmartArt 图形将图片组织到"框"中。

如图 13-24 所示幻灯片中有 3 张图片，如何布局多张图片的设计方法参考如下。

图 13-24　需要展示多张图片的页面

（1）选定这 3 张图片。

（2）单击"图片工具 | 格式"功能选项卡"图片样式"功能组中的"图片版式"下拉按钮，打开图片版式下拉列表框，里面列出了适合于整理和组织图片的 SmartArt 图形结构，共有 31 种，将鼠标悬置在某一种结构上，即可预览该结构的效果，如图 13-25 所示。当满意时，单击选定该结构即可。如图 13-26 所示为选定"六边形群集"后的效果。

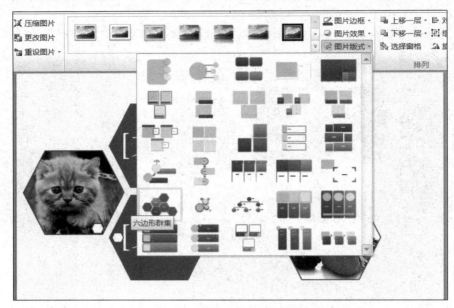

图 13-25　预览"图片版式"效果

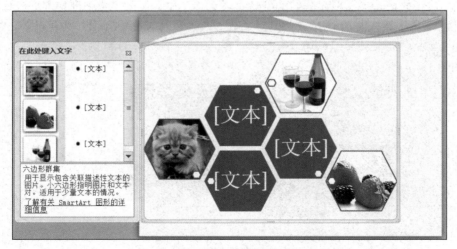

图 13-26　应用"六边形群集"后的效果

（3）输入文本内容。在相应的文本框中输入简短的描述对应图片的文字，可以单击文本框直接输入，也可以在左边的控制框中输入。在左边的控制框中还可以方便地增加或减少图片的张数。

（4）微调。可以对整个 SmartArt 图形结构及内部的文本框、图片框进行细节设置，如移动位置、调整大小、设置样式等，最后一个示意性的效果图如图 13-27 所示。

图 13-27　配上文字并调整后的效果

# 13.5　图表与 SmartArt 图形

从字面上理解，图表是图与表的结合，表中的内容通常是数据，因此，图表是用图来展示表中的数据。

图表一直是 PPT 设计中必不可少的一个重要元素，在以前的设计中，图表是展示数据及分析结果的一种有效工具。但随着设计理念的不断提升及 PowerPoint 功能的不断增强，特别是 Office 2007 中 SmartArt 图形功能的出现，图表的内涵正悄悄地发生变化。现在我们所说的图表，既包括能够展示数据及分析结果的本来意义上的数据图表，也包括通过图形及其他元素一起来展示内容间各种关系的概念图表。

数据图表由"插入"选项卡"插图"功能组中的"图表"功能按钮插入并进行设置。PowerPoint 2010 提供了柱形图、折线图、饼图、条形图等多种类型的图表模板，有几十种图表形式。PowerPoint 的数据图表功能需要 Excel 的支持，如果计算机上未安装 Microsoft Excel 2010，则将无法使用 Microsoft Office 2010 的高级数据图表功能。在 PowerPoint 2010 中新建数据图表时，会打开 Microsoft Graph。由于数据图表功能在 Excel 2010 中介绍的较为详细，本节将不再赘述。

在 PPT 演示文稿的设计中，概念图表通常应用 SmartArt 图形来设计，PowerPoint 2010 提供了列表、流程、循环等 8 类共几十种 SmartArt 图形模板，使用起来既方便又美观。

实际上，SmartArt 图形并没有真正的图表功能，展现的仍然是图形，只是通过加工，辅以一些必要的元素，使其具有表的功能，以便展示层次关系、并列关系或递进关系。例如，图 11-1 中就是通过 SmartArt 图形，展示出图表的效果，其中，左图展示的是层次从属关系，右图展示的是有序的并列关系。

下面再给出两个分别使用"列表"和"流程"SmartArt 图形功能来展示图表效果的实例，其他的可以以此类推。

### 13.5.1　"列表" SmartArt 图形

列表通常用来展示并列关系，可以有先后次序也可以没有，有的列表允许有二级子列表。

在图 13-7 中，应用了"梯形列表"来设计目录。其实，应用"垂直框列表"、"垂直块列表"、"垂直 V 形列表"、"垂直曲形列表"等也都是设计目录列表的常见方法。例如，"垂直曲形列表"用于显示弯曲的信息列表。要将图片添加到重点圆形，则应用图片填充功能。如图 13-28 所示为应用"垂直曲形列表"制作的目录。

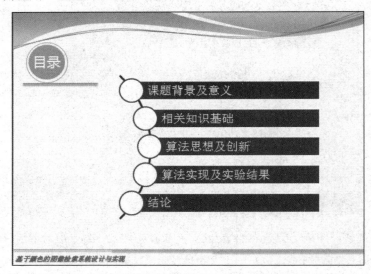

图 13-28　应用"垂直曲形列表" SmartArt 图形制作的目录

### 13.5.2　"流程" SmartArt 图形

流程用来展示递进关系，有明显的先后次序关系，且是单向的。"基本流程"、"向上箭头"、"降序流程"等都是经常使用的模板。例如，"基本流程"用于显示行进，或者任务、流程的顺序步骤。如图 13-29 所示即为应用"基本流程"设计的处理流程。

图 13-29　应用"基本流程"设计的处理流程

设计过程简述如下。

（1）插入"基本流程" SmartArt 图形后，调整好项目数及大小，再输入文本，如图 13-30 所示。

图 13-30　插入"基本流程"

（2）选中 6 个项目的矩形框。

（3）单击"SmartArt 工具 | 格式"选项卡"形状"功能组中的"更改形状"下拉按钮，弹出"形状"基本形状列表，选择"对角圆角矩形"形状，则 6 个项目的矩形框变成了对角圆角矩形框，如图 13-31 所示。

图 13-31　更改矩形框形状样式

（4）选中 6 个项目框，还可以对其他效果进行设置，如形状样式（包括形状轮廓、形状效果）、艺术字样式（包括文本填充、文本轮廓、文本效果）等进行个性化设置。

（5）同理，可选中 5 个箭头进行设置。

最后得到如图 13-29 所示效果。

# 13.6　音频和视频

在比较轻松的环境中，边演讲边播放一些轻音乐，会给观众一种美好的享受。在产品推介会上，播放一些关于产品的设计创意或广告视频，会给观众留下更深的印象。因此，在适当场合为 PPT 演示文稿插入一些相关的音频或视频是一种值得应用的演讲技巧。

PowerPoint 2010 几乎支持所有目前流行的音频和视频文件格式，但有些格式的文件需要相应的播放软件，其插入也非常方便。本节将主要介绍一些相关的高级应用技巧。

## 13.6.1　音频

在 PPT 演示文稿中插入音频后，会在相应幻灯片页面上显示一个喇叭图标，选中该图标，则会在该图标下方显示一个播放条，同时在功能选项卡栏中会增加"音频工具"选项卡，包含"格式"和"播放"两个子选项卡，如图 13-32 所示。播放条是用来在设计的时候进行音频试听控制的，在 PPT 放映时不会显示，放映时仅显示喇叭图标。

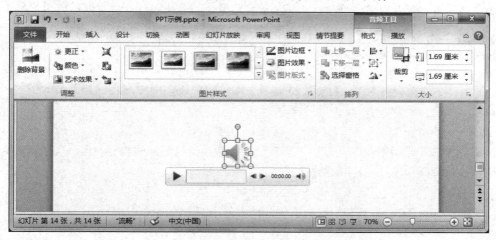

图 13-32　插入音频及"格式"选项卡

1．"格式"选项卡

在"格式"选项卡中，主要提供对喇叭图标这个形状的设置功能，用来美化喇叭的外观，如图 13-32 所示。关于形状的设置，在元素的设计中经常涉及，因此此处不再赘述。

2．"播放"选项卡

如图 13-33 所示，"播放"选项卡提供幻灯片放映时音频播放方式的设置功能，其各功能组介绍如下。

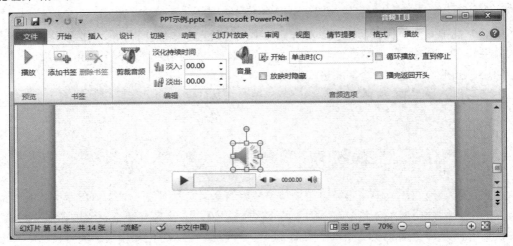

图 13-33　"播放"选项卡

（1）书签

在幻灯片放映时，将鼠标悬置于喇叭图标上方，则会在鼠标下方显示播放条，如图 13-34 所示。单击播放按钮则播放音频内容，且播放按钮将变成暂停按钮。播放时，进度条会显示播放进程。如果设置了书签，则在播放条的书签位置会显示一个圆点。一般情况下，我们可以用鼠标直接在播放条上通过单击操作来改变播放位置或进程，但很难通过这种方法来精确定位音频的某个播放位置，如某句歌词的开始等。但是如果我们在设计 PPT 时事先在该位置设置一个书签，则在幻灯片放映时，就可以轻而易举地通过鼠标精确定位该句歌词的起始位置。

图 13-34　幻灯片放映时显示的播放条

图 13-34 中播放条上的两个圆点表示该音频设置了两个书签，当鼠标悬置在某个书签上时，其上会显示该书签的位置信息，即时间点，如图中的第二个书签所示。

（2）编辑

编辑中的"剪裁音频"功能可以实现音频的裁剪。与图片的裁剪类似，应用音频剪裁功能可以将不需要播放的音频部分裁剪掉。

"淡入"功能支持在音频剪辑开始的几秒内使用淡入淡出效果。

"淡出"功能支持在音频剪辑结束的几秒内使用淡入淡出效果。

（3）音频选项

"音量"功能实现设置播放时音量大小的控制。

"开始"指音频开始播放的时机，默认为单击鼠标时或按空格键时，可以设置为"自动"（该幻灯片放映开始即播放音频）和"跨幻灯片播放"。当设置为"单击"和"自动"方式时，一旦该幻灯片放映结束，切换到下一张幻灯片时，则音频立即停止。而如果设置为"跨幻灯片播放"，则当切换到该幻灯片放映时，音频立即播放，且此后一直播放，直到该音频播放完毕（没有设置循环播放）或全部幻灯片放映结束。

若勾选"放映时隐藏"复选框，则幻灯片放映时不会显示喇叭图标，因此也不能对音频的播放进行干预和控制。则此时一定要设置为"自动"或"跨幻灯片播放"方式，否则该音频将无法启动播放。

若勾选"循环播放，直到停止"复选框，则音频将在有效范围内一直循环播放直至超出有效范围，然后停止播放。若设置为"跨幻灯片播放"方式，则播放直至全部幻灯片放映结束，否则直至切换到下一幻灯片。

若勾选"播完返回开头"复选框，则音频播放完毕后将返回到开头，而不是停在末尾。

## 13.6.2 视频

视频的插入与播放和音频基本相同，如图 13-35 所示为插入一段视频的页面，不同之处有如下几个方面。

（1）视频与音频的图标不一样，音频为一个喇叭图标，而视频则为一个较大的播放区域，称为播放窗口，其初始大小与相应视频的分辨率有关，可调整其大小，画面内容为视频第一帧内容。图 13-35 中的视频对象已调整了大小，该视频内容为一个课件视频。幻灯片放映时，视频在该窗口内播放。

（2）因为视频必须进行观看，所以没有后台播放的必要，因此没有视频的"跨幻灯片播放"方式。

（3）因为视频必须进行观看，所以视频有"全屏播放"功能。

（4）对应于音频的"放映时隐藏"功能，视频有"未播放时隐藏"功能，指视频没有播放时，隐藏播放窗口。

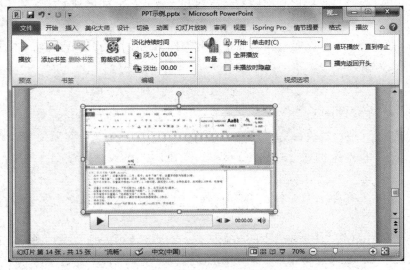

图 13-35　视频对象设计

# 第 14 章　PowerPoint 2010 演示文稿放映设计

为了把演示文稿的内容展示得更加形象逼真，增加动感，增强演示效果，给观众留下深刻的印象，PowerPoint 2010 还提供了丰富的放映效果功能。

## 14.1　对象动画

为幻灯片设置动画效果可以使幻灯片中的对象按一定的规则和顺序运动起来，赋予其进入、退出、大小或颜色变化甚至移动等视觉效果，既能突出重点，吸引观众的注意力，又使放映过程十分有趣。动画使用要适当，过多使用动画也会分散观众的注意力，不利于传达信息，设置动画应遵从适当、简化和创新的原则。

幻灯片上的每一个对象都可以单独设置动画效果，一些组合对象还可以设置分级效果。

### 14.1.1　动画类型

PowerPoint 2010 提供了 4 类动画：进入、强调、退出和动作路径。

（1）进入。进入是指对象从外部进入或出现幻灯片播放画面时的展现方式，如飞入、旋转、淡入、出现等。

（2）强调。强调是指在播放动画过程中需要突出显示对象时的展现方式，起强调作用，如放大、缩小、更改颜色、加粗闪烁等。

（3）退出。退出是指播放画面中的对象离开播放画面时的展现方式，如飞出、消失、淡出等。

（4）动作路径。动作路径是指画面中的对象按预先设定的路径进行移动的展现方式，如弧形、直线、循环等。

### 14.1.2　应用动画效果

默认情况下，任何对象都是没有设置动画的。如果需要为某个对象设置动画，只需选中该对象，然后单击"动画"功能选项卡，打开动画功能面板，如图 14-1 所示，然后进行设置。

单击"动画"功能组启动器或"添加动画"按钮，打开动画效果列表，如图 14-2 所示，包含 4 类动画。

如果在预设的列表中没有满意的动画效果，可以选择列表下面的"更多进入效果"、"更多强调效果"、"更多退出效果"、"其他动作路径"命令。

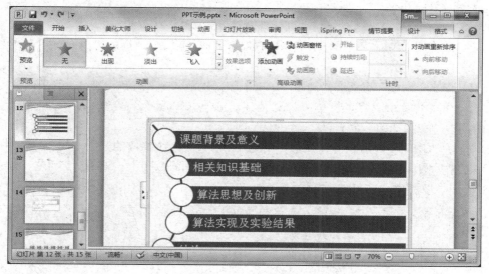

图 14-1 "动画"功能面板

图 14-2 动画效果列表

　　将鼠标悬置在某个动画效果上时，被选中的对象即可预览到该动画效果，选择合适的动画并应用。应用后，幻灯片页面中已应用动画对象的左上角会显示一个动画顺序号，以标明该页面中各对象的动画播放顺序。此时，"效果选项"按钮将变成可用状态。

### 14.1.3 动画效果选项

为对象应用动画后，还可以为动画设置效果选项、设置动画开始播放的时间、调整动画速度等，操作方法如下。

（1）单击"动画"选项卡"动画"功能组的"效果选项"按钮，弹出"效果选项"下拉列表，如图 14-3 所示为"劈裂"动画的效果选项列表，选择合适的效果选项。注意，不同的动画其"效果选项"也不同。

（2）在"动画"选项卡的"计时"功能组中可设置动画播放的开始方式、持续时间、延迟等。"开始"命令包含"单击时"、"与上一动画同时"、"上一动画之后"3 个选项。"持续时间"设置越长，动画放映的速度越慢。"延迟"命令是指经过多少秒之后开始播放。

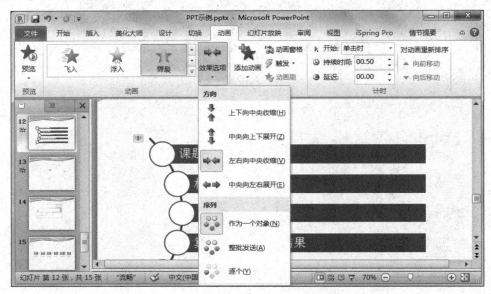

图 14-3　"劈裂"动画的效果选项列表

### 14.1.4 动画窗格

当对多个对象设置动画后，可以按设置时的顺序播放，也可以调整动画的播放顺序。使用"动画窗格"可以方便地查看和改变动画顺序，也可以调整动画播放时的时长等。

单击"动画"选项卡"高级动画"功能组的"动画窗格"按钮，则会在幻灯片页面的右侧打开"动画窗格"，窗格中列出了当前幻灯片中已设置动画的对象名称及对应的动画顺序，如图 14-4 所示。当鼠标悬置在某名称上时会显示对应的动画效果，单击"播放"按钮则可预览整张幻灯片播放时的动画效果。

选中"动画窗格"中的某对象名称，利用窗口下方"重新排序"命令中的上移或下移图标按钮，或直接拖动窗口中的对象名称，可以改变幻灯片中对象的播放顺序。

在"动画窗格"中，还可以使用鼠标拖动时间条的边框以改变动画放映的时间长度，拖动时间条改变其位置可以改变动画开始时的延迟时间。

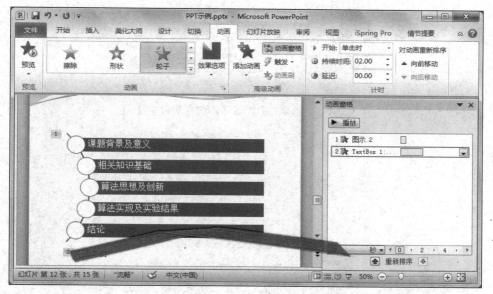

图 14-4　动画窗格

选中"动画窗格"中的某对象名称，单击其右侧的下三角按钮，在弹出的快捷菜单中，可方便地设置动画效果。选择快捷菜单中的"效果选项"菜单，则打开对当前对象动画进行效果设置的对话框，如图 14-5 所示，该对话框为对图 14-4 中 SmartArt 图形进行动画设置的对话框。

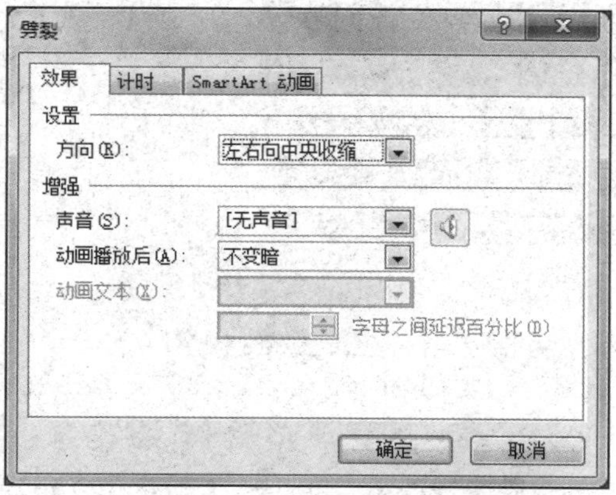

图 14-5　效果选项设置对话框

在打开的效果选项设置对话框中单击"SmartArt 动画"选项卡，如图 14-6 所示，再单击"组合图形"下拉按钮，可以看到，由于该 SmartArt 图形为一个组合对象，因此有"作为一个对象"、"整批发送"、"逐个"3 个选项。"作为一个对象"是指整个 SmartArt 图形将作为一个对象以动画效果形式播放，而"整批发送"和"逐个"则是组合体中的每一个对象独自以动画效果形式播放，只不过"整批发送"是组合体中的所有对象同时播放，"逐个"则是按顺序一个接一个播放。

当选择"逐个"时，该 SmartArt 图形的动画顺序号变成了 1 ～ 5，另外文本框变成了 6，如图 14-7 所示。这是因为组合体中曲线与第一个文本项看作一个动画对象，而其他 4 个文本项都单独作为一个动画对象，因而共有 5 个动画对象。

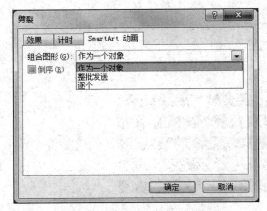

图 14-6　组合对象的动画播放效果选项

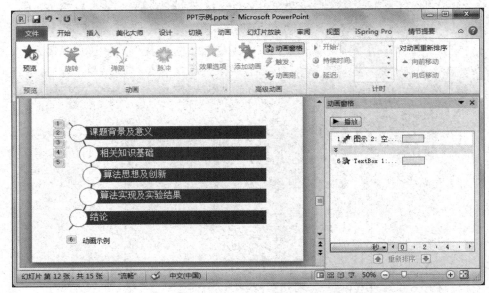

图 14-7　组合对象"逐个"播放动画

其他类型的组合体其动画播放效果选项与此类似，根据组合对象的不同性质而略有不同。

## 14.1.5　自定义动画路径

如果预设的动画路径不能满足设计要求，我们可以自定义动画路径来规划对象的动画路径，操作方法如下。

（1）首先选中对象，在如图 14-2 所示的动画效果下拉列表中选择"自定义路径"选项。

（2）将鼠标移至幻灯片上，当鼠标变成"+"字形时，可建立路径的起始点，当鼠标变成画笔时，可移动鼠标，画出自定义的路径，最后双击鼠标确定终点。

（3）选中已经定义的路径动画，单击鼠标右键，在弹出的快捷菜单中选择"编辑顶点"命令，在出现的黑色顶点上再单击鼠标右键，在弹出的快捷菜单中选择"平滑曲线"命令，即可修改动画路径。

### 14.1.6 复制动画

如果欲设置某对象和已设置动画效果的对象具有相同的动画，则可以使用"动画"功能选项卡"高级动画"功能组中的"动画刷"来完成。与 Word 中的格式刷一样，在 PPT 中选中幻灯片上的某对象，单击"动画刷"按钮，则可复制该对象的动画，单击另一对象，则其动画设置就复制应用到了该对象上，如果双击"动画刷"按钮，则可将同一动画设置复制到多个对象上。

# 14.2 幻灯片切换

幻灯片的切换效果是指演示文稿放映时幻灯片进入和离开播放画面时的整体视觉效果。选择适当的切换效果可以使得幻灯片的过渡衔接更为自然，增强演示效果，给人以赏心悦目的感觉。PowerPoint 2010 提供多种切换效果。

### 14.2.1 应用切换效果

选择要设置幻灯片切换效果的一张或多张幻灯片，单击"切换"功能选项卡"切换到此幻灯片"功能组中切换效果启动器，则弹出切换效果下拉列表，如图 14-8 所示，列出了"细微型"、"华丽型"和"动态内容"等 3 类切换效果。

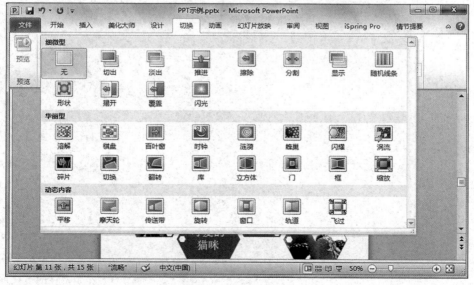

图 14-8　切换效果列表

在切换效果列表中选择一种切换方式，则设置的切换效果将默认应用于所选幻灯片，如果希望所有幻灯片均采用该切换效果，可单击"动画"选项卡"计时"功能组的"全部应用"按钮。

## 14.2.2　设置切换属性

幻灯片切换属性包括效果选项、换片方式、持续时间和声音效果。其中，不同的切换效果其效果选项也可能不同。

应用幻灯片切换效果时，切换属性均采用默认设置，例如"擦除"切换效果的切换属性默认：效果选项为"自右侧"，换片方式为"单击鼠标时"，持续时间为"1 秒"，而声音效果为"无声音"。如果对默认切换属性不满意，则可以另外进行设置。

# 第 15 章　PowerPoint 2010 演示文稿保护与输出

PowerPoint 2010 具有多种形式输出演示文稿的功能，给用户带来了更多的便利。用户在 PowerPoint 2010 上完成的演示文稿，可以通过文件的直接复制或者发送，在其他的设备上浏览和编辑。同时，本章将介绍 PowerPoint 2010 的一些常用的展示和共享功能，例如演示文稿与 Word 文档转换、演示文稿的打印、打包、演示文稿的视频转换、演示文稿生成 PDF 阅读文档、生成图片演示文稿等。

## 15.1　文稿保护

又是几天的辛苦，漂亮美观而又不失庄重、内容详实而又清新整洁的毕业论文答辩演示文稿就要完成了。欣喜之余，小王不免又有一些担心，自己好不容易做出来的 PPT，要是被别人拷走，随意修改或传播，这是自己所不想看到的。

别急，PowerPoint 2010 已经帮我们想到了。随着网络信息时代的到来，信息传播的速度日益加快，文稿资料的安全不容忽视。如果演示文稿涉及了一些重要的机密信息而需要防止文稿被恶意盗用或破坏，或者不希望别人查看自己的设计方法等细节、修改相关内容而挪作他用等，则需要为文稿设置安全保护。PowerPoint 2010 提供了对演示文稿设置为最终状态、加密、使用数字签名、人员权限设置等几种保护措施。由于篇幅有限及考虑实用性问题，本节只介绍设置为最终状态和加密两种保护措施。

### 15.1.1　文稿最终状态设置

将演示文稿设置为最终状态，可以使演示文稿处于只读状态。当其他用户打开该文稿时，只能浏览阅读而无法篡改文稿里面的内容，具体操作如下。

（1）当演示文稿制作完成之后，单击"文件"菜单，打开 Backstage 视图，单击"信息"菜单项按钮，则可以看到"有关×××的信息"中的"保护演示文稿"按钮，如图 15-1 所示。

（2）单击"保护演示文稿"按钮，弹出如图 15-2 所示的"保护演示文稿"下拉菜单。

（3）选择"标记为最终状态"菜单项，打开如图 15-3 所示对话框，单击"确定"按钮即可完成设定。

（4）此时可看到图 15-1 中"信息"子菜单功能界面上的"保护演示文稿"按钮右侧的"权限"两字变成了桔黄色，且提示文字变成了"此演示文稿已标记为最终状态以防止编辑"。

（5）单击"开始"选项卡或重新打开该演示文稿时，将会弹出一条黄色警告信息，提示用户该演示文稿已经标记为最终状态，并且可以看到"开始"选项卡中的各个按钮都呈现为未激活状态。但我们发现提示信息行中同时提供了一个"仍然编辑"按钮，如图 15-4 所示，单击该按钮后，文稿又可以恢复编辑。这说明，这项保护功能有其局限性。

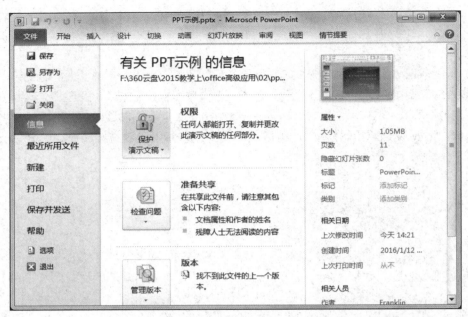

图 15-1 "信息"子菜单功能界面

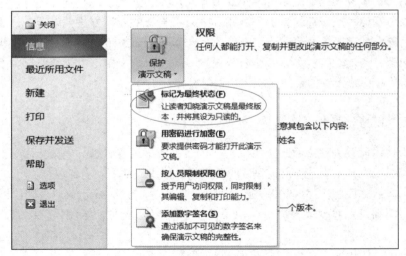

图 15-2 "保护演示文稿"下拉菜单

图 15-3 "标记为最终状态"对话框

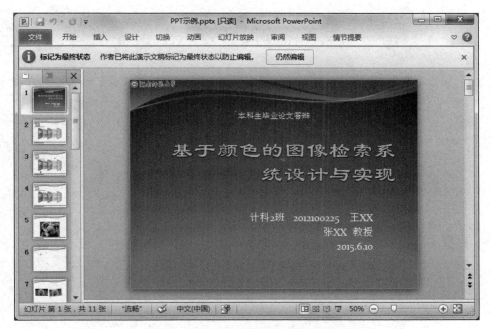

图 15-4　打开已标记为最终状态的演示文稿

## 15.1.2　加密

对制作好的演示文稿设置密码，可以使陌生用户在不知道密码的情况下无法打开演示文稿进行浏览或篡改。加密的操作方法如下。

（1）在如图 15-2 所示的"保护演示文稿"下拉菜单中，选择"用密码进行加密"菜单项，则弹出"加密文档"对话框，如图 15-5 所示。

（2）输入密码，单击"确定"按钮，弹出"确认密码"对话框。

（3）输入相同的密码，单击"确定"按钮，完成加密。

则该演示文稿已经实现加密功能，再次打开时需要输入正确的密码，否则将不能打开。

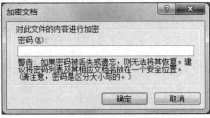

图 15-5　"加密文档"对话框

## 15.2　文稿输出

除了放映、打包及打印输出外，PowerPoint 2010 还提供了其他文稿输出功能。本节将介绍其中几种比较实用的功能，包括：视频转换、PDF 文件输出和图片输出。

### 15.2.1　视频转换

PowerPoint 2010 提供了将演示文稿转换成视频的功能，还可以一并录制背景音乐、旁白。因此，可以生成一个自动播放的演讲，而不需演讲者本人亲自到场。具体操作如下。

（1）打开所需要转换的演示文稿，确保放映无误。

（2）单击"文件"菜单，选中"保存并发送"菜单项，再单击"创建视频"按钮，如图 15-6 所示。

（3）接着单击"不使用录制计时和旁白"下拉按钮，弹出的快捷菜单如图 15-7 所示。

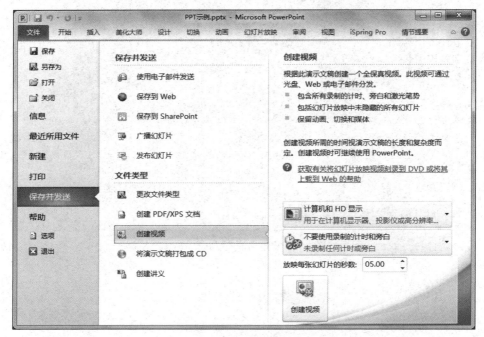

图 15-6　创建视频

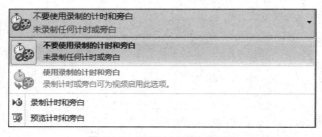

图 15-7　录制计时和旁白设置

（4）根据需要选择是否录制计时和旁白。

（5）设置完成后，单击下方的"创建视频"按钮，弹出"另存为"对话框，如图 15-8 所示，选定创建后的视频所存放的位置及文件名。创建的视频为"Windows Media 视频 (*.wmv)"格式。

（6）单击"保存"按钮开始进行转换。

【注意】

如果要将 PPT 演示文稿中的背景音乐合并到视频中，必须保证该音乐文件是"包含在演示文稿中"的。

图 15-8 "另存为"对话框

## 15.2.2 PDF 文件输出

PDF 文件格式是 Adobe 公司开发的，其作为全世界可移植电子文档的通用格式，能够正确保存源文件的字体、格式、颜色和图片，使文件的交流可以轻易跨越应用程序和系统平台的限制，是当前流行的一种文档文件格式。实现 PDF 文件输出的具体操作如下。

（1）单击"文件"菜单，选择"另存为"菜单项，将弹出"另存为"对话框。

（2）在"另存为"对话框的保存类型中选择"PDF(*.pdf)"选项，如图 15-9 所示。

图 15-9 另存为 PDF 文件格式

（3）单击"选项"按钮，将弹出"选项"对话框，如图 15-10 所示。在该对话框中可以设置幻灯片范围、发布选项等，在设置完成后单击"确定"按钮保存更改。

（4）在"另存为"对话框中单击"工具"下拉按钮，在弹出的下拉菜单中选择"常规选项"命令，弹出"常规选项"对话框，如图 15-11 所示。在该对话框中可以为输出得到的 PDF 文件设置密码。

（5）单击"确定"按钮，返回到"另存为"对话框主页面，选择确认文件的保存位置，并输入文件名。

（6）最后单击"保存"按钮，完成 PDF 文件的转换输出。

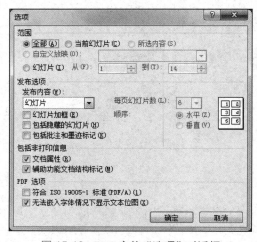

图 15-10　PDF 文件"选项"对话框

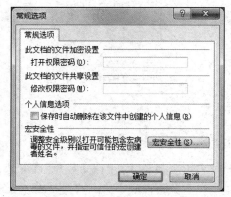

图 15-11　"常规选项"对话框

## 15.2.3　图片输出

演示文稿的图片输出是指将幻灯片转换成图片，生成相应的图片文件。可以仅将当前幻灯片页面转换为图片，也可以将演示文稿中的所有幻灯片转换为多张图片，具体操作如下。

单击"文件"菜单，选择"另存为"菜单项，然后在弹出的"另存为"对话框中，选择相应的图片文件格式，例如"JPEG 交换文件格式 (*.jpg)"，然后选择确认文件的保存位置并输入文件名，单击"保存"按钮，则弹出如图 15-12 所示的对话框，选择希望转换的方式进行转换。如果是将演示文稿中的所有幻灯片进行转换，则在选定的目录下创建一个子目录，每张幻灯片都将生成一个图片文件，文件名称为设定的文件名加上自动序号。

图片文件的格式还可以为 png、gif、bmp 等。

图 15-12　转换对话框

# 习题 3

**一、思考题**

1. 为了获得更好的展示效果，人们通常会在幻灯片中使用一些非常漂亮的字体，可是将幻灯片拷贝到演示现场进行播放时，这些字体却变成了普通字体，甚至还因字体的变化而导致格式变得不整齐，严重影响演示效果。那么，应该如何操作才能确保这样的演示文稿在没有该字体的设备上也可以正确播放呢？

2. 在 PowerPoint 中有时因显示的文本内容较多就要制作滚动文本，或者特意制作滚动文本，让文本像走马灯一样动起来，如何操作才能实现这样的效果？还有别的方法吗？

3. 如果在幻灯片中插入了多张图片，它们在编辑的时候将不可避免地重叠在一起，妨碍用户操作，那么，怎样让它们暂时消失呢？

**二、操作题**

1. 现在手机的照相功能越来越强大，每个使用智能手机的用户都存有大量照片，为了整理照片或向亲朋好友展示多姿多彩的生活，制作电子相册是个很好的方式。试着挑选一些优质的照片，利用 PowerPoint 的强大功能，制作一个电子相册并输出为 Flash 动画。

2. SmartArt 图形可以制作出各种漂亮的图表效果，用来展示项目内容之间的层次关系、并列关系或递进关系，试着制作类似习题图 1 的页面，并为其设置合适的动画。

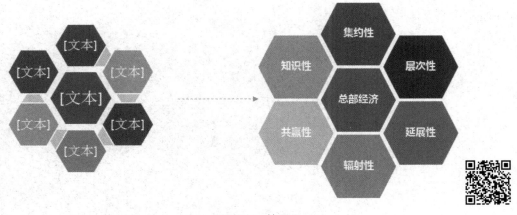

习题图 1　效果图

# 参考文献

［1］蔡平. 办公软件高级应用. 北京：高等教育出版社，2014.

［2］吴卿. 办公软件高级应用（Office 2010）. 杭州：浙江大学出版社，2012.

［3］张鹏飞，欧阳国军. Office 高级应用. 广州：中山大学出版社，2014.

［4］李花，梁辉，于宁. Excel 高级数据处理. 北京：电子工业出版社，2015.

［5］杜茂康，李昌兵，王永等. Excel 与数据处理（第 5 版）. 北京：电子工业出版社，2014.

［6］张丽玮，周晓磊. Office 2010 高级应用教程. 北京：清华大学出版社，2014.

［7］沈玮，周克兰，钱毅湘等. Office 高级应用案例教程. 北京：人民邮电出版社，2015.

［8］谢宇，任华. Office 2010 办公软件高级应用立体化教程. 北京：人民邮电出版社，2014.